超臨界流体を用いる合成と加工

Organic, Inorganic Chemical Reactions and Material Processing with Supercritical Fluids

編集：化学工学会　超臨界流体部会

Editor : Division of Supercritical Fluids, SCEJ

シーエムシー出版

はじめに

本書は，化学工学会　超臨界流体部会が編集を担当し，超臨界流体を使った有機・無機合成，材料加工技術の「今」を紹介したものである。超臨界流体部会は平成12年に化学工学会に設立され，超臨界流体に関する基礎から応用までの研究・開発に携わる研究者・技術者が集まる組織として発展してきた。設立いらい超臨界流体部会は，日本における超臨界流体の科学と技術に関する知見が集積する組織となっている。

超臨界流体を取り扱った書籍は，超臨界流体部会が編集に参画したものを含めて，国内外でこれまでに多数刊行されている。新しく本書をまとめるにあたっては，超臨界流体部会で議論を行い，次のような編集方針をたてた。

読者には，超臨界流体を既に使っている研究者・技術者に加えて，これから超臨界流体を使ってみたいと考えている方々を想定した。すなわち，第1編から読み進めていくことで，初学者が安全かつ効率的に超臨界流体を利用できるようになることを目指した。そのために，対象物質が超臨界流体に溶解する，超臨界流体が対象物質に溶解する，反応系・合成系の相状態など，超臨界流体を用いた反応系・合成系を扱う上で鍵となる現象を理解できるようになること。バッチ式・連続式のどちらの装置も，安全に取り扱えるようになること。さらに市販装置を導入してトラブルが出た時に，原因の切り分けと必要な対策が取れるようになることなどを本書の目標とした。また，超臨界流体が何に使えるのか，どのように使えば良いのかを示す有機・無機合成，材料加工の事例には，それぞれの基本原理の説明と共に最新の研究成果が紹介されている。

このような編集方針に従って本書を作成するにあたり，各章ごとにそれぞれの分野を専門としている超臨界流体部会会員にとりまとめをお願いした。第1編と第2編は古屋（産業技術総合研究所）が担当し，第3編の有機合成の部分は川波肇氏（産業技術総合研究所），無機合成の部分は高見誠一氏（名古屋大学），第4編は下山裕介氏（東京工業大学）に，それぞれとりまとめ役をお願いした。さらに，多くの超臨界流体部会会員の方々に，原稿執筆や校正作業などをお願いした。この場を借りて，厚くお礼申し上げる。

編集方針どおりに，本書が超臨界流体を使っている方だけでなく，これから超臨界流体を使ってみたい方々が最初に手に取る本になれば幸いである。

平成29年10月

化学工学会　超臨界流体部会　部会長
古屋　武（産業技術総合研究所）

執筆者一覧（執筆順）

古屋　武	（国研）産業技術総合研究所　化学プロセス研究部門　副研究部門長
船造俊孝	中央大学　理工学部　応用化学科　教授
佐藤善之	東北大学　大学院工学研究科　附属超臨界溶媒工学研究センター　准教授
猪股　宏	東北大学　大学院工学研究科　附属超臨界溶媒工学研究センター　教授
川崎慎一朗	（国研）産業技術総合研究所　化学プロセス研究部門 コンパクトシステムエンジニアリンググループ　主任研究員
国分　隆	耐圧硝子工業㈱　市場開発企画グループ　グループ長
大島義人	東京大学　大学院新領域創成科学研究科　教授
川波　肇	（国研）産業技術総合研究所　化学プロセス研究部門 マイクロ化学グループ　グループ長
大谷政孝	高知工科大学　環境理工学群　総合研究所　講師
小廣和哉	高知工科大学　環境理工学群　総合研究所　教授
佐藤剛史	宇都宮大学　大学院工学研究科　准教授
本間哲雄	八戸工業高等専門学校　産業システム工学科　准教授
日秋俊彦	日本大学　生産工学部　応用分子化学科　教授
岩村　秀	東京大学　名誉教授
長尾育弘	（国研）産業技術総合研究所　化学プロセス研究部門 マイクロ化学グループ
秋月　信	東京大学　大学院新領域創成科学研究科　助教
竹林良浩	（国研）産業技術総合研究所　化学プロセス研究部門 階層的構造材料プロセスグループ　主任研究員
相田　卓	東北大学　大学院環境科学研究科　助教
渡邉　賢	東北大学　大学院工学研究科　附属超臨界溶媒工学研究センター　准教授
スミス・リチャード	東北大学　大学院環境科学研究科　教授
松村幸彦	広島大学　大学院工学研究科　教授
長田光正	信州大学　繊維学部　化学・材料学科　准教授
高見誠一	名古屋大学　大学院工学研究科　教授
陶　究	（国研）産業技術総合研究所　化学プロセス研究部門
笘居高明	東北大学　多元物質科学研究所　准教授
田口　実	中央大学　理工学部　助教
依田　智	（国研）産業技術総合研究所　化学プロセス研究部門 階層的構造材料プロセスグループ　グループ長
百瀬　健	東京大学　大学院工学研究科　講師
内田博久	金沢大学　理工研究域　自然システム学系　教授
下山裕介	東京工業大学　物質理工学院　応用化学系　准教授

目　次

【第１編　溶媒としての超臨界流体】

第１章　総論　**古屋　武**

第２章　二酸化炭素・アルコール・水

【第２編　超臨界流体の装置設計と操作】

第１章　超臨界流体の装置設計と操作　**川崎慎一朗**

第２章　装置の実例　　**国分　隆**

第３章　装置の安全な操作　　**大島義人**

【第３編　超臨界流体を溶媒とした合成反応技術】

第１章　有機合成反応

第2章 無機材料合成技術

【第４編　超臨界流体を溶媒とした加工技術】

第１章　エアロゲル　　依田　智

第２章　発泡体　　依田　智

第3章　製膜・埋め込み　**百瀬　健**

第4章　粉体の調製技術　**内田博久**

第5章　微粒子分散溶液　**下山裕介**

【第１編　溶媒としての超臨界流体】

第１章　総論

古屋　武*

1　超臨界流体とその研究の歴史

超臨界流体（Supercritical Fluid，SCF）は，一般に物質の臨界温度・臨界圧力を超えた状態の非凝縮性流体と定義される。気体，液体，固体と同じように，温度と圧力条件から決まる，物質の相状態の一つである[1)]。

物質に臨界点があることは，1822 年に C. Cagniard de la Tour によって発見された[2)]。その時の実験では，大砲の砲身を加工した耐圧容器が使われた。耐圧容器の中にアルコールを 1/3 ほど，石（marble）と一緒に封入し加熱，温度上昇に伴って液相が消失する温度があることを，転がる石の音から確認した。その後 T. Andrews によって，二酸化炭素の PVT 関係が詳細に測定された（1869 年）。この時に Andrews により「Critical Point」の名称が用いられ，日本では「臨界点」と訳されて今日まで使われている[2)]。Andrews による二酸化炭素の詳細な PVT 関係の測定は，van der Waals による実在気体の状態方程式の提案（1873 年）につながった[2)]。

超臨界流体の特性としては，まず物質の溶解性に対して興味がもたれ，1800 年代後半には超臨界流体の溶解特性の研究報告がなされている[2)]。1900 年代に入って，超臨界流体中での反応に関する研究も始まった[2)]。その後，1946 年（昭和 21 年）に鳥海ら（東北大学）によって，SO_2 と NH_3 の酸化反応が詳細に研究された[2, 3)]。鳥海らは，反応物質である SO_2 と NH_3 の臨界点付近で反応速度が急激に増大し，極大を示すことを実験的に確認した。これは臨界点付近で反応速度が示す特異性を世界に先駆けて実験的に見いだしたものであり，この研究が日本でなされたことは意義深いことと考えられる。

日本で超臨界流体が組織的・系統的に研究され始めたのは，1980 年代初頭からであり，欧米での研究開始と時を同じくしている。

超臨界流体の研究は高圧領域が対象となるため，最初は高圧物性研究者が手がけることが多く，中でも 1982 年に化学工学協会（現化学工学会）に設置された「新しい状態方程式の開発に関する研究会」（状態方程式研究会）（代表：齋藤正三郎東北大学名誉教授）の会員が，超臨界流体の平衡物性・抽出分離の研究を精力的に行った。この研究会を母体として 1987 年に化学工学協会に「超臨界流体高度利用研究会」が発足し，1990 年には現在の超臨界流体部会につながる「超臨界流体高度利用特別研究会」が化学工学会に承認された。これ以降，日本における超臨界流体の研究は，この特別研究会を一つの軸として進められた。そして 2001 年に，この特別研究

＊　Takeshi Furuya　（国研）産業技術総合研究所　化学プロセス研究部門　副研究部門長

会を母体として，超臨界流体部会が化学工学会に承認された。

このような研究活動を足がかりとして，平成 4 年度～6 年度（1992 年～1994 年）にかけて，文部科学省重点領域研究“超臨界流体の溶媒特性の解明とその高度な工学的利用”（代表：齋藤正三郎東北大学名誉教授）が実施された。この重点領域研究は，超臨界流体に関する日本で最初の総合研究であり，溶液構造の解明，平衡・輸送物性の測定と推算，分離溶媒としての応用，反応溶媒として応用，の 4 つの研究項目で現在につながる大きな研究成果を得た[4]。さらに，平成 12 年度～16 年度（2000 年～2004 年）にかけて，経済産業省・NEDO“超臨界流体利用環境負荷低減技術研究開発”（代表：新井邦夫東北大学名誉教授）が実施された。この研究プロジェクトは，超臨界流体技術を省エネルギー性に優れた環境調和型高効率化学反応プロセスに応用するための先導的基盤技術開発を行うもので，現在盛んに進められている反応や材料合成プロセスへの応用につながる多くの研究成果が得られた。

2　溶媒としての超臨界流体の特徴

超臨界流体の溶媒としての特徴は第 1 編の 2 章で詳細に解説されるので，ここでは概略について述べる。まず超臨界流体の代表的な物性を，気体・液体と比較したものを表 1 に示す[1]。超臨界流体の物性を見ると，密度は液体に近く粘度は気体に近い。拡散係数と熱伝導率は，気体と液体の中間であることがわかる。これらの点から，溶媒としての超臨界流体の特徴は，次のようにまとめることができる。

（1）超臨界流体の密度は液体と類似しているが，低粘性かつ高拡散性である。したがって，物質移動の面でより有利になる。

（2）超臨界流体の熱伝導率は気体に比べて大きいため，高い熱移動速度が得られる。したがって，反応熱などの除去が効果的に行える

これらに加えて，同じく第 1 編の 2 章で詳述されるが，臨界点付近ではわずかな圧力変化で密度を大幅に変えることができるなどがある。

溶媒の性質を決める支配因子は，溶媒を構成する分子の分子間相互作用であり，その大きさは分子間距離と分子の熱運動に強く依存する。したがって，圧力を変えても密度がほとんど変化しない液体溶媒では分子間距離がほとんど変化しないため，温度・圧力を変化させても大幅な物性値の変化は期待できない。これに対して超臨界流体では，図 1 のようにその密度を理想気体に

表 1　気体・液体・超臨界流体の物性の比較[1]

物　性	気　体	超臨界流体	液　体
密　　度（$kg \cdot m^{-3}$）	0.6～2	300～900	700～1600
粘　　度（$10^{-5} Pa \cdot s$）	1～3	1～9	200～300
拡散係数（$10^{-9} m^2 \cdot s^{-1}$）	1000～4000	20～700	0.2～2
熱伝導率（$10^{-3} W \cdot m^{-1} \cdot K^{-1}$）	1	1～100	100

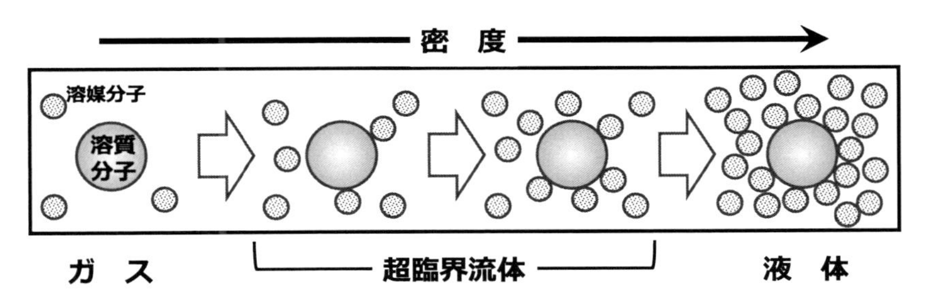

図１　温度一定条件での超臨界流体の密度変化の模式図[5]

近い極めて希薄な状態から液体に相当する高密度な状態まで「連続的に」変化させることが可能で，物性値の大幅な制御が可能となる[1,5]。すなわち密度が小さな気体状態では，溶質-溶媒分子間距離が大きいため溶質-溶媒間の分子間相互作用も小さい。次に密度を大きくすることで溶質-溶媒分子間距離が小さくなり，溶質-溶媒分子間相互作用も大きくなる。さらに密度が大きな液体になると，溶質-溶媒分子間距離はほとんど変化しないため，溶質-溶媒分子間相互作用もほとんど変化しない。このように，超臨界流体は密度を変えることにより分子間距離を変え，分子間相互作用を変化させることができる。超臨界流体の密度変化は一般には圧力操作で行うことができるため，圧力を変えることで連続的に密度を変えることができ，「連続的に分子間相互作用を変化させる」ことができる。さらに重要なことは，超臨界状態では圧力操作（密度変化）を行う時に「相変化を生じない」ことである。すなわち，超臨界流体は圧力操作によって凝縮しないため，液相が生じない。これは超臨界流体と他の成分を含む混合溶媒系において特に重要で，任意の溶媒組成で相変化させずに溶媒密度を変えたり，あるいはあえて相変化をさせることで分離を容易にしたりといった溶媒系の設計と制御が可能となる。加えて，物質の溶解度は溶媒密度と比例することから，圧力変化のみで超臨界流体に対する物質の溶解度を制御することも可能である。超臨界流体を含む混合溶媒系の相挙動についても，第１編の２章２節で詳述される。

超臨界流体では，臨界点付近でのクラスター形成や，溶質分子周囲の溶媒和構造など溶媒特性に影響するミクロ物性が知られている。これらのミクロ物性については，成書[1,2,4,6]を参考にされたい。

3　本書の構成

はじめにで述べたように本書は，超臨界流体を既に使っている研究者・技術者に加えて，これから超臨界流体を使ってみたいと考えている方々を読者に想定した。すなわち，初めて超臨界流体を使う方が，第１編から読み進めていくことで安全かつ効率的に超臨界流体を利用できるようになることを目指した。また，対象とする超臨界流体には，よく用いられているという観点から，二酸化炭素・水・アルコールを選んだ。

この目的のために本書は，全４編からなる構成とした。第１編「溶媒としての超臨界流体」

では，2章1節で超臨界流体の特徴と溶媒特性を，2章2節では混合溶媒系の相平衡と溶媒特性をまとめた。第1編では，自分が考えている対象物質が超臨界流体に溶解する，超臨界流体が対象物質に溶解する，想定される反応系・合成系の相状態など，超臨界流体を用いた反応系・合成系を扱う上で鍵となる現象を理解できるようになることを目指した。第2編「超臨界流体の装置設計と操作」は，1章で超臨界流体装置の設計と操作方法を，代表的なバッチ式と連続式の装置についてまとめた。2章では具体的な装置の実例や，法令対応についてまとめた。3章では最も重要な装置の安全な操作について，超臨界流体部会が実施したアンケート結果などを元にまとめた。第1編から第2編で，超臨界流体を使った系を構想し，装置を考え，安全に操作するために必要となる事項を解説した。

第3編「超臨界流体を溶媒とした合成反応技術」は，超臨界流体を溶媒とした合成反応への具体的な適用例の解説になっている。

第3編では，1章で超臨界流体を溶媒とした有機合成反応をまとめた。この章は，溶媒が二酸化炭素から水・アルコールまで，一般的な有機合成反応からバイオマス変換反応技術までと，非常に大部の章になっている。溶媒に水を使った適用例が多い。2章では無機材料合成をまとめてあり，無機ナノ粒子・金属ナノ粒子・表面修飾ナノ粒子の合成技術への適用例が解説されている。このように第3編は，溶媒として二酸化炭素・水・アルコールを用いた合成反応系の適用例を網羅した内容になっている。

第4編「超臨界流体を溶媒とした加工技術」は，近年精力的に研究が進められている，材料製造・材料加工への適用例の解説になっている。1章では主に超臨界乾燥を用いたエアロゲルの作製について，2章では主に二酸化炭素を用いた発泡体の作製についてまとめた。3章では超臨界流体を用いた金属被膜形成や金属の埋め込み技術についてまとめてある。4章では超臨界流体を用いた有機物の微粒化を，5章では超臨界流体を用いた微粒子分散溶液の製造法をまとめてある。材料分野への超臨界流体の適用は，長い研究の歴史をもつものから最近のトピックスに至るまで幅が広く，第4編はこの分野を俯瞰的に見るために最適な構成になっている。

第3編と第4編では，現在の超臨界流体の主な応用先である合成反応と材料加工技術への適用例を網羅しており，超臨界流体の応用を考える時の原理に基づいた考え方がわかると共に，利点（場合によっては欠点）を予測することができると考えている。

以上，本書の構成を紹介した。第1編から第4編中の各章は，それぞれの項目を専門に研究している超臨界流体部会会員に主に執筆をお願いしており，最新の研究成果に基づいて解説されている。

文　　献

1）化学工学会超臨界流体部会編集，超臨界流体入門，丸善（2008）
2）荒井康彦監修，超臨界流体のすべて，テクノシステム（2002）
3）荒井康彦，化学工学，60（2），137-138（1996）
4）齋藤正三郎監修，超臨界流体の科学と技術，三共ビジネス（1996）
5）荒井康彦，新井邦夫，化学工学，56（12），886-889（1992）
6）阿尻雅文監修，超臨界流体とナノテクノロジー，シーエムシー出版（2004）

第2章　二酸化炭素・アルコール・水

1　溶媒としての特性

船造俊孝*

1. 1　はじめに

超臨界流体（Supercritical Fluid）とは，図1に示す臨界温度 T_c 以上の温度かつ臨界圧力 P_c 以上の圧力の状態の単一相の流体のことであり，この領域ではいくら加圧しても液化せず均一相のままである。固体，液体，気体の3態に対し，超臨界流体を第4の状態との記述もあるが，これは正確には正しくなく，図中のA-C線，C-B線をよぎっても相変化は起こさない。超臨界流体は気体より高く，液体より低い密度の流体で，液体と気体の中間の密度を示し，他の物性も中間の値をとる。圧力変化だけで諸物性が大きく変化し，圧力を変えることで物性を調節できるため，物性の調節可能な（Tunable）溶媒と言われる。超臨界二酸化炭素（$scCO_2$）は微極性であるが，種々の溶媒を加えることで，さらに溶媒物性を大きく変化させることができる。主な添加溶媒として，アルコール類や水などがあり，この添加溶媒をエントレーナー（共溶媒あるいはモディファイアーとも呼ばれる）と言い，溶媒の極性を変化させることで，溶解度の増大や吸着強度の調節などが可能となる。

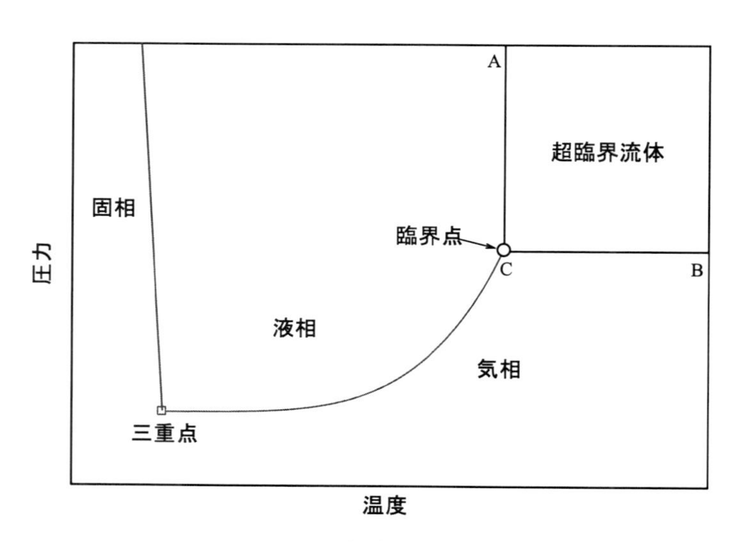

図1　超臨界条件

＊ Toshitaka Funazukuri　中央大学　理工学部　応用化学科　教授

工業的には，この超臨界条件に対し，温度または圧力あるいはその両方が臨界点以下の亜臨界（Sub-critical）条件も重要であるが，その範囲は明確には規定されていない。狭義の意味では，超臨界流体の性質と近い物性を有する臨界点近傍の臨界点以下の流体を言う場合と，広義として，亜臨界水を沸点以上の加圧水とする場合がある。また，亜臨界水は熱水とも呼ばれ，この条件における反応を水熱（Hydrothermal）反応と呼ぶ場合があり，熱水を亜臨界水と等価として使われる場合と，亜臨界水より温和な条件で使われる場合など，研究者や分野によって異なっている。

臨界点（Critical point）は三重点（Triple point）と同じく，各々の物質固有の値であり，便覧やデータベース等で調べられるほか，Joback[1)]の方法などにより推算できる。混合物の場合の臨界点は組成に依存し変化するので，臨界温度や臨界圧力の組成依存変化である臨界軌跡の精度のよい推算は難しい。近年，推算に関する研究がさかんに行われているが[2)]，実測データに基づく精度の検証がなされている系は限られている。有機溶媒の臨界温度は CO_2 のそれよりも高いので，CO_2＋有機溶媒の混合溶媒の臨界温度は純 CO_2 より高く，操作温度が CO_2 の臨界温度より高くても超臨界状態になっていない場合もあり，注意を要する。

臨界温度は沸点と相関しており，一般に沸点が高い物質ほど臨界温度も高い。臨界定数（T_c, P_c, 臨界モル体積 V_c など）は対応状態原理や状態方程式などの使用の際も，対臨界温度 T_r（換算温度，$=T/T_c$）や対臨界圧力 P_r（換算圧力，$=P/P_c$）などの算出に不可欠な定数である。表1に超臨界プロセスで用いられる代表的な CO_2，H_2O，メチルアルコールの臨界定数を，図2には種々の物質の臨界圧力と臨界温度の関係を示す。図に示すように，臨界温度は同族ならば炭素数の増加に伴い増加するが，臨界圧力は炭素数の増加に伴い僅かに低下する傾向にある。臨界圧力はほとんどの有機化合物については10 MPa以下で，高々5 MPa程度である。沸点同様，不安定な物質などは臨界温度まで到達する前に分解し，測定できない場合が多い。また，精度の高い物質ごとに定めた状態方程式の臨界定数は実測値ではなく，PVTの実測値から定めた状態式を使用するために決定した値であり，実測値と多少異なる場合がある。混合物の相状態は複雑で，広範囲の条件における相状態が実測されている系は少なく，相図を入手できない場合も多い。2成分系の混合物の相状態はvan Konynenberg and Scott[3)]によって分類されているが，複雑で，実測データも限られており，反応系のような多成分の場合，均一相かどうかの予測は難し

表1　二酸化炭素，水，メチルアルコールの臨界物性[1)]

	モル質量	T_b	T_c	P_c	V_c	ω	z_c
	g/mol	K	K	bar	cm^3/mol	−	−
二酸化炭素	44.010	n.a.	304.12	73.74	94.07	0.225	0.274
水	18.015	373.15	647.14	220.64	55.95	0.344	0.229
メチルアルコール	32.042	337.69	512.64	80.97	118.00	0.565	0.224

T_b：標準沸点，T_c：臨界温度，P_c：臨界圧力，V_c：臨界モル体積，ω：Pitzerの偏心因子
z_c＝臨界圧縮因子＝P_cV_c/RT_c，1 bar＝1×10^5 Pa

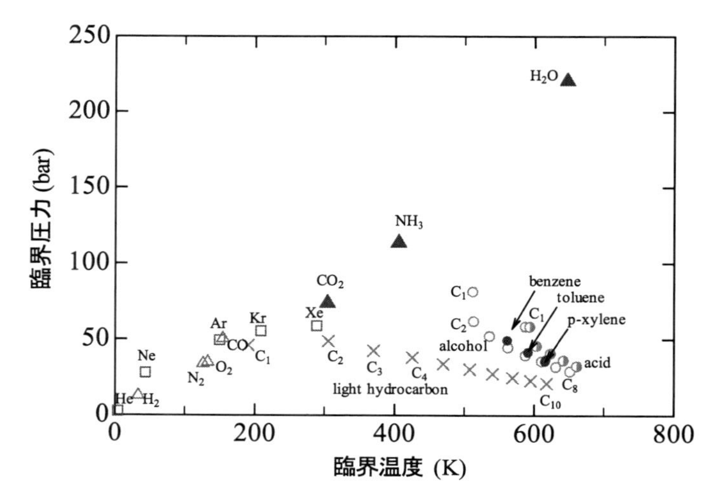

図 2　種々の物質についての臨界圧力と臨界温度

く，窓付き耐圧セル内で光ファイバー等を用いて相状態を観察しながら反応を行う場合もある。

図 3 と図 4 にそれぞれ CO_2 と水の $P\rho T$ 線図[4]を示す。CO_2 と H_2O の状態式はそれぞれ文献[5, 6]による。プロットの目盛の値は大きく異なるが，CO_2 と水の両者の形は似ているおり，換算温度，換算圧力，換算密度でプロットするとほぼ相似形になる（対応状態原理）。気液 2 相領域では，温度が低いと，液相の密度は高く，気相の密度は低いが，容器内に CO_2 や水を仕込み昇温していくと，液相密度は減少し，気相密度が上昇し，両図上では飽和密度線上を移動し，液相と気相の密度が等しくなったところが臨界点である。また，液相と超臨界相の違いとして，液相中では熱運動をしている分子の凝集エネルギーが拡散力より勝っており，分子は液状態を保っている。超臨界状態になると拡散力が凝集力よりも上まわり，気相のように分子は自由に飛びまわれる[4]。しかし，臨界点近傍では分子間力が相対的に強く，一部分子がクラスターを形成し，分子の粗と密の部分が存在し，密度の揺らぎが生じる。この揺らぎについては計算機科学や分光学的観察により詳細に研究されており，研究の進展が著しい[3, 4, 7~9]。

1. 2　通常の溶媒との比較

多くの成書や総説では超臨界流体は物性を調節可能な流体で，その物性は気体と液体の中間的性質を示すと述べられているが，具体的に操作可能な温度，圧力範囲でどの程度物性を変化させることができるかについてはあまり具体的には述べられていない。

図 5 は $scCO_2$ の粘度[10]と常温・常圧における種々の有機溶媒との比較を示す。CO_2 について温度 40～200℃，圧力を 1～100 MPa まで広範囲に変化させても，粘度は 0.01～0.1 mPa s（1 mPa s＝1 c.P.）程度で，おおよそ 1 桁の変化である。一方，有機溶媒はペンタンやアセトンなど比較的粘性の低いものでも 40℃，100 MPa の $scCO_2$ の粘度よりも高い。水やエタノールはさらに 1 桁高く，エチレングリコールやエタノールアミンは 2 桁以上も高い。よって，$scCO_2$

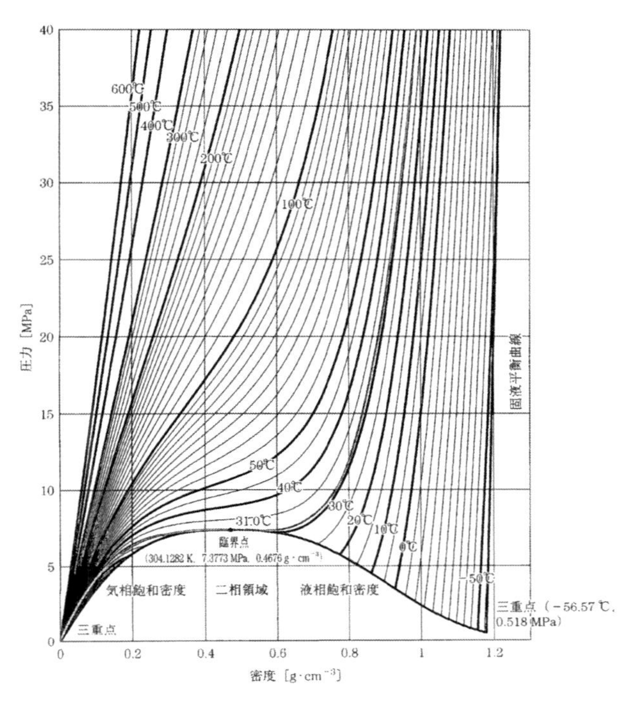

図3　CO_2 の状態図[4)]

計算値は文献[5)]の状態式による。

はかなり高圧でも通常の有機溶媒よりもかなり粘性が低い。これは混合が容易なだけでなく，超臨界流体クロマトグラフィーや触媒充填層など多孔質粒子や固体を充填した化学装置において，通常の有機溶媒よりも溶媒流速を速めても圧力損失があまり増加しない利点となる。

種々の化学装置で必要とされる物質移動や熱移動の無次元数であるNusselt数やSherwood数などの算出に必要な流体の物性に関する無次元数であるPrandtl数やSchmidt数は常温・常圧の気体では1程度であるが，scCO_2中では1より大きく10～100程度で，場合によってはさらに大きいが，液相よりは小さくなる。図6にCO_2の40℃における等温圧縮率，等圧比熱，Prandtl数の圧力依存性を示す。等温圧縮率が最大の圧力と，比熱の最大値を示す圧力とは一致しており，これは臨界点近傍の密度ゆらぎに依存するもので，西川ら[11, 12)]はx線小角散乱による測定から密度ゆらぎについて定量的に明らかにしている。諸物性についての臨界異常性(Critical anomaly) あるいは特異性 (Singularity) については，臨界点のごく近傍で観察され，通常の装置では観測しにくく，臨界点より離れた領域（例えばT_r＞1.05，P_r＞1.05）では，既往の常温・常圧で算出した気相や液相における装置定数についての推算式をそのまま超臨界条件下にも適用している。

図7はH_2Oの亜臨界および超臨界域での粘度と常温・常圧の有機溶媒の粘度についての比較である。380～450℃のH_2Oは圧力が上昇してもほとんど粘度は変わらず，臨界圧を超えてから

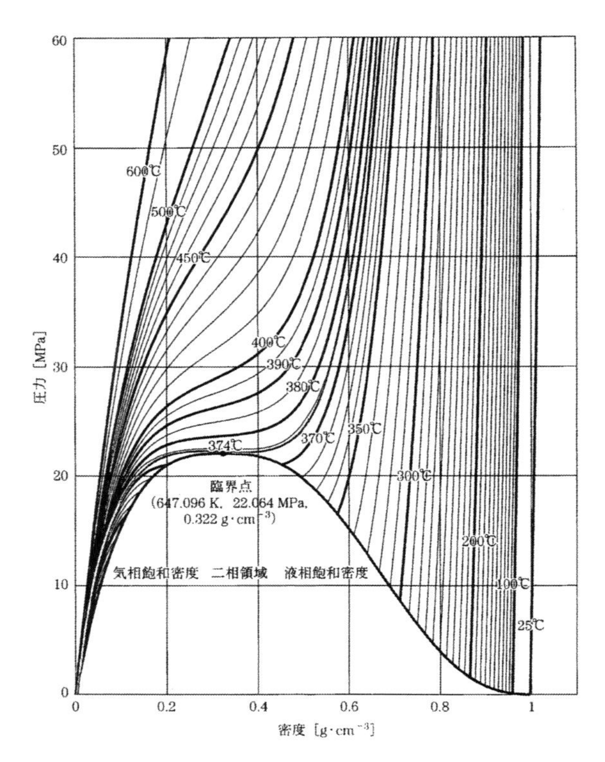

図 4　H_2O の状態図[4]
計算値は文献[6]の状態式による。

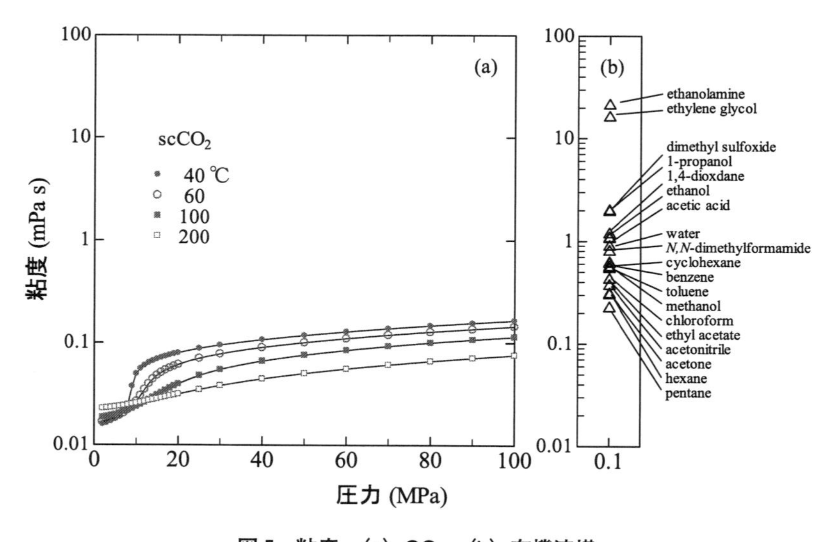

図 5　粘度，(a) CO_2，(b) 有機溶媒

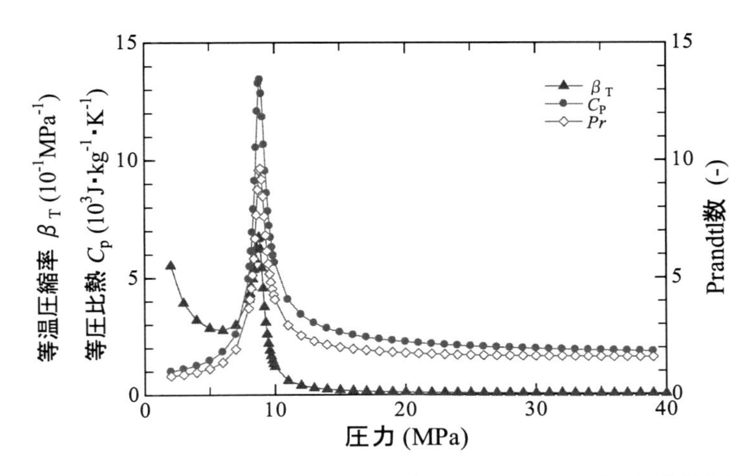

図6　40℃における CO_2 の等温圧縮率，等圧比熱，Prandtl 数の圧力依存性

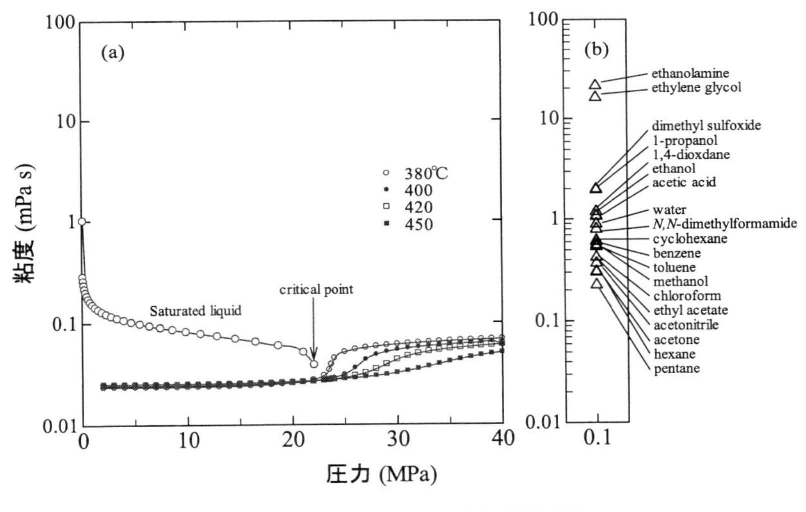

図7　粘度，(a) H_2O，(b) 有機溶媒

増加するが，40 MPa まで増加してもその増加は数倍であり，通常の有機溶媒よりもはるかに粘性は低く，興味深いことに $scCO_2$ と同程度である。

図8は scH_2O の比誘電率（Dielectric constant）と常温・常圧の有機溶媒との比較である。よく比誘電率は溶媒の極性の指標の一つとされるが，380～450℃の scH_2O の比誘電率は10以下であり，比誘電率の値が一桁の極性が低いヘキサンやシクロヘキサンから1-プロパノール程度まで，圧力の変化だけでその値を変化させることができる。また，よく使われる超臨界水の操作・反応条件である400℃では40 MPa以上ではほぼ一定の値をとる。比誘電率は流体密度に依存するので，40 MPa以上での密度変化が小さいためである。水の飽和液体は常温・常圧時の

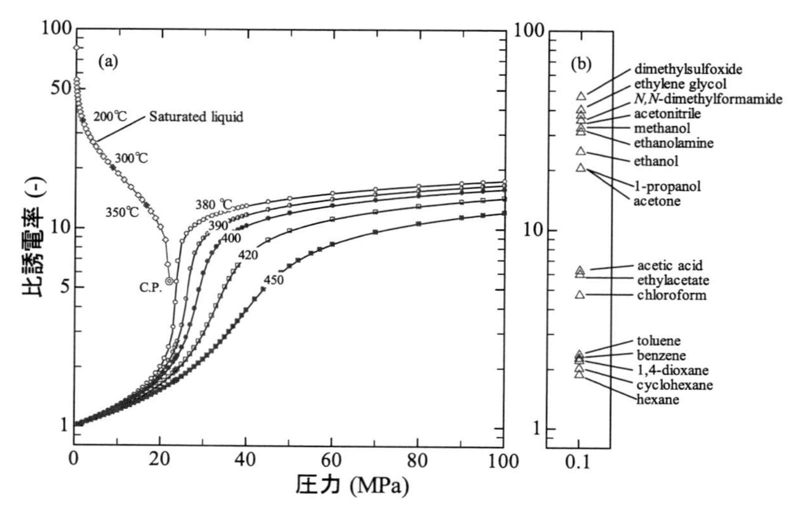

図 8　比誘電率（a）H_2O,（b）有機溶媒

80 程度から臨界点まで温度の上昇に伴い減少するが，超臨界水は低極性の有機溶媒なみの値である。

1. 3　超臨界流体の特性

通常の溶媒と比べて，超臨界流体は数々の特性を有するが，特に注目すべき特性について以下に記す。

1. 3. 1　臨界点で発散する物性

等温圧縮率 β_T は次式で定義されるが，臨界点では発散する[4]。

$$\beta_T = -\frac{1}{V}\left(\frac{\partial V}{\partial P}\right)_T = -\frac{1}{V}\left(\frac{\partial^2 G}{\partial P^2}\right)_T$$

ここで，G は Gibbs エネルギーである。この他に，臨界点で発散する物性に，熱膨張率，比熱がある。これらの物性は理論的には発散するが，実測値は有限の値を有する。また，音速は等温圧縮率，比熱，モル体積の関数として表され，臨界点ではゼロになる。

1. 3. 2　気体と完全に混合

触媒存在下，酸素あるいは空気を加圧し，水溶液中の有機化合物を酸化分解させる湿式酸化法があるが，反応温度の上昇に伴い，溶液中の溶存酸素量が低下し，反応速度が低下する問題がある。これに対し，超臨界水酸化（Supercritical Water Oxidation）では，水溶液を超臨界条件にすると酸素などの気体と超臨界水は良好に混合し，原理的にいくらでも酸素の分圧を高めることができ，高い反応速度が得られるため，非常に多くの応用研究報告がある[12]。

1. 3. 3　ゼロに近い表面・界面張力を利用したプロセス

超臨界流体は表面あるいは界面張力がほとんど無視できるので，多孔質体や基板表面のナノ構造体中に染み込んだ液体の除去（乾燥）やナノ構造体への金属の埋め込みなどのプロセスにおける輸送媒体として利用されている。液体溶媒では界面張力のため蒸発時にナノ構造体を破壊する場合があるが，超臨界流体は低粘性と高い拡散性のために構造体内部まで浸み込み，蒸発時にも微細構造体を破壊しない。例として，広い表面積を持つシリガゲル等の多孔質体の製造[13)]やナノ構造体への金属の埋め込み（Supercritical Fluids Deposition）などがある[14)]。

1. 3. 4　熱水と超臨界水の違い

熱水条件下，例えば25 MPaで，230～280℃における水のイオン積は$k_w = [H^+][OH^-] \approx 10^{-11}(mol/kg)^2$であり，常温・常圧の$k_w = 10^{-14}(mol/kg)^2$よりおおよそ1000倍大きく，熱水条件下は加水分解反応に適している。一方，超臨界条件下，例えば25 MPaで，温度390～450℃におけるk_wの値はおよそ10^{-18}～$10^{-22}(mol/kg)^2$と急激に減少し，イオンや無機塩の溶解性が激減する。超臨界水の特徴としてイオンの溶解性が非常に低く，亜臨界条件下で多量に溶解した塩が超臨界条件下になると析出し，反応器の閉塞等の問題を引き起こすことがある。亜臨界・超臨界条件下の電解質の電離定数等については文献[15, 16)]に詳しい。

1. 4　おわりに

これまで，超臨界流体に関して，アメリカ化学会のACS Symposium Seriesでも何回も特集号が発行されている[17)]。国内外の学会誌や専門誌に数多くの優れた総説や成書[3, 4, 8, 9, 18～24)]がある。わが国では超臨界流体に関する研究は1980年初頭から盛んに行われるようになり，それより先行するドイツ（当時は西ドイツで，Berichte der Bunsengesellschaft für Physikalische Chemie, Bd（Vol）. 76, Nr 3/4（1972), 超臨界流体に関する特集号が組まれている）より少し遅れて始まったが，ほぼアメリカでの研究拡大と同時期にスタートした。超臨界流体に関する専門の国際誌であるThe Journal of Supercritical Fluidsが1988に創刊されている。以来多くの応用研究だけでなく，基礎研究も活発に行われ超臨界流体の溶媒特性の理解が深まった。特に計算機科学と分光学による溶液構造の解明による寄与が大きい。しかし，$scCO_2$やscH_2Oは特異的な物性を有するが，単成分では限りがあり，種々の有機溶媒との混合溶媒は温度，圧力だけでなくその組成を変化させることで，幅広い物性値を得ることが可能となり，環境にやさしい“Green”な溶媒として期待できる。しかし，混合系についての物性測定や物性推算は現在，精力的に研究がおこなわれているが限りがあり，今後の研究成果が待たれる。

文　献

1) The Properties of Gases & Liquids, 5th ed., B. E. Poling, J. M. Prausnitz, J. P. O'Connell, McGraw-Hill, New York（2000）
2) L. Gil, S. T. Blanco, C. Rivas, E. Laga, J. Fernández, M. Artal, I. Velasco, *J. Supercrit. Fluids*, **71**, 26（2012）
3) Supercritical Fluids, Fundamentals and Applications, E. Kiran, P. G. Debenedetti, C. J. Peters ed., NATO Science Series, Vol. 366, Kluwer Academic Publishers, Boston（2000）
4) 超臨界流体入門，超臨界流体部会編，丸善（2008）
5) R. Span, W. Wagner, *J. Phys. Chem. Ref. Data*, **25**, 1509（1996）
6) A. Pruβ, W. Wagner, *J. Phys. Chem. Ref. Data*, **31**, 387（2002）
7) O. Kajimoto, *Chem. Rev.*, **99**, 355（1999）
8) Supercritical Fluids, Molecular Interactions, Physical Properties and New Applications, Y. Arai, T. Sako, Y. Takebayashi ed., Springer, Berlin（2002）
9) Supercritical Fluid Technology: Reviews in Modern Theory and Applications, T. J. Bruno, J. F. Ely ed., CRC Press, Boca Raton（1991）
10) V. Vesovic, W. A. Wakeham, G. A. Olchowy, J. V. Sengers, J. T. R. Watson, J. Millat, *J. Phys. Chem. Ref. Data*, **19**, 763（1990）
11) K. Nishikawa, T. Morita, *Chem. Phys. Lett.*, **316**, 238（2000）
12) 超臨界流体のすべて，荒井康彦監修，株式会社テクノシステム（2002）
13) H. D. Gesser, P. C. Goswami, *Chem. Rev.*, **89**, 765（1989）
14) J. M. Blackburn, D. P. Long, A. Cabañas, J. J. Watkins, *Science*, **294**, 141（2001）
15) 水熱ハンドブック，水熱科学ハンドブック編集委員会，技報堂出版（1997）
16) Hydrothermal Properties of Materials: Experimental Data on Aqueous Phase Equilibria and Solution Properties at Elevated Temperatures and Pressures, V. M. Valyashko, ed., John Wiley & Sons（2008）
17) ACS Symposium Series, **329**（1987）, **366**（1988）, **406**（1989）, **488**（1992）, **514**（1992）, **608**（1995）, **670**（1997）, **860**（2003）
18) 超臨界流体の科学と技術，齋藤正三郎監修，三共ビジネス（1996）
19) Supercritical Fluid Technology, J. M. L. Penninger, M. Radosz, M. A. McHugh, V. J. Krukonis ed., Elsevier. Amsterdam（1985）
20) Supercritical Fluid Extraction, M. A. McHugh, Butterworth（1986）
21) Supercritical Fluid Technology in Materials Science and Engineering, Y. P. Sun ed., Marcel Dekker, Inc. New York（2002）
22) Supercritical Fluids as Solvents and Reaction Media, G. Brunner ed., Elsevier, Amsterdam（2004）
23) 超臨界流体技術の開発と応用，佐古猛監修，シーエムシー出版（2008）
24) 超臨界流体技術，後藤元信著，コロナ社（2014）

2　混合系の相平衡

佐藤善之[*1]，猪股　宏[*2]

2. 1　はじめに

超臨界流体応用技術の開発のためには，超臨界成分を含む混合系の相平衡に関する知見は重要でかつ欠くことができないものである。すなわち，超臨界流体へ溶質成分がどれくらい溶解するか，対象が液体の場合には超臨界流体がどれくらい溶解するか，また操作条件（温度，圧力，濃度）で系が均一相か，あるいは相分離を生じるのかは，対象とする超臨界流体の利用技術の本質を理解するために必須の情報である。これらに関しては相図を介して考えると理解しやすい。超臨界流体は温度と圧力を変えることにより密度（分子間距離）を大幅に変えることができるので，さまざまな相が出現・共存する。ここでは超臨界流体を含む系の相挙動及び相平衡の基本的な事項について述べる。

2. 2　2成分系の相挙動・相平衡

混合系の相平衡関係は極めて複雑であるが2成分系に関してはRowlinson[1)]やSchneider[2)]によっていくつかのタイプに分類されている。ここでは図1に示すKonynenburgとScott[3)]による6種の分類に従い説明する。図1では実線が純成分の蒸気圧曲線，破線が臨界線，一点鎖線が三相共存線を意味し，添字Ⅰ，Ⅱは成分を，○が純成分の臨界点，△が臨界終点を意味する。

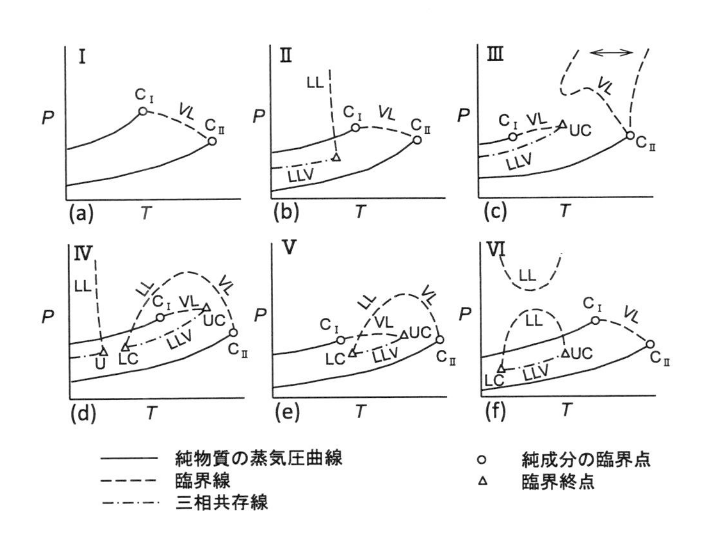

図1　2成分系の臨界軌跡の P–T 線図[3)]

＊1　Yoshiyuki Sato　東北大学　大学院工学研究科　附属超臨界溶媒工学研究センター　准教授
＊2　Hiroshi Inomata　東北大学　大学院工学研究科　附属超臨界溶媒工学研究センター　教授

図1（a）は最も単純な相挙動（type Ⅰ）であり，2成分の物性（相互作用や分子の大きさ）の差が比較的小さいときに現れる。type Ⅰの相挙動を模式的に T-P-x 三次元図に表したのが図2である。このタイプは高圧において構成成分が完全に混じり合い，液液相分離を生じない場合である。混合物の気液の臨界点は破線のようにそれぞれの臨界点を結んだ曲線（臨界軌跡）で表される。このタイプの臨界軌跡の一例として図3に water-methanol，ethanol，propanol 系の臨界軌跡の計算値を示す。この計算は Heidemann と Khalil[4] の方法に従い Peng-Robinson 状

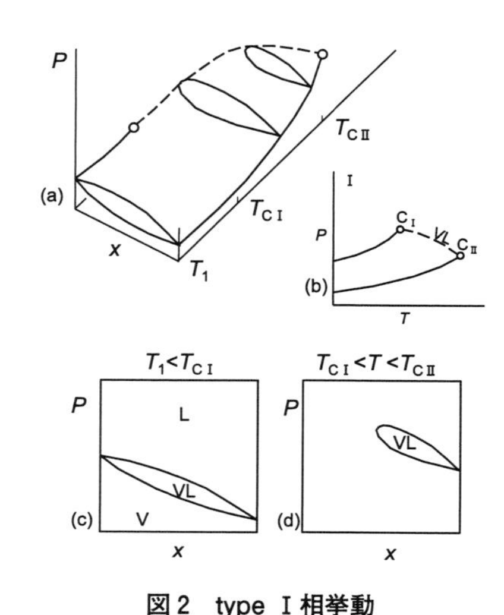

図2　type Ⅰ相挙動
（a）T-P-x 線図，（b）P-T 線図，（c,d）P-x 線図

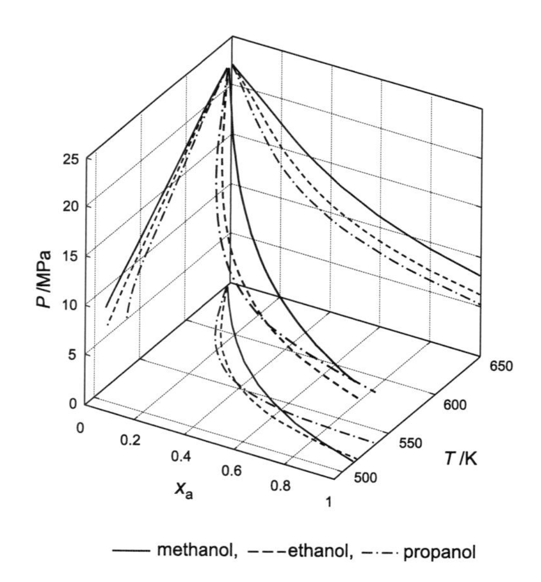

図3　水-アルコール系混合物の臨界軌跡

態式[5)]を使用した。この図は臨界軌跡を T-P-x の三次元で表しており，T-P，P-x，T-x の三種の投影図も同時に示している。この図からわかるように，P-T，P-x 線図で見ると，臨界軌跡はほぼ直線的に変化しているが，T-x では臨界軌跡は比較的大きく湾曲していることがわかる。

2成分の物性の差が大きくなると，図1（b）に示すように低温高圧下で液液相分離（type Ⅱ）を生じるようになる。図4に type Ⅱの T-P-x 三次元図表示を示す。成分Ⅰの気液飽和蒸気圧線の近くに液液気3相線が出現し，3相平衡はある温度以上で消失し気液2相平衡に移行する。この消失する点では2つの液相の密度が等しくなり1つの液相を形成する。すなわちこの点は液液平衡の臨界点でもあり，図示したように液液臨界軌跡の終点で上部臨界終点（upper critical end point，UCEP）と呼ばれる。またこの臨界軌跡は上部臨界溶解温度（upper critical solution temperature，UCST）と呼ばれる。UCST より高温では type Ⅰと同様となる。

2成分の物性の差がさらに大きくなると図1（c）に示す Type Ⅲと呼ばれ，気液臨界軌跡が2つに分断された形となっている。一方は $C_{Ⅰ}$ と上部臨界終点（UCEP）を結ぶ気液臨界軌跡であり，他方は $C_{Ⅱ}$ から伸びる気液臨界軌跡と UCEP から離れた液液の臨界軌跡がつながった線となる。特に後者の臨界軌跡は図1（c）に示したようにその形状が様々に変化することが知られている。図5に Type Ⅲの T-P-x 三次元図表示を示す。$T_U < T_2$ では気液の2相領域が現れるが，

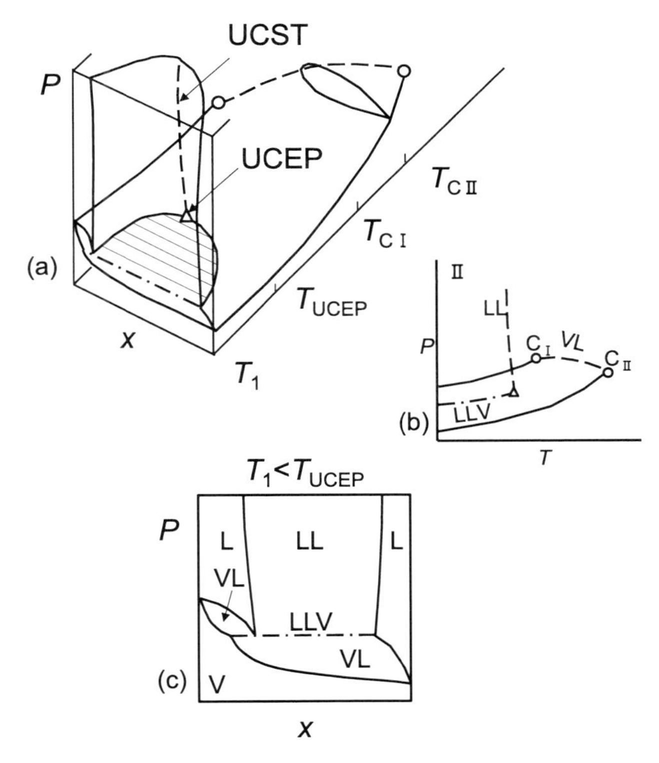

図4　type Ⅱ相挙動

（a）T-P-x 線図，（b）P-T 線図，（c）P-x 線図

高圧では気相も高密度になるため気体と液体の区別は本質的なものではなくなり，液液平衡ととらえる場合もある。T_2 以上では臨界軌跡が大きく低温側まで広がった場合，T_2 以上の温度では気液平衡とさらに高圧で気気平衡が観察される場合がある。そのような相平衡の例を図 6 に示

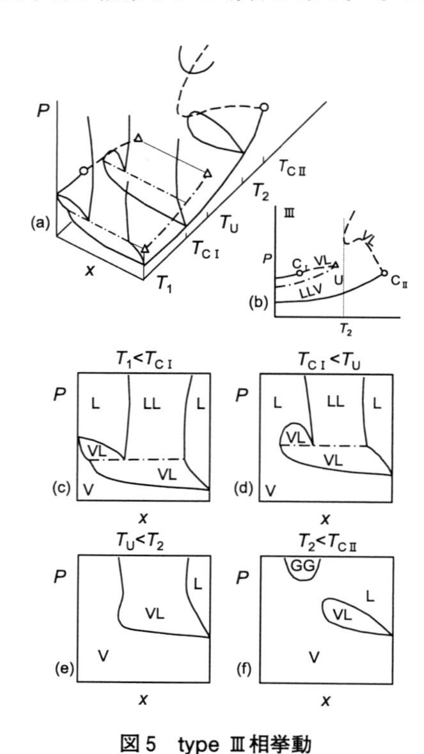

図 5　type Ⅲ相挙動

（a）T-P-x 線図，（b）P-T 線図，（c～f）P-x 線図

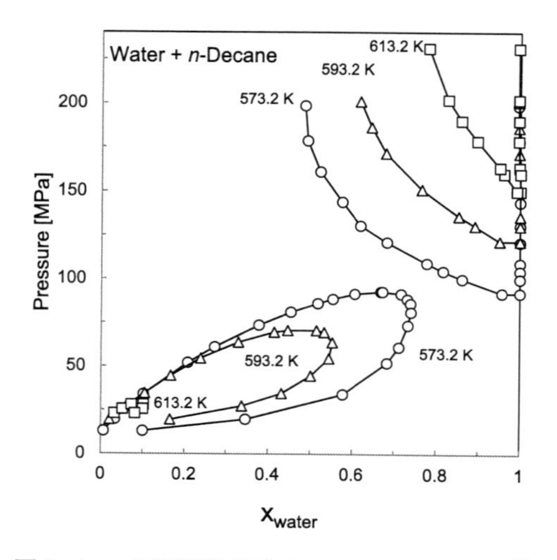

図 6　type Ⅲ相平衡の例（water＋n-decane 系[6]）

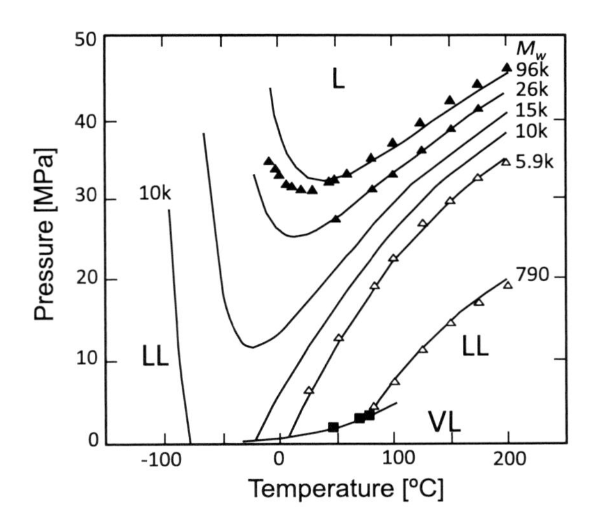

図７　type Ⅳ，Ⅲ相平衡の例（poly(ethylene-co-propylene)＋propylene 系[7]）

す。この図は water と n-decane 系の相平衡[6]であり，高圧で気液平衡が，さらに高圧で気気平衡が明確に観察される。

Type Ⅳから type Ⅵは液液気３相平衡が低温側でも消失するいわゆる下部臨界終点（LCEP）を有する場合である。Type ⅣとⅤは LLV3 相平衡と２つの気液臨界軌跡を有する。気液臨界軌跡の一方は C_{II} から LLV3 相平衡の下部臨界終点（LCEP）までを結ぶ。他方は C_{I} から LLV3 相平衡の UCEP を接続する。type ⅣとⅤの違いは type Ⅳが type Ⅱのように低温側に別の液液気３相平衡線が存在し UCEP で終了している点である。図７に Type Ⅳの例として poly(ethylene-co-propylene)-propylene 系の相平衡[7]を示す。低分子量のポリマーの場合，気液，液液，液の境界線が観察され，液-液液の境界線は下部臨界溶解温度（lower critical solution temperature，LCST）と呼ばれる。また，低温（－80℃）付近では，分子量１万のポリマーの計算線は液液境界線（UCST）がある。このポリマーが高分子量化すると，propylene との相溶性が低下し液液相分離領域が広がって LCST と UCST がつながり（この結合した線のことを Radosz ら[8]は U-LCST と呼んでいる）最終的には，高温域において type Ⅲで示した C_{II} からつながる臨界軌跡となる。図８に Type Ⅴの T-P-x 三次元図表示を示す。

type Ⅵは，type Ⅰのように気液臨界軌跡は１種のみであるが，２つの液液臨界軌跡が存在する。液液気３相平衡線は低沸点成分の臨界温度よりも低温側にあり，その UCEP と LCEP は１つの液液臨界軌跡の始終点となっている。高圧領域に別の液液臨界軌跡が存在する。

2. 3　固体を含む系の相挙動・相平衡

ここまでは流体相のみが出現する相挙動について説明したが，固相が出現すると相図はさらに複雑になる。詳細は McHugh と Krukonis の書籍[9]に詳しいが，ここでは Schneider[2]により示

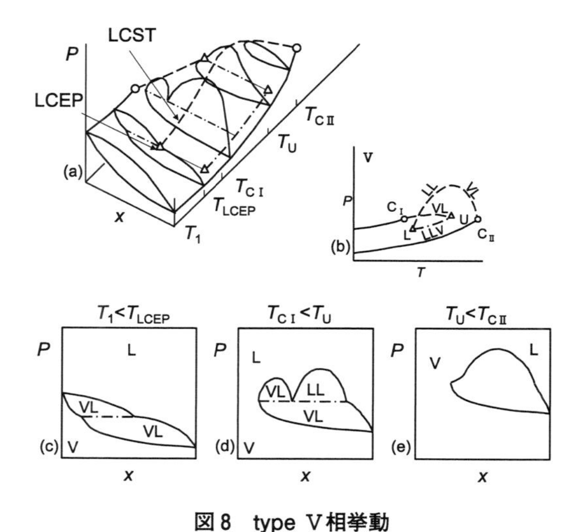

図8　type V相挙動

(a) T-P-x 線図，(b) P-T 線図，(c〜e) P-x 線図

された例，すなわち成分 I と II の臨界点がはなれており，成分 II の 3 重点が成分 I の臨界温度より高い系の相挙動を図 9 に示す。図中の TP は 3 重点，Q は 4 重点である。成分 I と II の臨界点から出発する臨界軌跡と気液固 3 相曲線が途中で交わってそれぞれを分断している。図 9 の P-x 線図に示すように U_I と U_{II} の間の温度 T_2 では気固平衡が高圧まで存在することになる。等温線 T_1 では P-x 線図上に成分 II の気固平衡線，気液固三相線および気液臨界点が見られる。温度が T_1 から上昇するに従い気液の共存領域は小さくなり，U_I で消失する。

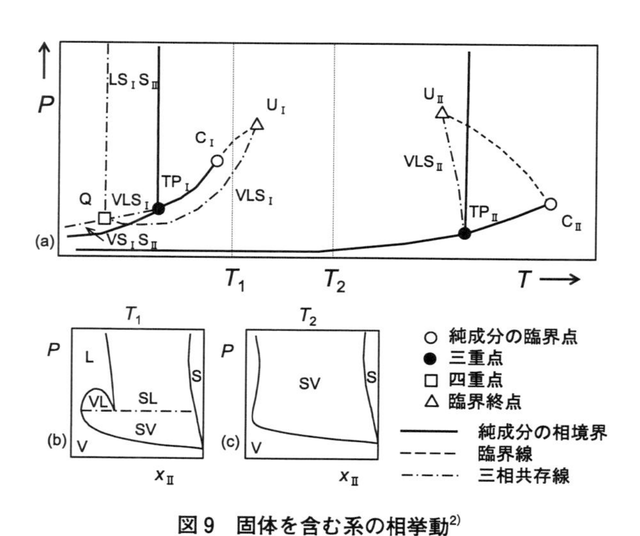

図9　固体を含む系の相挙動[2)]

(a) T-P 線図，(b，c) P-x 線図

2. 4　超臨界水に対する２成分系の相挙動

図 10 に水＋溶質系の臨界軌跡[10]を示す。この図は水の臨界点から伸びる臨界軌跡を各物質について示しており，水の臨界点から離れるほど他成分の組成が増加している。この臨界軌跡より高温側が一相（均一相）領域となる。炭化水素は常温常圧では水とほとんど混じらず液液相分離を起こすが，水の臨界点近傍では完全に相溶することがこの図からわかる。超臨界水は炭化水素や気体をよく溶かして均一相を形成することから，超臨界水中の反応基質の濃度を高くすること，また酸化・還元雰囲気の調整も可能であり，超臨界水中での反応を目的に応じて進めることができる。

2. 5　おわりに

超臨界流体の相平衡の特徴を述べてきたが，相平衡を理解した上で溶媒等の選定や条件等を検討することが重要である。今後は相平衡に加えて混合物のペアの相互作用を把握して混合物の溶媒特性をより引き出すことが重要となってくるであろう。特に省エネルギーや環境にやさしいという観点から，従来使用されていた有機溶剤の使用削減が今後ますます進んでいくと考えられる。このような中，従来の有機溶剤の持つ機能をより環境負荷[11]の小さいものへと転換していくことが重要であり，このような背景に基づき超臨界二酸化炭素を用いたドライクリーニング[12]が開発された。ただし，一般的にはこのような目的に対し純物質で対応することは難しく，混合溶媒を用いることにより新たに機能発現させて対応することになるだろう。この際，超臨界流体の果たす役割は大きいと考える。例えば，超臨界二酸化炭素を用いたスプレー塗装技術[13]がその一例である。この技術は塗料の希釈剤を CO_2 で置き換えるもので，相平衡の観点からは CO_2 の貧溶媒効果を防ぐ真溶媒の選定が重要である。筆者ら[14]は溶解度パラメータを用いることによりこの溶剤の選定について検討した。CO_2 は溶解度パラメータが小さいため，ポリマーより溶解度パラメータの高い溶剤を用いることによって CO_2 塗装の際に，相分離を生じ難いことが示され

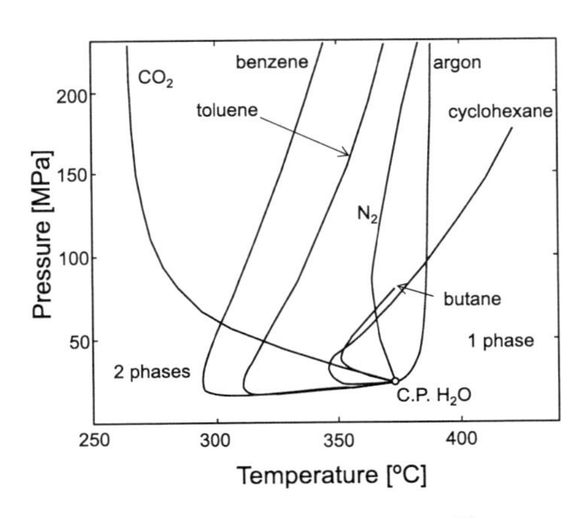

図 10　水＋溶質系の臨界軌跡[10]

ている。また，同様な原理により polyethylene glycol（PEG6000）を溶解しない ethanol に CO_2 を添加することにより，PEG6000 を溶解可能となることが，Mishima ら[15]によって示されている。図 11 は溶解度の測定結果であるが，ethanol は PEG を溶解できないが，CO_2 の溶解により ethanol の溶媒特性が変化し，PEG 溶解度が増大したものと考える。塗装の例に倣うと，ethanol の溶解度パラメータが CO_2 の溶解により低下して PEG の溶解度パラメータと適合するようになるため，可溶化している。一方で CO_2 が溶解しすぎるとさらに ethanol の溶解度パラメータが低下して PEG を溶解できなくなるため，溶解度の極大を示す CO_2 組成が存在することになる。

最近では，溶媒の水素結合ドナー（HBD）とアクセプター（HBA）としての特性の違いを考慮することにより，環境適合性の混合溶媒によりポリアミドの合成が可能であるとの報告[16]がある。これらの特性は Kamlet-Taft solvatochromic（K-T）parameter[17]に反映されており，分光学的に評価されている。この考え方は薬理活性原末製造の溶媒選定[18]にも適用されており，今後ますます重要性が高まると考えている。Hansen solubility parameter[19]は溶媒選定の上で工学的に広く活用されているが，これに量子化学計算を用いて HBD，HBA の効果を取り入れた partial solubility parameter[20]が提案されており，工学的な利用が進むと考える。また，HBD，HBA のような強力な相互作用が局所的な溶液構造にも影響を与えることから，水溶液粘度の推算にも K-T parameter が利用可能であることが報告[21]されている。今後は溶媒の HBD，HBA 等の特性を考慮して混合溶媒としての機能を考えることが，超臨界流体を含めた高機能な溶媒特性の発現と溶媒選定の範囲・自由度を拡大させるために重要であると考える。

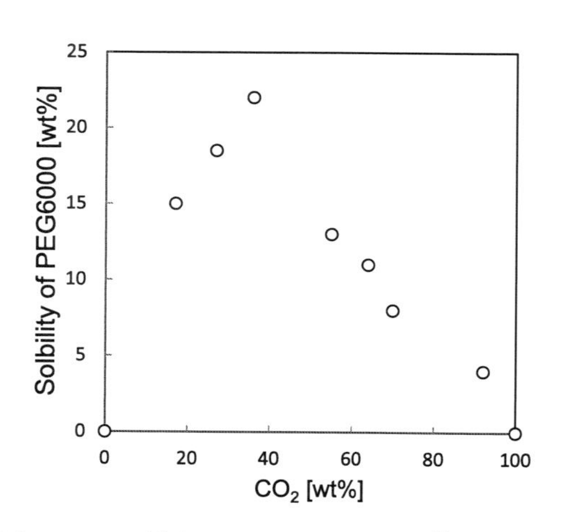

図 11　CO_2＋ethanol 系中の PEG6000 の溶解度[15]（16 MPa，308 K）

文　　献

1） J.S. Rowlinson, F.L.Swinton, “Lquids and Liquid Mixtures” 3rd ed., Butterworths （1982）
2） G.M. Schneider, Angew. *Chem. Int. Ed. Engl.*, **17**, 716（1978）
3） P.H. von Konynenburg, R.B. Scott, *Phil. Trans. R. Soc. London*, **298**, 495（1980）
4） R.A. Heidemann, A.M. Khalil, *AIChE J.* **26**, 769（1980）
5） D.-Y. Peng, D. B. Robinson, Ind. Eng. *Chem. Fundamentals*, **15**, 59（1976）
6） Q. Wang, K.-C. Chao, *Fluid Phase Equilibria*, **59**, 207（1990）
7） S.-J. Chen, I.G. Economou, M. Radosz, *Macromolecules*, **25**, 4987（1992）
8） B.Folie, M. Radosz, *Ind. Eng. Chem. Res.*, **34**, 1501（1995）
9） M.A. McHugh, V.J. Krukonis, Supercritical Fluid Extraction, Principles and Practice, 2nd ed., Butterworth-Heinemann, *Stoneham*, MA（1994）
10） R. Jockers, G.M. Schneider, Ber. Bunsenges. *Phys. Chem.*, **82**, 576（1978）
11） R. K. Henderson, C. Jiménez-González, D. J. C. Constable, S. R. Alston, G.G. A. Inglis, G. Fisher, J.Sherwood, S.P. Binks, A.D. Curzons, *Green Chem.*, **13**, 854（2011）
12） 吉沢裕介，佐藤善之，猪股宏，新井智宏，加藤義徳，繊維機械学会誌，**58**, 353（2005）
13） S.-I. Kawasaki, K. Ishida, Y. Sakurai, T. Fujii, A. Suzuki, 14th European Meeting on Supercritical Fluids, MS21, Marseilles（2014）
14） Y. Sato, T. Shimada, K. Abe, H. Inomata, S.-I. Kawasaki, *J. Supercrit. Fluids*, **130**, 172 （2017）
15） K. Mishima, K. Matsuyama, D. Tanabe, S. Yamauchi, T.J. Young, K.P. Johnston, *AIChE J.* **46**, 857（2000）
16） A. Duereh, Y. Sato, R.L. Smith, Jr., H. Inomata, *ACS Sustainable Chem. Eng.*, **3**, 1881 （2005）
17） M.J. Kamlet, J.L. M. Abboud, M.H. Abraham, R. W. Taft, *J. Org. Chem.* **48**, 2877（1983）
18） A. Duereh, Y. Sato, R.L. Smith, Jr., H. Inomata, *Org. Process. Res. Dev.*, **21**, 114（2017）
19） C.M. Hansen, Hansen solubility parameters: A user's handbook, 2nd edn., CRC press, Boca Raton（2007）
20） C. Panayiotou, *J. Phys. Chem. B*, **116**, 7302（2012）
21） A. Duereh, Y. Sato, R.L. Smith, Jr., H. Inomata, F. Pichierri, *J. Phys. Chem.* B, **121**, 6033（2017）

第１章　超臨界流体の装置設計と操作

川崎慎一朗*

本章は安全に超臨界流体の研究を行ってもらうために，装置設計とその操作に関して注意すべき点を整理して記載した。超臨界水を用いた実験の多くは，400℃以上と高温で，25 MPa 以上の高圧となる。高温高圧水の条件は，高温耐圧強度に基づく装置の健全性に加えて，反応対象物によっては酸による腐食や，誘電率低下により生じる無機塩析出など，材料へのダメージや連続プロセスでのトラブルのリスクがある。

また，超臨界 CO_2 を用いた実験では，温度は100℃以下が多いが，圧力は30～50 MPa など操作条件が高圧化の傾向がみられる。さらに，二酸化炭素のボンベは，加圧されて液化した液化ガスであるため，ボンベ内では気液の状態となっている。例えば，超臨界 CO_2 実験装置のガス充てん領域が液体 CO_2 で満たされた場合で，その領域がバルブなどで密閉されると，領域のわずかな温度上昇で急激に圧力が上昇するため，液化ガスの密閉は回避する必要がある。

従って，バッチ実験，連続実験の何れも安全に超臨界流体の研究を行うために，実験研究者は超臨界流体の物性や安全対策を含む装置設計条件の理解，高度な実験技術が求められる。ここでは，バッチ実験と連続実験の装置設計とその操作について記述した。

1　バッチ式装置

1. 1　バッチ式装置の概要

バッチ反応管やオートクレーブは，実験が容易で反応条件を種々変化させて実験を行う研究初期の検討手段として利便性が高く，広く使われている。図１に一例を示す。

図１（a）にバッチ反応管を示した。ステンレス配管の両端をキャップで絞め込むタイプであり，数 cc～十数 cc 程度の内容積のものが多い。温度計測には K 熱電対が用いられ，図中のように外壁に巻きつける方法や，シース外径 1.6 mm の熱電対を用いる場合は，1/16”のボアスルー継手を介して熱電対をバッチ反応管内に挿入して，反応器内温を計測することも可能である。バッチ反応管はステンレス配管（光輝焼鈍：bright annealing　BA 管）の配管を使用することと，反応温度，反応圧力に対して高温耐圧強度（詳細後述）を有する配管を使用することが重要である。1/2”程度のバッチ反応管であれば 400℃，30 MPa の実験条件で，2～3 回程度の繰り返

＊ Shinichiro Kawasaki （国研）産業技術総合研究所　化学プロセス研究部門　コンパクトシステムエンジニアリンググループ　主任研究員

(a)バッチ反応管

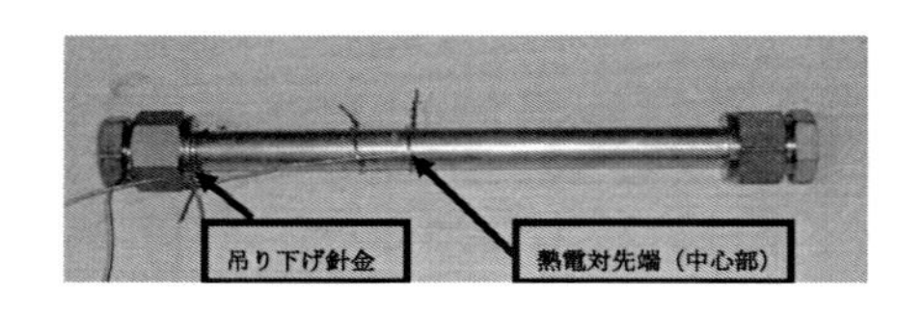

(b)小型オートクレーブ

図１　バッチ反応管と小型オートクレーブ

し使用に耐えられることがある。ただし，丁寧に締め付けギャップを管理することが必須である。また，高温高圧状態のバッチ反応管を急冷することは材料にとっては，急冷前温度によって程度は異なるものの，金属の熱処理の一種である焼入れ処理と同じである。従って，新品の状態のステンレス管から少なからず変化していると考えられ，基本的には消耗品として考えて数回で使い捨てる方が安全である。

図１（b）に示す小型オートクレーブは内容積 100 cc 程度が多く，繰り返し何度も使用できるように金属パッキンをフランジで絞め込む方式を採用している。材質はステンレス鋼よりも高温高圧強度が高い Ni 基合金，例えばインコネル 625 やハステロイ C276 などが用いられる。内容積が大きいため温度計測の熱電対はサーモウェル方式が一般的で，その他圧力を測定するため，若しくはガスサンプルを採取するためにオートクレーブに細管が接続されていることが多い。超臨界水反応の場合を例にすると，反応温度，圧力で決定される水密度［g/cc］に，バッチ反応管内容積［cc］を乗じて得られる必要充填水量［g］をバッチ反応管内部に投入して実験を行う。ここで，オートクレーブの反応領域は反応温度に到達しているが，反応器から分岐されている細管は加熱器領域の外部に設置されることが多い。その場合，反応領域が反応温度に到達しても系内の圧力が想定条件よりも低くなる結果を招く。これは，バッチ反応管内部は超臨界水状態になっていたとしても，細管内は反応温度以下となるため水が凝縮し，バッチ反応管内部の水密度が低下して，その結果圧力が設定圧力まで上昇しない。即ち，細管内容積で凝縮する水量を見越して，初期充填水量に加算しておく必要がある。この細管内の凝縮水量が多い場合は，バッチ反応管と細管の処理条件が異なるため，正確な超臨界水反応の結果が得られない可能性が高い。処理流体の不均一性と，圧力計測やガスサンプル採取の重要性を天秤にかけて，細管接続の可否を決定する必要がある。

1．2　バッチ実験加熱手段

上記バッチ式実験装置で記述した通り，バッチ反応管とオートクレーブを使用する場合，それぞれの反応器の金属重量，比熱，常温からの加熱温度差の情報と，加熱手段電気容量と加熱媒体の質量，比熱，熱伝導度の関係から昇温時間，即ち昇温速度を推測することが可能である。ここで重要となるのはバッチ反応管外部の流体の種類である。図2に加熱手段について示す。

図2（a）は電気炉で，発熱体であるニクロム線に通電して炉内空気を加熱する。電気炉の場合，バッチ反応管の外部流体は高温空気である。(b）はサンドバスで，加熱槽下部に発熱体であるシースヒーターが設置されており，加熱槽内は砂で満たされている。シースヒーターの加熱と同時に加熱槽下部から圧縮空気を供給して砂の流動床を形成している。サンドバスの場合，バッチ反応管の周囲は高温空気と高温の砂である。(c）は溶融塩で，例えば硝酸カリウム，亜硝酸ナトリウム，硝酸ナトリウムを任意の比率で混合することで生じる融点降下を利用して200℃程度で混合塩は溶融するため溶融液体中で加熱ができる。加熱槽底部に設置したシースヒーターで混合塩は溶融され，かつ攪拌機によって加熱槽内を均一温度になるように攪拌している。溶融塩の場合，バッチ反応管の外部流体は液体である。

外部流体が空気である電気炉は，単純な設備であるため導入は容易であるが，空気比熱，熱伝導度が低いため非常に昇温の速度が遅い。一方，溶融塩は液体となり，比熱，熱伝導度とも空気より格段に大きくなるため，昇温の速度は速い。しかし，バッチ反応管内部の水が万が一溶融塩内で漏洩した場合，てんぷら鍋の中に水が入ったのと同じ状態となり，高温の溶融塩の液体が塩浴から噴出する危険な状態となる。図3に昇温速度のイメージを記載した。

超臨界流体の反応をバッチ式装置で実施する場合，高温高圧の条件を短時間で処理したい場合であっても，加熱手段によっては昇温と冷却に長時間かかるなど，実際に反応系の熱履歴は昇温速度に依存して変化する。昇温・冷却速度が遅い場合，その過程で副反応が生じることも考慮されなければならない。具体的には反応容積6 ccのバッチ反応管で400℃，30 MPaの超臨界水反応を行う場合，400℃到達までの昇温速度は一番早い溶融塩は10 s，サンドバスは3 min，電気炉は60 min以上となる。(b）に示すサンドバスは，高温で，流動した状態の砂浴がバッチ反応管の外壁に直接接触するため，昇温速度は溶融塩よりは遅いものの電気炉加熱よりは格段に速くなる。また，サンドバスは加熱中にバッチ反応管から内部の水が漏洩した場合でも，溶融塩のように液体の塩が飛び散るようなことは生じないため，比較的安全に実験ができる。

図2　バッチ反応管の加熱手段

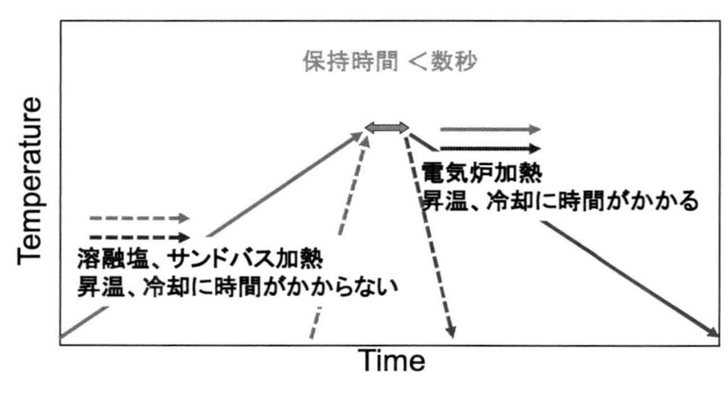

図3　昇温速度イメージ

1．3　超臨界水反応における充填水量

超臨界水反応をバッチ反応管で行う場合，初めに装置の設計条件に適合する反応温度，反応圧力を設定する必要がある。次に，バッチ反応管に充填する水の質量を算出する。超臨界流体は温度，圧力で一義的に密度が決定するため，反応条件の密度からバッチ反応器に充填する水量を計算する。そのために，使用するバッチ反応管の正確な内容積を計測し，内容積に密度を掛けて得られる質量の水を充填水量とする。ここで，図4に水密度をパラメーターとして温度と圧力の関係を示した。

亜臨界水温度域において，その温度における飽和蒸気圧，蒸気密度は物性表から得られる[1]。高温蒸気雰囲気で実験する場合は，反応温度における飽和蒸気密度分の水をバッチ反応器に充填すると反応温度で，飽和蒸気圧力となり，かつ全量が蒸気となる。高温高圧の水中で反応を行わせる必要がある場合，反応温度の飽和蒸気密度分の水に加えて，過剰の水を添加する。この過剰水が反応場で液体の水として存在することになる。

そこで，注意が必要となるのが，反応場水密度（充填水量）が高い状態（図中の密度0.7や0.8 g/cc）を選択した場合，加熱を開始すると臨界温度よりもだいぶ低い温度で飽和蒸気圧以上の圧力がかかることになる。これは，液体の水が加熱により膨張して，バッチ反応器内を液体の

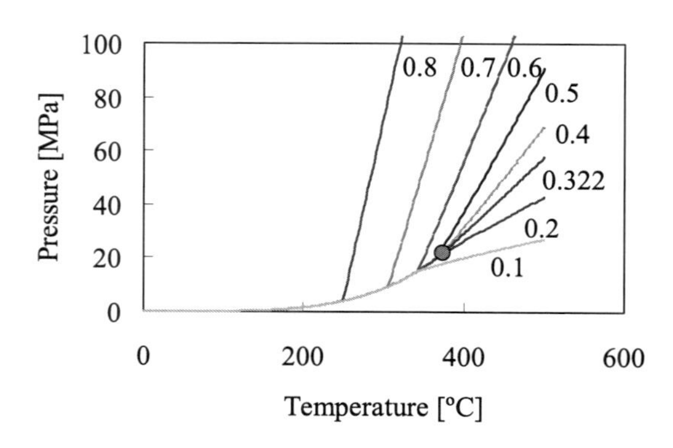

図4　水密度をパラメーターとした温度と圧力の関係

水が満たす状態となり，わずかな温度上昇で急激圧力上昇を引き起こす危険な状態となる。亜臨界水処理だから飽和蒸気圧を超えることはないだろうと考えるのではなく，反応温度における適正な水密度かどうか物性値から計算して実験を計画し，実験中は過昇温にならないように注視することが重要である。

1．4　強度計算

バッチ式実験装置，連続式実験装置のいずれであっても，設計温度，設計圧力が基本にあって，その装置の材質，配管外径，使用肉厚が決定される。自分が設計者，使用者の何れであっても使用している装置の高温耐圧計算は自ら行うことが重要である。日本国内において，高圧ガス保安法の高圧ガス特定設備検査規則関係例示基準集例示集（以下，例示基準集）に詳細が記載されている円筒胴の肉厚計算について記述する。また，配管を購入する際に，材料証明書（ミルシート）を購入時に併せて発注し，ロットごとに保管管理し，配管材料と材料証明は確実に把握されることを強く推奨する。

円筒胴肉厚計算は以下の2式が提示されている。

（i）$P <= 0.385\sigma_a \cdot \eta$ の場合

$$t = \frac{P \cdot D_o}{2 \cdot \sigma_a \cdot \eta + 0.8 \cdot P} \qquad (1)$$

（ii）$P > 0.385\sigma_a \cdot \eta$ の場合

$$t = \frac{D_o}{2}\left(1 - \frac{1}{\sqrt{Z}}\right) \qquad (2)$$

$$Z = \frac{\sigma_a \cdot \eta + P}{\sigma_a \cdot \eta - P}$$

ここで，P：設計圧力［MPa］，σ_a：許容引張応力［N/mm^2］，η：溶接継手効率［-］，t：管の最小肉厚［mm］，D_o：管の外径［mm］である。バッチ式反応管，連続式装置のいずれであってもステンレス管は光輝焼鈍：bright annealing　BA管を使用することを推奨する。また，使用する配管はシームレス（継ぎ目なし），セミシーム（継ぎ目あり）によって，溶接効率ηが異なる。シームレスは1.0，セミシームは0.7（X線検査未実施の場合）を使用する。セミシームしかないサイズ以外はシームレスを推奨する。図5に材料ごとの許容引張応力と温度の関係を示す。

図に示すようにSUS304，SUS316はほぼ同じ挙動を示すが，インコネル600（NCF600）は500℃まではステンレス鋼よりも許容引張応力は高いが，500℃以上でステンレス鋼よりも強度が低下する。一方，インコネル625（NCF625）は650℃まで許容引張応力値が例示基準集の表

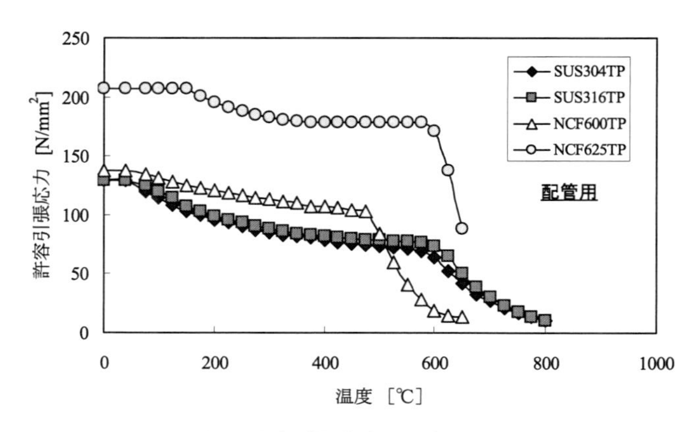

図5　許容引張応力と温度の関係

に掲載されているため，その温度までは使用可能である。常温から650℃までの間でステンレス鋼より約2倍の強度を有しているが，600℃から急激に高温強度が低下することが特徴である。また，チタンについては例示基準集に350℃以上許容引張応力の値が掲載されておらず，350℃以上では高圧ガス設備の材料として使用はできない。自分が使用する装置の設計温度，設計圧力と使用材質ごとに例示基準集に記載の表から許容引張応力を確認し，管の最小肉厚を計算して，現在使用している肉厚と比較してみることが重要である。また，選定した配管の設計温度における最高耐圧を把握しておくことも併せて重要である。

1．5　連続化に向けたバッチ実験

現在でもバッチ処理で実用化されているケースは少なくないが，オートクレーブの昇温，冷却工程，対象物の出し入れ工程など製造以外の時間が必ず存在するため，決して効率的なプロセスとは言えない。それでも，バッチ処理でなければ製造できないものもある。例えば，反応条件の保持時間が数時間～数日かかる反応はバッチ処理でなければならない。処理量にもよるが，現在のバッチ実験で得られている良好な処理条件の保持時間が，1時間以下であれば連続化は充分検討に値する。

バッチ実験を行っている研究者は，将来的に連続化を志向している場合，連続化検討に資する実験データを蓄積することが重要である。例えば，

・自分が実験している反応器サイズでないと同じ成果がでないのか？

→反応器サイズを変えて，反応系の昇温・冷却速度の効果を検討

○積極的に昇温・冷却速度を変えて温度プロファイルの効果を調べて加熱方法決定

・実用レベルで連続処理が適用できるか？

→原料，供給，加熱，反応，冷却，減圧のそれぞれの工程で連続処理ができるか？

○原料が固体であった場合，溶液化ができるのであれば，連続供給は可能。原料を溶液化して場合の反応への影響は？

○連続プロセスで固形物のハンドリングは困難である。従って，反応，冷却，減圧過程で固形物が生成しないか？

などの検討項目があげられる。

2　連続式装置

2. 1　連続式装置の概略フロー

ここでは，超臨界水反応の連続式装置を例に工程ごとに設計・操作において設計者，研究者それぞれが注意すべき点について記載する。図６に超臨界水反応装置の装置フローシートを示す。

図６より，常温で高圧供給する原料水溶液と，高温高圧の超臨界水を直接混合して，混合後の温度を反応温度になるように流量及び超臨界水の温度を調節するプロセスになっている。混合流体は反応温度，反応圧力に調整され，任意の滞留時間を反応器内で保持され，その後冷却されて背圧弁により大気圧に減圧される。プロセスの温度はＫ熱電対，圧力は圧力計，若しくは圧力センサーによって計測され，両流体の高圧吐出の安定性から反応器，冷却器，背圧弁などで流路閉塞などが生じていないか，必要な場所に計器を設置して連続モニタリングしている。また，設計圧力に設定された安全弁を必要な場所に設置し，安全弁吹き出しはクエンチャータンク内で急冷・除害する構成となっている。

2. 2　流体タンク

連続反応系の場合，流体は均一系であることが必須である。流体タンク内で固形物沈殿があるものは高圧ポンプで昇圧することが困難であり，操作時間内で原料組成が変動すると連続式装置を用いた反応の安定性に悪影響を及ぼす。従って，原則的に取り扱う流体は均一系であることが

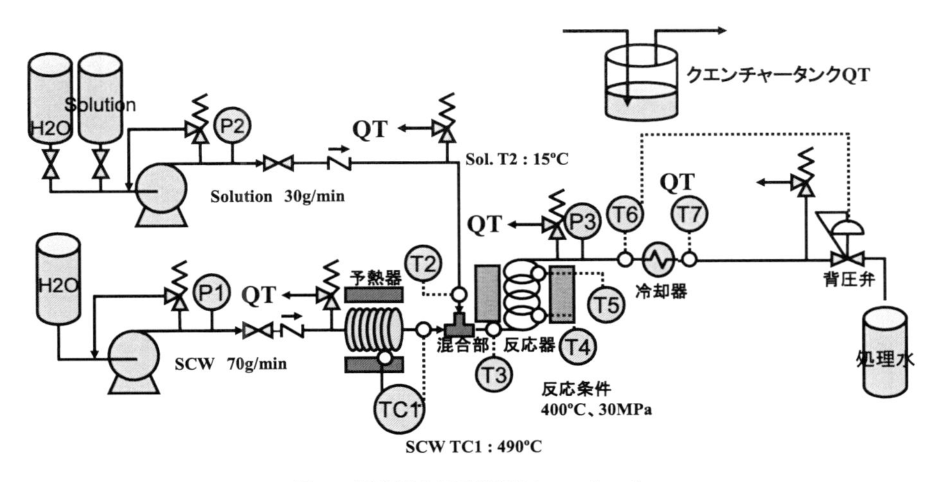

図６　超臨界水反応装置フローシート

望ましい。

2. 3 高圧供給

高圧ポンプは定量供給式のプランジャーポンプ，ダイアフラムポンプ，シリンジポンプ，定圧供給式のピストンポンプなどがある。定量供給式高圧ポンプは，ポンプ出口の圧力に関わらずポンプは設定された流量を一定に吐出する動作を行うものである。定圧供給式高圧ポンプは空気作動式のインテンシファイアーポンプであり，0.8 MPa 以下の駆動空気で広い面積のピストン側を操作し，狭い面積のピストン側で高圧吐出する構造である。いわゆる増圧器であり，ポンプ出口の圧力を一定にするように動作するポンプである。従って，ポンプ出口には二次圧調節弁が設けられており，二次圧調節弁下流に流体が流れることでポンプ出口の圧力が低下するため，定圧供給式高圧ポンプが動作してポンプ出口圧力を一定に制御している。流体供給が停止するとポンプ出口の圧力が減少しないため，自動的に定圧供給式高圧ポンプも動作を停止する仕組みになっている。

定量供給式高圧ポンプは流量制御性に長けており，プロセス出口に背圧弁を設置する場合が多いが，定圧供給式高圧ポンプは一定圧力条件から大気圧，若しくは低圧環境に連続的に噴霧するプロセスで多用され，プロセス出口にはノズルが設けられている。

2. 4 流体混合

超臨界水反応装置の場合，原料水溶液は常温で供給され，高温高圧の超臨界水と直接混合されることで原料は反応温度（混合後温度）まで昇温される。従って，混合器の性能は昇温速度や混合後流体の均一性に大きな影響を及ぼす。超臨界水は粘度が常温の水よりも低いため，超臨界水反応はマイクロ流路を適用したマイクロミキサーを適用しても圧力損失の問題は，ある程度の流量までは顕在化しない。また，高温高圧プロセスにおいて，内径が小さくなることは部材の肉厚が薄くなることになるため，小型化，コスト削減に寄与するため，超臨界水＋マイクロミキサーは両者の良いところを伸ばし，不足しているところを補う相乗効果がある。二流体を混合するミキサーとして最もシンプルな構造体であるT字継手（T字ミキサー）に関して，図7にSwagelok社の 1/8"用，1/16"用，1/16"マイクロ用のT字ミキサーと寸法を示す。1/16"用にはガスクロマトグラフ用継手として，内径が 0.3 mm のマイクロ流路を有する継手がある。これは内径が細くなった部分の流路長さは 1.3 mm と短いため，極端な圧力上昇を生じないように工夫されている。0.3 mm と細い流路の場合，流れの状態を表すレイノルズ数（Re 数）が非常に大きくなり，乱流混合性能が高いことが考えられる。例えば，30 MPa の条件で，超臨界水を 33 g/min，超臨界水温度が 463℃，常温の原料水溶液を 12 g/min で混合して，混合後の流体が 45 g/min，400℃となる場合について，T字ミキサーのサイズにおけるそれぞれの流体の Re 数，流速を表1に示した。

表1より，同じ流量，同じ温度の条件で継手内部の流路が異なった場合，400℃，30 MPa の

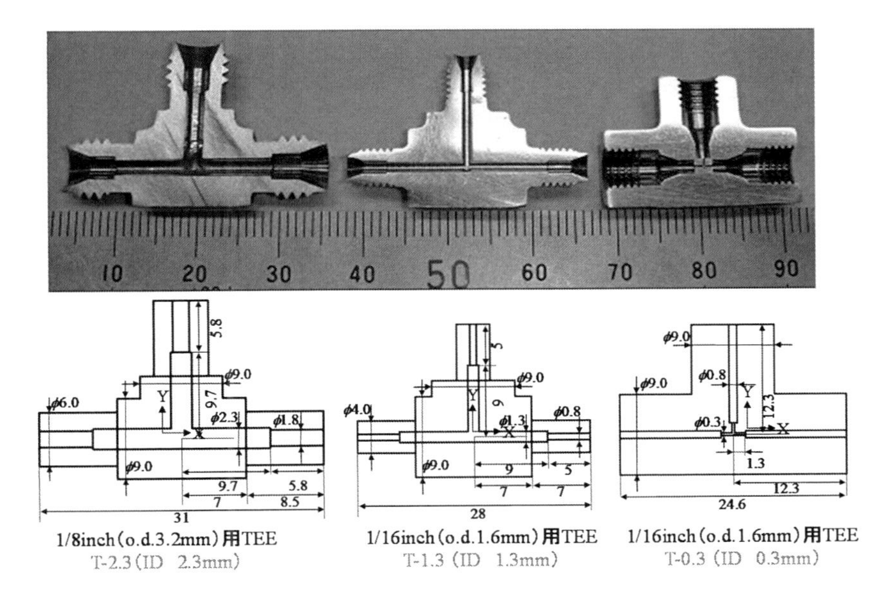

図７　Ｔ字ミキサー

表１　Ｔ字ミキサーの違いによる Re 数，流速の関係

	1/8 (2.3 mm)	1/16 (1.3 mm)	1/16 micro (0.3 mm)
SCW, Re, Velocity	9900 1 m/s	17400 3 m/s	75500 57 m/s
Solu., Re, Velocity	99 0.05 m/s	175 0.1 m/s	760 3 m/s
Mixed., Re, Velocity	9500 0.5 m/s	16700 1.6 m/s	72500 30 m/s

混合流体の Re 数は 1/8”（2.3 mm）で 9,500，流速は 0.5 m/s であったが，1/16”マイクロ（ID0.3 mm）では Re 数が 7 倍強の 72,500，流速は 60 倍の 30 m/s となる。

次に流体解析ソフト FLUENT を用いて 30 MPa 条件下で超臨界水と常温の水の混合について CFD 計算を行った[2)]。Ｔ字ミキサーの構造が異なることによる流体混合挙動について検討を行った結果を図８に示す。

図８にはＴ字ミキサー内部流路のみ示したが，CFD 計算は流路外部の金属についても熱伝導を考慮した計算を行った。上部からは超臨界水が流入し，奥から常温の原料水溶液が流入し，手前に両流体が混合されて流出するモデルである。1/8”T 字ミキサー（2.3 mm）では奥から流入する常温の原料水溶液（低温流体）が継手中央部で下部に追いやられていく様子が分かる。ミキサー中央部から 5 mm においても断面内で温度差が生じていることが分かる。一方，1/16”マイクロＴ字ミキサー（0.3 mm）においては，0.3 mm の内径が細くなっている長さ 1.3 mm の間

で混合後の400℃にほぼ到達している様子が分かる。400℃までの昇温プロファイルをミキサー構造で比較した結果を図9に示す。

図9より，いずれのミキサーもミキサー中央部から15 mm程度でミキサー外部となるため，実験で熱電対をミキサーに取り付けた配管に巻き付けて混合後流体の温度を計測したとしても，いずれのミキサーにおいてもすべて400℃に到達している。しかし，ミキサー内部の昇温プロファイルはミキサー構造によって大きく異なることが図9より明らかである。

1/8"T字ミキサー（2.3 mm）は徐々に400℃に昇温されるに対して，1/16"マイクロT字ミキサー（0.3 mm）の場合は，ミキサー中央部から2 mmで400℃に到達している。加えて流路内径が細い部分を含むため，昇温速度は非常に早くなる。ここで，流路断面の最高温度と最低温度の平均をその流路断面の代表温度として，2流路断面間の微小高さの円柱を作り，2代表温度を平均して円柱流体平均温度として，その円柱の密度を算出して100℃から390℃までの昇温速度を算出した。その結果，図9中に示すように，1/8"T字ミキサー（2.3 mm）で，390℃まで

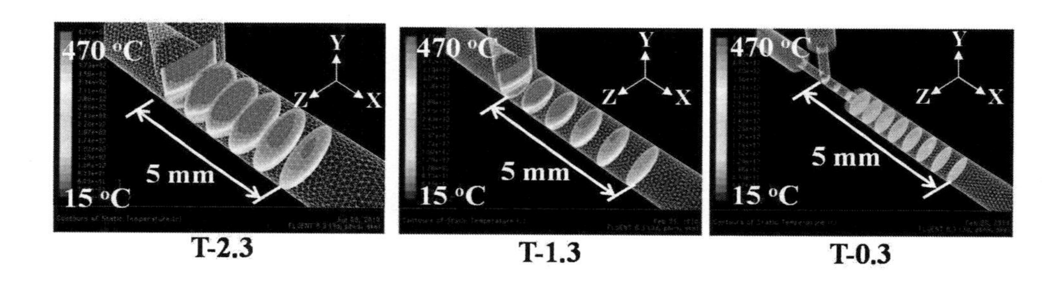

図8　T字ミキサー内部流れのCFD解析

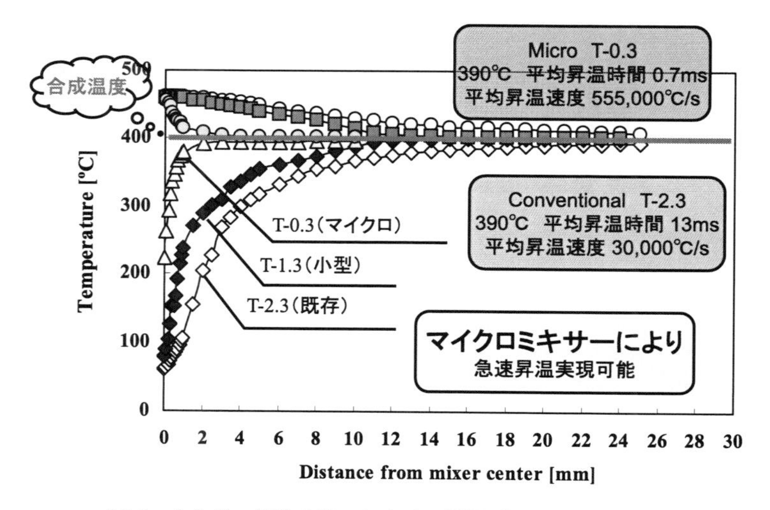

図9　ミキサー構造の違いにおける昇温プロファイル比較

13 msとなり，速度は30,000℃/s，1/16"マイクロT字ミキサー（0.3 mm）で，390℃まで0.7 msとなり，速度は555,000℃/sとなった。昇温速度が遅いほど，昇温過程で生じる副反応や結晶成長など予期せぬ結果が大きく影響する。超臨界反応場を厳密に時空間制御するためには，マイクロミキサーの導入が効果的である。T字ミキサーの他にもいくつかのマイクロミキサーが提案されており，産総研が開発したマイクロスワールミキサーもすでに市販されている[3)]。

上記マイクロミキサーは，超臨界水のように低粘度流体に限ったミキサーである。一方，高粘度流体の場合，粘度が上昇する倍数の逆数でRe数は減少するため，高Re数の乱流環境を形成できない。層流条件となった場合，２流体の界面でしか物質移動は生じないため，効率的な混合には界面での物質移動を促進する工夫が必要となる。

2．5　減圧

高圧の連続式装置の圧力を制御する機器の種類はそれほど多くない。ばね式のテスコム製の背圧弁，Swagelok製の背圧弁，ニードル調節式の日本分光製の圧力調節弁，フジキン製のミニュコン，リサーチコントロールバルブ製の圧力調節弁などである。前者は，ばねの力でステムを支えて背圧を調整する方式で，後者はニードルバルブの開度を調節して上流圧力を一定に制御する方式である。これらは，固形物が流入すると動作不良を起こすため，上流で固体分離をする必要がある。一方，固形物を含む場合は，ピストンで受けて圧力を調節する方法もある[4)]。

2．6　安全対策

図６のフローシートにも示したが，ポンプ出口，逆止弁下流，反応部出口，背圧弁入口に安全弁が設置してある。連続式装置で常に意識すべき点は，ライン閉塞を生じた際の安全対策である。そのために，圧力センサーを設置して，圧力が安定制御されているのか，上昇傾向にあるのかを操作中は注視する必要がある。

また，「○○で閉塞が生じた場合は？」との仮定に対して，現象として「○○の圧力が上昇するが○○は上昇しない」，対策として「○○を停止し，圧力上昇しなくなることを確認して，そのまま冷却操作に入って安全に停止する」などトラブルシミュレーションが重要である。これを実験研究者が行うことによって，装置フローシートの深い理解と改良点を見出すことができるようになる。

3　まとめ

ここでは，超臨界流体の装置設計と操作と題して，工程ごとに記述した。改めて記載するが，すべての事項よりも優先されるべきは，安全である。超臨界流体は，高温高圧であるため潜在的に危険をはらんでいる。しかし，温度，圧力，高温強度などの基本的な事項を守り，超臨界流体の特性と実験装置の安全対策を理解することで，安全に実験は可能である。研究を始める初期段階で様々な装置メーカーと十分に安全性を協議してから装置製作を依頼されたい。今後とも安全第一で成果を発信して頂きたい。

文　　献

1） NIST web, Thermophysical Properties of Fluid Systems http://webbook.nist.gov/chemistry/fluid/
2） S.-I. Kawasaki, *et al.*, Engineering study of continuous supercritical hydrothermal method using a T-shaped mixer: Experimental synthesis of NiO nanoparticles and CFD simulation, *J. Supercrit. Fluids*, **54**, 96-102（2010）
3） アクセル web: https://axel.as-1.co.jp/asone/s/F0031000/
4） アイテック web: http://www.itec-es.co.jp/index.html

第2章　装置の実例

国分　隆*

1　圧力容器の構造・仕様

圧力容器の基本構造はJISB8265（2010）「圧力容器の構造　一般事項」，JISB8266（2003）「圧力容器の構造　特定規格」に規定されており，容器各部の耐圧強度の算定や製造・試験方法等が明記されている。基本的に圧力容器は容器とフタ板をネジで締め付け，圧力を保持する構造であり，その際シールパッキン・ガスケットを使用して内容物の漏洩を防ぎ内圧を保持する。一部低温・低圧用途や食品等サニタリーの分野ではネジではなくクランプやクラッチを利用した締め付け方式もあり，JISではその構造等を別に規定している。

圧力容器を導入・使用するにあたり，容器材質およびシール材質の選定は重要であり，圧力・温度・容積および内容物の性質に対して適した容器，シール材質とその組み合わせを検討しなければならない。特に超臨界実験では二酸化炭素や水，アルコールといった媒体それぞれの臨界温度，圧力によって使用できる容器金属材料，シール素材・形状には配慮が必要である。

圧力容器の材料としてはステンレス：SUS316材が使われるケースが多く，圧力容器等の装置メーカーが規格品としてラインナップしている容器はほとんどがSUS316となる。なお水用の超臨界装置としては高温，高圧，高耐食性を必要とし，ステンレス以外のニッケル系特殊合金を使用する場合が多い。装置メーカーに依頼して設計・製作する際には特殊合金を使用する場合，ステンレスに比べ費用・納期がかかることもあり，実験目的，実験内容を検討の上，装置メーカーと相談することが望ましい。

容器材料とともにシール機構は重要であり，圧力容器に主に使用されるシール材として，

・ゴム製Oリングシール

・PTFE製シール

・金属製（SUS316L等）シール

があげられる。

また内外周の金属リングと樹脂等を渦巻き状に加工したガスケットや金属製オクタゴナルリング等の，主に配管接続に使用されるシールパッキンも圧力容器用に流用される事がある。それぞれ適応できる温度や圧力に制限があり，圧力容器本体シール部分の構造・形状にもこれらのパッキン・ガスケットに対応した特色・設計がある。高温高圧用には金属シールが一般的で，主にSUS316L材を選択する場合が多い。超臨界水等の腐食性媒体にもSUS材をシールとして使用

＊　Takashi Kokubun　耐圧硝子工業㈱　市場開発企画グループ　グループ長

しているが，この場合耐熱性に優れている点を重視している。どのシール材においても長期間，高頻度での使用は現実的ではなく，シール自体の腐食・劣化が進む前に早めの交換が必要である。上記超臨界水用容器でも比較的低コストで入手が容易なSUS材シールを頻繁に交換する方法が，実験に対しては実用的である。

ゴムや樹脂系のシール材では耐食性に優れた物を使用しても，ガスや水蒸気は含浸，透過の可能性があり，特に小容量，バッチ式の圧力容器ではシール材性質により圧力保持ができないことがある。また容器容量が大きくてもガスや水蒸気による一定圧力での長期間保持といった場合，圧力，温度，保持期間によってはこれらシール材では圧力低下が生じる可能性がある。この様な実験内容では金属製シールも使用対象として検討する必要がある。

なお一般的には回転軸シール等運動部分に使用するシールをパッキン，配管接続等固定部分に使用するシールをガスケットと呼ぶ事が多い。圧力容器の場合，フタ板と本体のシール部は作業上頻繁に開閉を繰り返す事が多く，上記概念にかかわらずパッキン，ガスケット両方の名称で呼ばれている。

圧力容器容量やシール材の特性により締め付け方法も数種の方式があり，実験における操作性に差異が生じてくる。同じネジ構造でも，平板フランジを複数のボルトによる締め付け，袋ナットのようなカバーひとつによる締め付け，その両者を併用した締め付けの方法が有る。またOリングによるセルフシールでは，上記方式以外にクランプやクラッチ方式による締め付けも可能である。

圧力保持のための必須条件として，いかにシール面を均一に締め付けられるかが重要となる。小口径の袋ナットやカバーによる締め付け方法および，クランプやクラッチ方式は比較的容易に

写真1　フランジ-ボルト方式容器

写真２　袋ナット方式容器

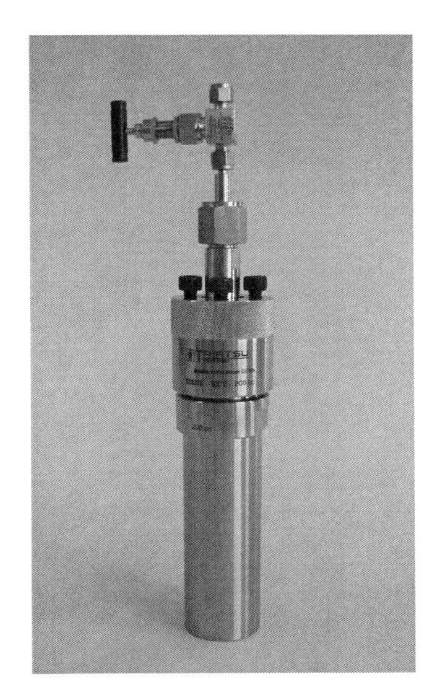

写真３　併用容器

均一な締め付けが得られる。大口径容器では平板ボルト締めフランジが主流となり，特に金属製パッキンでは均一の締め付けを得るためトルクレンチによる最終締め付け確認等，各ボルトのトルク管理を行うことを推奨している。

小口径の容器や配管継手には，フタ板やフェルール等のテーパー構造を利用してシールパッキンを使用せず，直接金属面でシールする方法もある。

金属面シール方式の利点としては容器・装置の仕様がシール材の仕様に制限されないことがあげられ，また欠点として締め付け時のトルクを管理しないとシール面の変形・劣化が早まり，本

写真4　面シール容器

体の交換・修理の頻度が高まる。容器の場合はトルクレンチの使用が望ましい。配管継手などでは初期締め付けや再締め付けの際に，手締め状態からスパナによる回転数指定といった締め付け管理の方法が採用されている。

他にも高温・高圧，耐食性それぞれに対応した特殊なパッキン・ガスケットもあるが，形状，材質，コストを含めた圧力容器全体のバランスを検討し目的の実験に適用できるか考慮する必要がある。

容器の形状に関してはJIS規格に準じた設計をすることになり，基本的に容器内部は円筒形状となり容量はその内径と深さによって定まる。また内径が大きいほど，圧力を受ける部分の寸法は大きくなる。したがって内径が大きく深さが浅い形状の小容量容器の場合，高圧仕様では想像以上にフタ板や容器，フランジは大きく厚くなり，作業性に影響が出てくるため注意が必要である。

上記を踏まえ装置メーカーに圧力容器を新規に設計依頼する際には，圧力・温度の検討はもちろんのこと，容器内径も実験内容や試料の仕込み操作等，作業性を考慮して決定しなければならない。

2　装置の構成

圧力容器を単体で利用するバッチ式実験の場合，容器本体・圧力計・安全弁・バルブ・撹拌機・加熱要素の組み合わせが考えられる。撹拌機や加熱要素は実験の内容によって不要となる場合もある。最高使用圧力・温度を基に，バルブやノズル，容器周辺機器の仕様・構成を検討する。

半流通，連続式の場合は上記組み合わせの他に，ポンプや流量調整弁，背圧弁，予熱器，回収・分離容器等の周辺部品が実験の内容に応じて必要になる。装置フローのそれぞれの段階で必

写真５　バッチ式容器

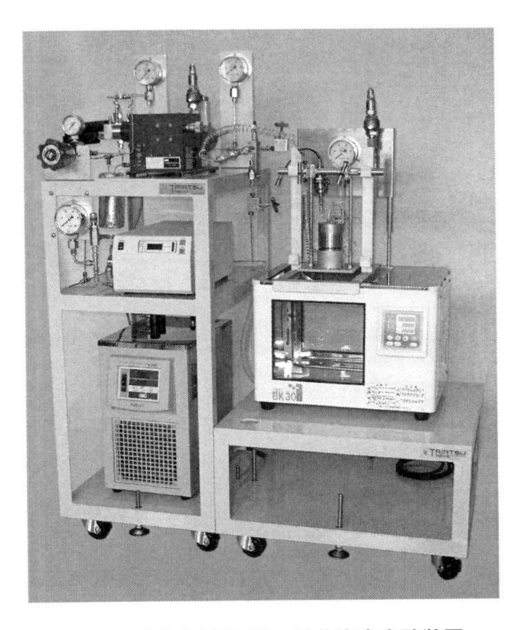

写真６　汎用型超臨界二酸化炭素実験装置

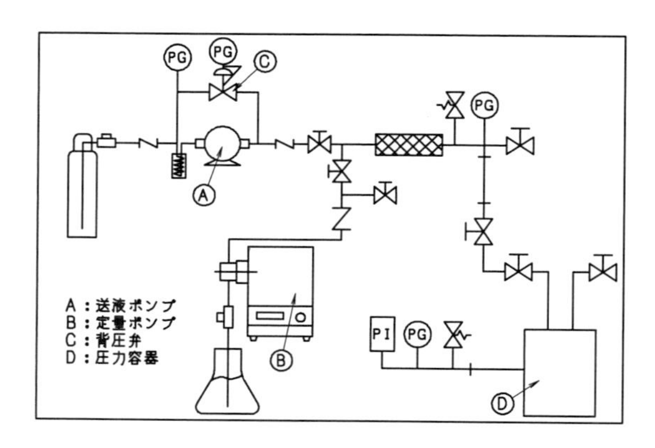

図1　フロー図

要とする圧力・温度仕様が異なることもあり，機器の選定・組み合わせには充分な注意が必要となる。特に圧力計・安全弁はそれぞれの圧力範囲に応じた適切な仕様の機器を選定する必要がある。また装置フローの中でバルブにより区切られるライン・ブロックがある場合，それぞれに圧力計や安全弁を取り付けることも検討が必要である。

圧力容器の基本構成として具体的に以下の周辺機器があり，実験目的に応じて選択する。

(1)　バルブ，圧力計，安全弁

これらは圧力容器を安全に使用するにあたって必要となる部品であり，圧力容器の仕様に応じて選択する。特にバルブは，ニードルバルブ，ボールバルブでは機能，流路に大きな違いがあり，また仕様もかなり異なるため選定にあたっては注意が必要である。

また実験の内容，特に小容量の圧力容器本体を用いる実験では，それぞれ機器内部の容積がデッドスペースとして圧力容器容積より大きくなる場合もあり，試料の使用量や圧力容器の内容積算出が大きく関わるような実験には注意が必要となる。

(2)　撹拌機

実験の目的や試料の形状・状態によっては撹拌を行った方が効果的な場合に使用する。撹拌機の仕様として所要トルクや使用温度・圧力の確認が必要であり，また撹拌翼の形状も実験目的に適合した物があるか，または製作可能か検討する。内容物が高粘度となる場合は撹拌翼や撹拌機自体の仕様が適した物であるか，またその動力は充分か検討する必要がある。

圧力容器に使用する撹拌機は磁力誘導式という，強力な磁石を用いた方式が多い。気密を保ち，撹拌翼を回転させる内磁部分と，モーター等の動力により回転する外磁部分で構成され，両者の磁石の強さ，大きさにより回転トルクが決められている。

(3)　加熱・冷却機構

加熱にあたっては実験の目的温度や使用試料に応じた加熱機構が必要になる。超臨界実験では水・アルコールの場合は高温用，二酸化炭素の場合は比較的低温で安定性のある物を使用する方が望ましい。具体的にはシースヒーターや電気炉，オーブン，恒温水槽といった種類がある。

また連続式実験装置の場合は，容器本体とは別に予熱器や減圧の際の冷却器が必要になる場合がある。冷却は直管やコイル状に巻いた配管を低温水槽やチラーなどにより直接投入やジャケットへの冷水送液により行ったり，送風ファンによる空冷などの方法がある。

(4)　各種センサー

温度センサーや圧力センサーは材質や取り付け方法を考慮することで高温高圧でも使用できる物もあり，実験の状況をデータロガー等に収集することが可能となる。その他，窓付き容器を利用して各種光学センサーを使用した測定を行ったり，直接圧力容器内部を観察する方法もある。窓径や位置，容器の大きさなどは光学測定装置の仕様，大きさに合わせて設計する必要があるが，窓に関しては以下の検討が必要である。

3　圧力容器用窓

窓を取り付ける際はその強度や安全性に配慮しなければならず，JIS には圧力容器に使用できる窓材が規定されており（JISB8286：2005），その取り付け方法，形状や使用圧力における強度計算方法等も明記されている。圧力容器に窓が使用できる圧力は 30 MPa 未満となり，使用温度は窓材質により異なるが 325℃までとなる。これら以外に高圧や高温対応，光学センサーの透過波長による制約等でサファイヤや石英といった材質の窓を使用する場合もある。JIS に規定された範囲外では最高使用圧力，温度や内容物を含め実験内容に関して装置メーカーと充分な打合せを行い，締め付け，シール方法等安全な窓仕様を確認する事が重要である。また最高使用圧力に関しては可視径が大きくなるほど窓板厚みを厚く設計しなければならず，シール方法や締め付けを考慮すると高圧での大口径窓は推奨できない。窓板の内外温度差による熱衝撃や不均一な締め付け等で，破損の可能性が大きく安全性の確保が難しい。

写真7　窓付きセル

4　配管および継手

圧力容器メーカーによっては独自規格の継手を用いている事もあり，バッチ式の容器単体では問題も少ないが，流通式等他メーカー部品や周辺機器との接続では注意が必要となる。高温高圧の容器，装置では金属製２圧縮リングの食い込み継手を用いた，継手，配管が主となっておりバルブ等の部品も幅広く対応しているため，これらの配管継手を採用することでかなりの互換性が保たれる。

高温・高圧・腐食性流体といった使用条件では，容器本体と同じような耐圧強度確認や使用材質の選定が必要となる。これらは配管および継手をセットで検討しなければならず，選択肢が限られてくるため特に流通式の装置を設計する際には注意が必要となる。

なお超臨界関連装置の設計，製作，選定を行うにあたって温度や圧力条件だけでは無く使用媒体や装置容積によっては，法規対応が必要となるケースもある。但し研究用途では比較的小規模な装置が中心となることも多く，法規対応に関しては装置設置事業所内の関連部署や地方自治体に確認する事が望ましい。

5　関連法規

目安としてどのような内容物・装置が法規制の対象となるかを以下に記載するが検討の際は各法規を直接参照し確認していただきたい。

5.1　高圧ガス保安法

経済産業省管轄の法規制で対象としては常用温度または35℃で圧力が1 MPa以上の圧縮ガスおよび常用温度または35℃以下で0.2 MPa以上となる液化ガスになる。これ以外にアセチレンガス等個別の条件を明示されたガスもある。これらのガスを製造，貯蔵，販売，移動，消費といった取り扱う行為やそのための容器の製造，取り扱いが対象となる。なお超臨界実験に使用する二酸化炭素は，液化ガスとして高圧ガス保安法の対象となる。

なお高圧ガス保安法で言う「製造」とはポンプや，加熱器により圧縮ガスで1 MPa，液化ガスで0.2 MPa以上に圧力を上げることや，ボンベ等に充填されている高圧ガスを減圧弁により減圧してもその圧力が，圧縮ガスで1 MPa以上，液化ガスで0.2 MPa以上であればその減圧行為も「製造」となる。この様な高圧ガスを製造をしようとする者はガスの処理量に応じて都道府県知事の許可を受けるかは届け出を行わなければならない。

加圧または加熱して圧力を上げる圧力容器の場合，その圧力や使用ガスによっては高圧ガス保安法の適用を受ける。ただし適用除外となる条件も定められており，高圧ガスの定義に当てはまらない常用温度で1 MPa未満の圧縮ガス。常用温度もしくは35℃に0.2 MPa未満となる液化ガスを使用する場合や，これら以外にもアセチレンガス等個別に温度・圧力条件により適用除外となるガスが定められている。なお常用温度とは圧力容器の場合，加熱・昇温して実際に実験する温度のことを言う。

また水素，アセチレン，塩ビ以外のガスで，ガスボンベやポンプ等他の機器と接続されていない容器を加熱して内部ガスの圧力を上げるような，バッチ式で使用されるオートクレーブ内のガスも高圧ガス保安法の適用除外となる。

高圧ガス保安法ではガスの区分として「毒性ガス」，「可燃性ガス」，「その他のガス」に分類され，危険性に応じて装置を製作するメーカーやそれを使用するユーザーが対応すべき技術基準等が定められている。

さらに圧力容器，装置等高圧ガスの適用を受ける製造設備に関しては，主に圧力と容量の積により，以下の区分がある。なおその詳細は高圧ガス保安法を参照されたい。

(1)　特定設備

高圧使用や大きな容積を持つため災害防止の観点から，設計や材料の段階での検査や製造中の各段階の検査を行う必要がある設備で

・圧力（MPa）と容量（m^3）の積（PV 値）が 0.04 以上の圧力容器

装置メーカーにあっては設計製作にあたって「特定設備検査規則」に則って容器を設計，製作を行い，その段階ごとに高圧ガス保安協会の審査・検査を受け，合格した後に次の工程に進むなど，厳密な管理が行われる。

(2)　高圧ガス設備

比較的小規模な容器・装置で，完成時の検査にて安全性や仕様が確認できる設備で

・PV 値 0.04 以下の容器または設計圧力 30 MPa 未満かつ容積 1 L 以下の容器の他，ポンプ・圧縮機，計測機器等の製造設備

上記のような設備を導入・設置して高圧ガスの製造を行う場合，その処理量に応じて事前に許可申請または届出が必要になる。

圧力容器・設備を使用するユーザーは，その容器・設備の設置場所となる自治体に許可申請・届出を行う。ユーザーが圧力容器・設備を製作したメーカーから容器・機器部分の高圧ガス対応書類を入手し，設置場所詳細図や法で定められた技術上の基準の対応状況，維持管理体制等をとりまとめて申請，届け出書類を作成する。

なお 2016 年 11 月に高圧ガス保安法の一部改正があり，試験研究等で使用するような小規模な製造設備を単独で使用する場合，届け出での対応が可能となった。従来は設置場所自体が大規模な高圧ガス製造事業所や，他にも製造設備が導入されているような事業所の場合，高圧ガスの処理量は全てを合算した数値となるため，変更許可等の申請となる場合が多く，手続き上の負担が大きかった。また使用，維持管理手順等も小規模設備の場合は一部簡素化される項目もあり，小規模な実験設備の導入にあたっては多少の負担軽減が図られている。例えば保安に関わる「保安統括者等」の選任が不要となるケースもあり，その区分や要件に関しては高圧ガス保安法や各自治体の基準を確認されたい。

5．2　労働安全衛生法

厚生労働省管轄の法規制で産業用ボイラーとともに水溶液等を主体とし，加熱することにより生じる蒸気圧にて圧力がかかる容器に対して適用される。これら機器使用による労働災害防止を目的としており，高圧ガス保安法とは異なる維持管理となっている。圧力容器に対しては以下のような区分があり，それぞれメーカーやユーザーが対応すべき内容が変わってくる。

(1)　第一種圧力容器

容積（m^3）と圧力（MPa）の積（PV値）が0.2以上の容器が該当し，容器の製作にあたってはJIS圧力容器を基本とした「圧力容器構造規格」に基づき設計・製作し，労働基準局の検査を受検する。

容器・装置の設置にあたっては設置事業所を管轄する労働基準監督署に届け出を行い，落成検査を受ける。合格の場合，第一種圧力容器検査証が交付されるが，その有効期間が1年のため毎年の性能検査を受検する必要がある。また使用中は毎月の定期自主検査が必要となる。

容積が大きい第一種圧力容器に関してはさらに作業主任者を選定しなければならない。なお作業主任者の選定が必要な第一種圧力容器の範囲や，作業主任者の必要資格等については労働安全衛生法にて確認されたい。

(2)　小型圧力容器

第一種圧力容器と同じ水溶液系で容積（m^3）と圧力（MPa）の積（PV値）が0.04以上，0.2未満の容器が該当する。

(3)　第二種圧力容器

圧力0.2 MPa以上の気体を有する容器になるが，1 MPa以上では高圧ガス保安法と重複する部分がある。但し第二種圧力容器は容積や，圧力容器形状が大きな物に限られており，一般的には1 MPa未満の圧縮空気を使用する大型コンプレッサーやそのバッファタンクに適用されており，それ以外でガスを使用する容器では，高圧ガス保安法にて対応する場合が多い。

圧力容器メーカーは小型圧力容器および第二種圧力容器は容器製作にあたっては「圧力容器構造規格」に基づき設計・製作し，ボイラー協会等の公的機関による個別検定を受検する。これら容器の使用者側の義務としては労働基準監督署等への届け出は必要なく，上記検査合格書を基に自主管理となる。

その内容として年に1回の定期自主検査が義務づけられており，

・容器本体損傷の有無
・ふたの締め付けボルトの摩耗の有無
・管および弁の損傷の有無

を確認，検査し記録を取った上でその記録を3年間保存しなければならない。

圧力容器の使用には上記法規の適用を受けなくとも充分な注意・管理が必要である。容器やパッキン・ガスケットの仕様，使用する媒体の性質を十分に理解し，法規の適用を受ける容器・媒体の場合はその法規に基づいた適切な点検・維持・管理および取り扱いを行なわなければならない。

圧力容器を使用する前には常に，パッキン・ガスケット等の消耗品の状態や，ボルト・ネジ部分の損傷，容器内面の腐食等を確認した後使用する。また１～２年に一度定期的に圧力計，安全弁の機能点検をメーカー等に依頼する事が望ましい。

第3章　装置の安全な操作

大島義人*

1　はじめに

超臨界技術は高温高圧の技術である。媒体として二酸化炭素や水がよく用いられるが，例えば水の場合，臨界温度が374℃であり，亜臨界を含む臨界温度を下回る温度での操作であっても，多くの場合200℃を超える高温を扱うことになる。このような高温の流体が臨界圧力（水の場合22.1 MPa）付近もしくはそれ以上の圧力にある状態が，潜在的に高いリスクを持っていることは想像に難くない。また，二酸化炭素の場合，臨界温度は31℃と常温に近い温度であるが，高圧の状態から圧力を一気に常圧に戻すと，断熱膨張によって温度が急激に低下して固体の状態となるため，圧力を逃がすための開放部が閉塞するなどのトラブルにつながる可能性もある。このように，超臨界流体の安全を考える上で，温度が高いことと圧力が高いことのそれぞれのリスクのみならず，それらが同時に実現されることによる相乗的なリスクが発現することにも留意しなければならない。

本稿では，超臨界流体を扱う研究現場で実際に起こった事例を紹介し，超臨界の技術的特徴に関係する分野特有の問題について解説するとともに，その背景について，大学や研究所等の実験研究現場が抱える安全管理の一般的な課題と絡めて簡単に解説する。

2　超臨界流体に関わる事故事例

ここでは，平成20年秋に化学工学会超臨界流体部会で実施した危険事例アンケートから，超臨界流体を扱う実験現場で実際に起こった具体的な事例をいくつか取り上げて紹介する。

事例①　継ぎ手部からの漏れ

・流通式高温高圧水装置での実験において，溶液を送液するための高圧ポンプの配管の接続部が外れ，高温高圧部の流体が逆流，噴出した。（図1）

この事故の原因は，継ぎ手用ネジの繰り返し使用による劣化にあった。一般に継ぎ手用ネジは，着脱を繰り返す間に劣化することが予想されるが，特に，高温高圧下での使用の場合には，接合

*　Yoshito Oshima　東京大学　大学院新領域創成科学研究科　教授

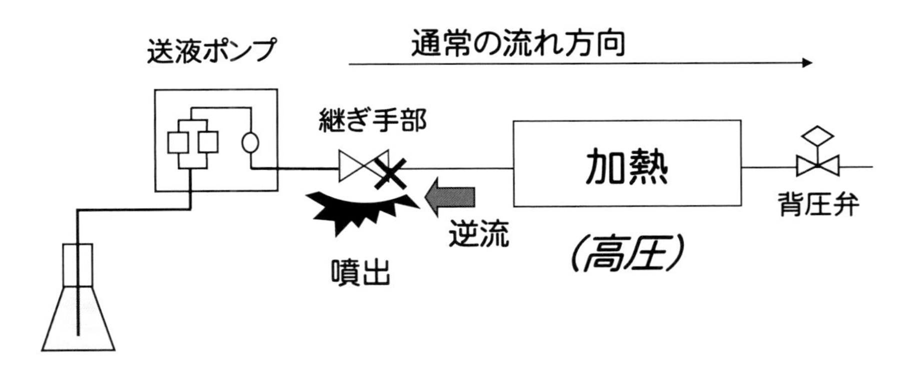

図１　継ぎ手部での漏れによる高温流体の逆流・噴出

部自体の膨張などの影響によって，一度着脱するとシールが不十分になり，漏れが生じる可能性があることを考慮に入れておかなければならない。さらに，媒体が高温高圧水の場合には，条件によって管材質からの金属の溶出や，反応系中に存在する酸や塩基等の影響による腐食の可能性についても考慮する必要がある。頻繁な着脱を前提とするような設計はできるだけ避けるべきであり，たとえ漏れがなくても，ある程度の頻度で定期的に交換することが望ましい。

事例②　溶接部や継ぎ手部付近の破断

・オートクレーブの下側出口に付けた継ぎ手付近の溶接部が断裂。内容物（約 400℃の水蒸気と微粒子）が周囲に飛散した。
・溶融塩浴中で継ぎ手部付近のステンレス管が破裂。内部の液体および加熱用の溶融塩が吹き出して飛沫でやけどを負った。

これらの事故はいずれも，事例①と同様に，継ぎ手部の着脱の際に周辺に応力がかかるため，着脱を繰り返すうちに機械的な強度が落ちていたことが原因であった。事例①と同様，強度や腐蝕性を十分に考慮した適切な設計と材料選択，着脱の頻度を下げるとともに，経年劣化を考慮して適当な頻度で交換する，などの対策が必要である。

事例③　二酸化炭素の残存，体積膨張

・超臨界流体クロマトグラフィーのカラムを交換すべく，システムを減圧してからカラムを外した際，まだ圧力が残っていたため，配管から二酸化炭素とモディファイア溶媒が噴出。
・超臨界二酸化炭素で抽出後に反応容器を開放しようとしたところ，二酸化炭素を吸収しやすい部材であったため，除放した二酸化炭素により若干の残圧がかかり，開放時にリーク音。

・超臨界抽出（三角フラスコに抽出物を捕集）実験中，実験者が席を外す間に，フラスコ内にドライアイスが溜まり，内圧が上がって割れ，ガラス破片が飛散。

・二酸化炭素と水の混合物を－20℃に冷却（10 MPa）し，減圧後，氷を解かすために温度を約 40℃に上げたところ，容器中で氷中の二酸化炭素（ドライアイス）が昇華し，液が飛散。

二番目の事例は，本来であれば抽出目的物を吸着させるための部材に，密度の高い二酸化炭素が吸収されていることを想定していなかったことが原因と考えられる。また，三番目，四番目の事例は，高圧部から系外に排出された二酸化炭素の温度が低く，気体ではなく固体として容器内にとどまっていたために，固体の二酸化炭素が温度の上昇に伴って昇華し，体積が膨張したことによると説明できる。このように，高圧の二酸化炭素を常圧に戻す場合には，固体を含む高密度の二酸化炭素の残存が，思わぬ体積膨張につながる可能性があることに留意しなければならない。

事例④　急激なバルブ操作

・反応終了後に圧を下げるためバルブを開ける際，一気に開けてしまったため，水浴の水が飛散。

・超臨界二酸化炭素／水系の処理運転終了時，液を回収するオペレーションで気液分離槽（テフロンタンク）に液体と気体を導入していたところ，導入弁を急激に開としたために，テフロンタンクが膨張。

いずれの例も，脱圧の際のバルブ操作が適切でなく，容器内部の高圧の流体が勢いよく外部に吹き出したことによる。バルブの操作を慎重に行うことは，超臨界の実験に限ったことではないが，特に高圧を扱う超臨界の場合には，通常の場合よりも不適切な操作による影響や被害が大きくなることを示す例である。また，いずれの場合も運転終了時に発生していることは注目すべきであり，目的の作業が終わった後の油断や緊張からの解放といった作業者の内面的な心理状態が，バルブ操作に影響した可能性も考えられる。

事例⑤　加熱に関連する事故

・超臨界二酸化炭素用容器をオイルバス内で 125℃に加熱中，容器内のパッキングが破裂して二酸化炭素が噴出。高熱のシリコンオイルが周囲に飛散。

・塩化チタン液を入れた反応管を溶融塩浴に投入したところ，反応管がひび割れ，内容物が噴出。高温の溶融塩が飛散。

・ジクロロメタンの加水分解反応を行うために，チタン管をサンドバスに入れたところ，バス内で管が破裂し，高温の砂が飛散。
・流通装置にて超臨界水で有機物を処理中，管型電気炉の異常発熱（ヒーターの接触異常）により配管が破裂し，流体が噴出。

超臨界状態を作るための熱源には，電気炉，オイルバス，ソルトバス，サンドバスなどが用いられる。それぞれの熱源には，費用や使用温度範囲，設定温度に立ち上がるまでの速度，温度分布の大小，必要なメンテナンスなどに特徴があり，研究対象や研究現場の事情などに応じて使い分けられている。安全の面でも各熱源には一長一短があり，リスクのない熱源は存在しないことを，上記の事例が物語っている。大事なことは，超臨界のような高温高圧の実験では，万一，加熱中に炉内や浴内で容器や管の破裂や漏れが起こった場合，中の圧力が高いために内容物が勢いよく噴出し，熱源自体を吹き上げたり破壊したりすることで，被害がより大きくなる可能性を秘めていることにある。加圧と加熱が組み合わさることにより，非常に危険なトラブルになりうることを念頭に，熱源の選択を含む適切な装置設計，定期的メンテナンスの実践，保護具の着用や防護用ついたての導入といった万一の事態への備えなどが，安全対策として重要となる。

これらの事例を踏まえて，超臨界流体を扱う場合の安全指針をまとめると，以下のようになる。

2. 1　装置設計時や実験計画時の注意事項

反応器や配管に用いる部材には，高圧に耐えるだけの十分な機械的強度を有する材質と肉厚であることはもちろんのこと，高温高圧水の場合には内容物によって強い腐食環境を形成することや塩析出が起こることを想定しておかなければならない。特に酸や塩基が含まれる場合には，SUS 製のような汎用的な金属部材は腐食に弱く，逆に腐食に強いとされるチタン管などは機械的強度が十分ではないため，特殊な反応器や配管で対応することが必須となる。また，継ぎ手の繰り返し使用は漏れや破損の原因となるため，頻繁な着脱を前提とする装置設計は避けるべきであり，着脱する場合には，継ぎ手周辺の管に折り曲げ等の応力が加わらないように注意することが必要であるとともに，適度な頻度で継ぎ手を交換することが望ましい。その他，管の閉塞などが起こることによって系内の圧力が急上昇すると危険なので，一定以上の圧力になった場合に意図的に内圧を開放するための圧力の逃がし弁を，装置の適切な位置に入れておくべきである。

このほか，超臨界二酸化炭素の場合には前項の事故例にあるような相変化に伴う思わぬ体積膨張，超臨界水の場合には腐食や塩析出の対策など，実験装置の作製や作業手順の決定の際に，用いる媒体の特徴を考慮した注意も必要である。

2. 2　実験前や実験中の注意

実験を行う前に漏れチェックは入念に行う必要がある。実験中は，装置上の変化や異常を見逃すことがないよう，装置の前から長時間離れることがないように心がける。また，メガネ・面・手袋などの保護具の着用や防護用ついたての設置によって，万一の場合の被害を低減できる。トラブルが発生した時に備えて，装置の緊急停止の方法についても検討しておくことが望ましい。これらの注意事項は，超臨界の実験に特有のものではなく，実験作業の一般的な注意事項であるが，高温高圧を扱う実験のリスクの大きさに鑑みて，より確実な実践が不可欠である。

3　新規分野の実験研究における安全管理のあり方

前項で紹介したアンケートでは，当事者の研究歴や作業の日常性といった事故発生の背景についても質問している。例えば，超臨界分野の研究に関わった年数については，約71％が1年以内であり，大学のケースでは，その67％が学部学生であった。一方で，トラブルのあった作業については，ほぼ日常的に行われていた作業が約7割，ほとんど初めて行われた作業は約3割であった。また，大学のケースでは指導教員にそのトラブルの予見性について尋ねたところ，第三者的な目線でみれば予見できたとの回答が約7割と占めた。これらの結果は，トラブルの背景に実験経験の不足が関係していること，第三者的に見れば予見可能なトラブルが日常的に行っている作業の中で起こっていることなどをうかがわせるものであり，必ずしも超臨界研究の技術的な難しさだけではなく，大学や研究所等で行われる新規分野の実験研究全般が抱える安全管理の難しさが深く関係していると考えられる。

一般に，産業界で採用されている安全衛生管理手法は，作業手順の標準化とその徹底に主眼を置いているのに対し，大学等の研究機関で行われる研究活動においては，未知なる現象の解明や最適な方法論の試行錯誤的な探索に価値のある研究も多く，実験も研究者一人ひとりが個人で行うノン・ルーチンな作業が中心である点で，産業界の生産活動とは明らかに性質を異にする。近年，研究の深化，研究分野の多様化や学際的融合が進む中で，対象や目的，手法等の異なる様々な研究が遍く安全に実施されるためには，画一的な安全管理手法では限界があり，研究者自らが自身の身を守るための自主的なリスク管理の姿勢が極めて重要な意味を持つことになる。すなわち，実験研究の場合，研究の内容や進捗によって，扱う物質や手順が頻繁に追加，変更されることが日常的に起こる以上，予め決められた手順に対して事前のリスクアセスメントを行うだけでの対応は現実的ではなく，研究者自らが扱う物質や作業に潜むリスクをリアルタイムにかつ恒常的に評価し，対策を施すことができる能力が不可欠となる。そのためには，当然のことながら，自分が扱っている物質の物性や危険性，手順の持つ意味を正確に理解するとともに，例えば，高温であれば火傷や火災，高圧であれば破裂や漏洩，化学物質であれば毒性や火災・爆発性，腐蝕性といったように，状態や物質の特徴とそれがもたらす潜在的危険性とを結びつけてイメージできる感性が求められる。また，装置や器具の変形，疲労，寿命といった経時的変化に伴うトラブルは，前兆がなく突発的に起こることが多い。見た目の変化で気づくことが難しく，実験が日常的に繰り返されるうちに健全な状態に慣れてしまうことで，変化は余計に見逃されやすくなる。経時的変化に伴うトラブルを未然に防ぐためには，定期的な点検や部品交換といったメンテナンスが最も有効である。

4　おわりに

超臨界技術は高温高圧なので危険なのではないかという声を聞くことがある。超臨界技術の安全性の確保は，研究分野としての今後の発展に不可欠であるとともに，技術普及の観点からも重要な課題であることは間違いない。超臨界の分野に携わる研究者は，高温・高圧を扱う上での技術的注意点を十分に理解するとともに，加圧と加熱が組み合わさることによりトラブルがあった際の被害がより大きくなる可能性にも留意しなければならない。一方で，超臨界の実験研究における事故事例を見ると，必ずしも超臨界研究の技術的な難しさだけではなく，実験研究全般に共通する安全確保の難しさが要因として垣間見える。新規分野の研究促進と安全確保の両立をはかるためには，研究者自らが扱う物質の物性や危険性，手順の持つ意味の正確な理解に加え，未知の現象や物質の危険性に関する予測能力や危険回避能力の醸成といった，研究者一人ひとりの自主的リスク管理能力が極めて重要な意味を持っているのである。

【第３編　超臨界流体を溶媒とした合成反応技術】

第１章　有機合成反応

1　有機合成反応技術について

川波　肇*

本章では，超臨界流体を用いた有機合成反応について述べる。なお，超臨界流体の特徴については第１編を参考に願いたい。

まず，超臨界流体は，全ての物質に共通の流体である。本章では第２節に超臨界二酸化炭素を媒体とする各種有機反応，第３節では超臨界水を媒体とする各種有機反応，第４節では超臨界アルコール類を媒体とする各種有機反応，そして第５節では超臨界流体を含む高温高圧を用いたバイオマス変換について最近の技術を含めた紹介を行う。

超臨界流体を用いて各種有機反応を行う際，当然ながら圧力容器を用いる。そのため，一般的な反応装置に比べてシール方法や耐圧容器の設計など機械的な要素も重要になってくる。殊に，反応方法としてバッチ式かフロー式かが挙げられる。バッチ式は，実験室でフラスコを用いて行う反応と同じで，超臨界流体に溶解しないような化合物や析出するような生成物，更には固体触媒など，ほぼ全ての化合物を簡便に取り扱うことができる。そのため，一般的な反応は，バッチ式でオートクレーブを用いて行われることが多い。欠点は，肉厚のオートクレーブはガラスの反応容器と比べて重量も大きく，熱容量も大きいため，加熱に長い時間がかかるなどの欠点が挙げられる。そのため数秒で終わってしまう様な反応には向かない。更にバッチ式で年間数万トン規模の工業製品を製造することは，容器が非常に大きくて重くなり初期コストもかかる欠点も有する。一方，フロー式は同じ圧力容器であるが，流体や基質などをポンプで流しながら反応菅中で反応を行うため，製造量は流量に大きく依存する。反応時間が短ければ，容器自体はバッチ式に比べて小型で済むが，長時間を要する場合は，反応容器が逆に長くなる。本章で紹介される各反応は，時にバッチ式かフロー式か述べられてないケースもあるが，参照される場合は，文献などを頼りに反応方法などを見比べてみることを推奨する。

＊　Hajime Kawanami　（国研）産業技術総合研究所　化学プロセス研究部門　マイクロ化学グループ　グループ長

2　超臨界二酸化炭素を用いた反応

川波　肇*

本節では，超臨界二酸化炭素を用いた有機合成反応技術について述べる。なお，超臨界流体，特に二酸化炭素の特徴については，第1編を参考に願いたい。

近年の地球温暖化の要因の一つとして二酸化炭素が悪役的な存在になっているが，量的なバランスが崩れていることが要因であり，それ自身は，炭酸飲料水，ドライアイス，消化器，発泡剤，各種抽出や洗浄溶媒に使用されているように，我々の生活の中でも密接に関わってきており，地球上において重要な役割を担っている。二酸化炭素は，常温常圧では気体であり，化学的にも安定で，超臨界二酸化炭素にすることで，各種有機化合物をはじめとする様々なものを溶解する。そのため，超臨界二酸化炭素は特に媒体として利用することで，多くのメリットを発揮する。基本的な物性は，第1編を参照して頂きたいが，媒体として利用することに着目すると，超臨界二酸化炭素は，水素，酸素，窒素，一酸化炭素などの気体と任意の比率で混合することを特徴としており，一般的な気液二相系の反応に有るような溶解度や溶解速度などの影響が無いことから，これらに起因する反応律速をもつ各種反応に対して，利点を有する。しかも拡散速度が液体の溶媒と比べて著しく速く，かつガス反応に比べて基質の濃度も上げられることから，ガスを使った反応に対して様々な利点を有する。なお，均一相になることで，逆に基質が希釈されて反応が遅くなったり，本来進む反応が進まなかったりすることもあるので，適宜使い分けをする必要がある。本節では，超臨界二酸化炭素で多くの検討が行われてきた，水素化，酸化，ホルミル化，そして二酸化炭素固定化の4つについて主な反応例を紹介する。他の例については本節では割愛させて頂く。

2.1　水素化

超臨界二酸化炭素を用いた水素化は，水素が超臨界二酸化炭素に任意の比率で混合することができ，均一相になることから界面での物質移動の制限が無くなり，液体を媒体に用いた水素化に比べて大きな利点がある。これを利用して様々な水素化の検討がされてきた。我々も水素を用いた還元反応として，超臨界二酸化炭素中での水素添加反応（水添）を中心に検討している。水添自体，工業的にも重要な反応のひとつである。そして，水添用の固体触媒も様々なメーカーから販売されており，まずは超臨界二酸化炭素中でどこまで効率的な水添に適応できるかを進めている。その様な中，水添用の固体触媒としてニッケル，パラジウム，白金，コバルト，銅，ルテニウム，ロジウム，イリジウムなどが有効で，最近は金も利用できることが分かってきている。担体は，アルミナ，シリカ，ジルコニア，カーボンなどがあり，更に超臨界二酸化炭素の拡散性を

*　Hajime Kawanami　（国研）産業技術総合研究所　化学プロセス研究部門　マイクロ化学グループ　グループ長

表１　超臨界二酸化炭素を用いた水素化還元反応

反応の種類	触媒
オレフィンの還元反応	Pt/MCM-41
脱ハロゲン化反応	Pd/MCM-41
アルデヒドの還元反応	Pt/MCM-41
	Pt-Ru/MCM-41
(脱カルボニル化)	Au/MCM-41
ケトンの還元反応	Pt/MCM-41
ニトロ基の還元反応	Pd/MCM-41
	(Au/polyimide)
ニトリルの還元反応（芳香族）	Pd/MCM-41
ニトリルの還元反応（脂肪族）	Rh/Al_2O_3
芳香環の還元反応	Rh/MCM-41
	Pd/MCM-41

利用したメソポーラスシリカなどを用いて選択性の向上などに取り組んできた。これまで検討してきた超臨界二酸化炭素を用いた還元反応において有効だった触媒を表１にまとめた。

これまでの結果から経験的に判断した場合，超臨界二酸化炭素中の水素化還元反応における触媒の活性を担持された金属種類について見ると，パラジウム＞ロジウム＞白金≒ルテニウム≒ニッケル＞イリジウム＞コバルト≒銅≒レニウム＞金＞銀の順番で活性が高い傾向が見られる。固体触媒の場合，担体の性質，担持された金属のサイズ，形状などによってその活性は異なり，一概にこの順番では無く，更に理論的な背景があるわけでは無いことはご了承頂きたい[1)]。

2. 2　酸化

本項では，様々な酸化剤がある中，酸素による酸化を挙げる。酸素も水素化の時と同様に超臨界二酸化炭素を媒体とすることによる利点が多い。特に二酸化炭素はこれ以上酸化されないので，燃焼する危険性もなく，時として取り扱いが難しい酸素を超臨界二酸化炭素中で行うことは，安全な酸化反応を効率的に行うことができる上に，溶媒による不純物生成が無い点で特徴的である。もともと超臨界二酸化炭素を媒体に用いるきっかけに繋がったのは，不活性ガスとして窒素を用いていたところに，二酸化炭素に置き換えたところ，収率が向上したことにあり，驚くことに，超臨界二酸化炭素中では，水素と酸素を共存させた状態でも，反応を制御することができ[2)]，そのため，酸素酸化は，水素還元と同様に古くから研究されてきた。例えば，スキーム１に示した様にシクロヘキサンからシクロヘキサノールやシクロヘキサノンへの酸化において，収率は数％と低いが，臨界圧力近傍ではシクロヘキサノン，シクロヘキサノールの収率が上がることを報告している[3)]。更に，ポリマー等の原料となるアジピン酸に向けた酸化までの反応の検討も行われており，超臨界二酸化炭素による均一な相が反応速度の向上に繋がっている[4)]。

一方，シクロヘキサンからの酸化反応以外でも，酸化反応は試みられており，テトラリンからテトラロン，テトラロールの合成を報告している。この反応では，過酸化物を経て，テトラロン，テトラロールへと酸化されることが分かっている。なお，テトラロンはテトラロールからの酸化で生成しており，生成物もテトラロンが主である[5)]。

アルコールからケトンあるいはアルデヒドへの酸化は，超臨界二酸化炭素中で触媒の存在下で効率良く進むことが知られており，様々なアルコールからアルデヒド，ケトンへの反応例が報告されている[6)]。なお，近年ではアルコールからの脱水素反応に関しては，超臨界二酸化炭素中で，酸素無しでも反応が進むことも報告されている[7)]。

酸化反応では，工業的に重要な反応として，オレフィンの酸化によるエポキシドの合成を挙げる。このエポキシドは様々な用途に利用されており，後述のポリカーボネート合成にもエポキシドが原料として用いられていることからも，重要な反応である。プロピレンオキシドの場合，クロロヒドリンから脱塩素によりプロピレンオキシドが合成されている（スキーム3（1））。工業的な酸化反応としては，1977年にARCO Chemical Co.が超臨界二酸化炭素中でプロピレンからプロピレンオキシドへの酸化反応に関する特許を取得している（スキーム3（2））[8)]。

この酸化反応は，酸素との反応から過酸化物が生成して，エポキシドが得られることが分かっている。そこで，近年では過酸化物を担持した固体触媒を用いてエポキシドが得られることが報告されている。この方法は，流通式で過酸化物を得ており，これまでのバッチ式に比べて，安全に取り扱うことができるとして，注目される。ただしこの手法は，過酸化物は酸素からではなく

Cat., O_2 / $scCO_2$; OH, O, HOOC, COOH

スキーム1　シクロヘキサンからシクロヘキサノール，シクロヘキサノンへの酸化

Cat., O_2 / $scCO_2$; OOH, O, OH

スキーム2　テトラリンからテトラロン，テトラロールの酸化

OH, Cl, O （1）

Cat., O_2 / $scCO_2$; O （2）

スキーム3　プロピレンからプロピレンオキシドへの酸化反応

過酸化水素水から得ている[9]。この報告の様に，超臨界二酸化炭素は高い拡散性と低い粘性を有しているので，スラリーや固定床で流通式による反応を行う場合にも，メリットが大きいと考える。また，最近では，後述する光照射による酸素酸化によってエポキシドを得る報告もされており[10]，様々な酸化方法が開発されている。

これまでの酸素酸化では，分子状の酸素，即ち安定な三重項酸素を酸化剤にしてきた。一方で，新たな酸化反応を行うべく，活性な一重項酸素を用いることで，超臨界二酸化炭素中での新たな酸化法も開発されている。即ち，二酸化炭素は光を殆ど吸収しないことから，光照射によって，触媒が分子酸素から活性な一重項酸素を発生させる手法を見出している[11]。これを利用した反応を下記に示す（スキーム 4）。選択性などの点で改善する余地はあるものの，従来法では得られない酸化を行うことができる。なお，この反応は，当初バッチ反応だったが，後にフロー式

hν, Cat., O_2
$scCO_2$

hν, Cat., O_2
$scCO_2$
OOH

OH
hν, Cat., O_2
$scCO_2$
O
O

hν, Cat., O_2
$scCO_2$
OOH + OOH + OOH

OH
hν, Cat., O_2
$scCO_2$
OH
OOH
+
OH
OOH

スキーム４　一重項酸素を用いた超臨界二酸化炭素中での酸化反応

へと変化している。全体の傾向として，超臨界二酸化炭素の反応は，従来は肉厚の重いオートクレーブを使った例が多かったが，次第に制御が簡素で小型のフロー式に移りつつある。

2. 3　一酸化炭素～ホルミル化～

ここでは，ホルミル化の中でも一酸化炭素と水素を用いてオレフィンにアルデヒド基を導入するヒドロホルミル化（オキソ法）に絞って紹介する（スキーム 5)。ヒドロホルミル化も，工業的に重要な反応で，アルケンと一酸化炭素と水素を用いるが，一般的には液相中で行われることから，水素や一酸化炭素や基質の溶媒への溶解度の低さが問題だったが，先の水素還元，酸素酸化と同様に超臨界二酸化炭素を用いることにより，均一相での反応ができるため，溶解度の問題が解決される。特にヒドロホルミル化は，超臨界二酸化炭素相において，反応効率が向上することが分かっており[12)]，そのメリットを利用して多くの検討がなされてきた。ただし，超臨界二酸化炭素に水素と一酸化炭素を混合した場合，臨界点などが大きく変わるため，事前に相変化の挙動を把握することは重要である。特に二酸化炭素の圧力を上げることで触媒の溶解度なども上がるが，一方で基質は希釈されることになり，反応速度が遅くなる傾向もある。ヒドロホルミル化に用いられる触媒は，一般的なコバルトやロジウムなどが用いられるが[13)]，水素還元の時と同様に，様々な固体触媒，そして均一系触媒を用いることができる。

均一系触媒は，ロジウム錯体にホスフィン配位子との組み合わせによる触媒が多く報告されているが，超臨界二酸化炭素への溶解度が反応性に影響することから，パーフルオロアルキル基を置換基に持つホスフィンまたはホスファイト配位子が良好な溶解度を示す。一方で触媒活性は必ずしも良いとは限らない例もある。オクテンのヒドロホルミル化では，トリフルオロメチル基を有するホスフィン配位子よりも，立体障害の大きいt-ブチル基を有するホスファイト配位子の方が高い活性を示す[14)]。一方，均一系触媒は，触媒の分離工程が入るため，工業的には固体触媒が好まれる。そのため，固体触媒あるいは固定化触媒も同様に様々な報告例があり，例えばシリカや MCM-41 などに錯体を固定化した触媒が報告されている[15)]。また，最近はイオン液体と組み合わせた配位子が高い選択性を示す触媒として報告されている（スキーム 6)[16)]。

2. 4　超臨界二酸化炭素を基質として用いる反応～二酸化炭素固定化～

二酸化炭素自体は超臨界二酸化炭素として反応溶媒に用いることが可能であると同時に，反応基質として用いることもできる。そのため，二酸化炭素を「安定」であるが，「安価」で「安全」な炭素原料として古くから尿素合成，メタノール合成，エチレンカーボネート合成，ポリ

スキーム 5　一酸化炭素と水素によるヒドロホルミル化

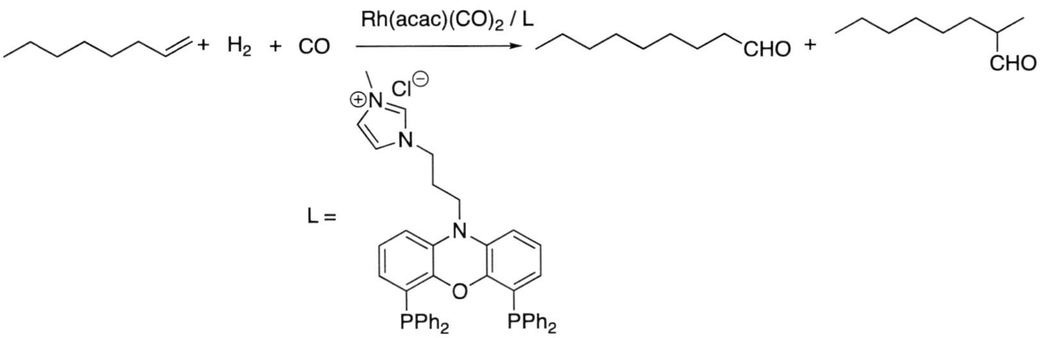

スキーム６　オクテンからのヒドロホルミル化

カーボネート合成などに使われており，これら以外にも数多くの反応・合成技術がある。これらの反応・合成に対して超臨界二酸化炭素の溶媒機能を加えることで効率的な二酸化炭素固定化技術として，様々な例が数多く報告されている。本項では，その一部を紹介させて頂く。

2. 4. 1　C-O 結合形成

二酸化炭素固定化における代表的な反応として，C-O 結合形成が挙げられる。二酸化炭素とアルコールまたは歪みの掛かった環状エーテルとの反応で得られる（スキーム 7)。ホスゲン代替として二酸化炭素が着目され，特にカーボネートは，溶媒，医薬品，ポリマー等に用いられ，その需要は年々増大していることから下記のスキーム 7（1)～(3）に示したエポキシドからカーボネート[17]またはポリカーボネート[18]を合成する報告例が今日までに非常に多くある[19]。更に，アルコールからの合成例も多く報告されている[20]。特に，メタノールと二酸化炭素からのジメチルカーボネート合成[21]，さらにジフェニルカーボネートは[22]，ポリカーボネート合成の前駆体として用いられることからも注目されている[23]。そして，これらを用いて，実際にホスゲンを用いないカーボネートやポリカーボネート製造技術が報告されている[24]。

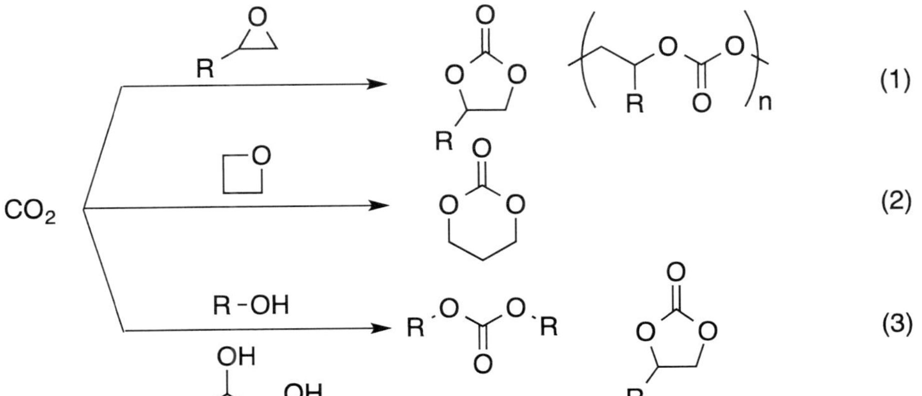

スキーム７　二酸化炭素を原料とした C-O 結合形成に関わる反応例

これらカーボネート合成において超臨界二酸化炭素を用いた場合，反応基質かつ反応媒体として働くことから物質移動が向上し，反応時間が短縮されながらも反応収率が向上することが挙げられる。ヒドロホルミル化や水素化などは超臨界二酸化炭素を用いる事によって，その均一相が反応速度を改善する役目を果たしていたが，カーボネート合成では，必ずしも均一相が最適ではなく，特に固体触媒や固定化触媒を用いる場合は，臨界圧力（7.3 MPa）より若干低い圧力領域（2 MPa～5 MPa）で二酸化炭素固定化によるカーボネート収率が向上する傾向にある。

2. 4. 2　C-N 結合形成

一方，C-N 結合形成は，二酸化炭素とアミンとが反応することで，尿素，アミド，イソシアネート，ウレタン，そしてこれらのポリマーが得られる（スキーム 8）。尿素は古くから二酸化炭素とアンモニアから合成されている。

二酸化炭素とアミンは常温常圧でも容易に反応してカルバメート塩を生じる。そのため，カルバメート塩から脱水反応を起こすことで，C-N 結合が形成される。尿素はアンモニアと二酸化炭素で 120℃，150 気圧の高圧高圧条件で工業的に合成される（スキーム 8（1））[25]。同様に高温高圧条件でジアミンと二酸化炭素を反応させることでポリ尿素が得られる（スキーム 8（2））[26]。ポリ尿素はエンジニアリングプラスチックスとして高い耐熱性等の優れた性質があり，今後期待される材料の一つである。またジメチルエチレンジアミンを用いた場合は，ポリマーにならず，ジ

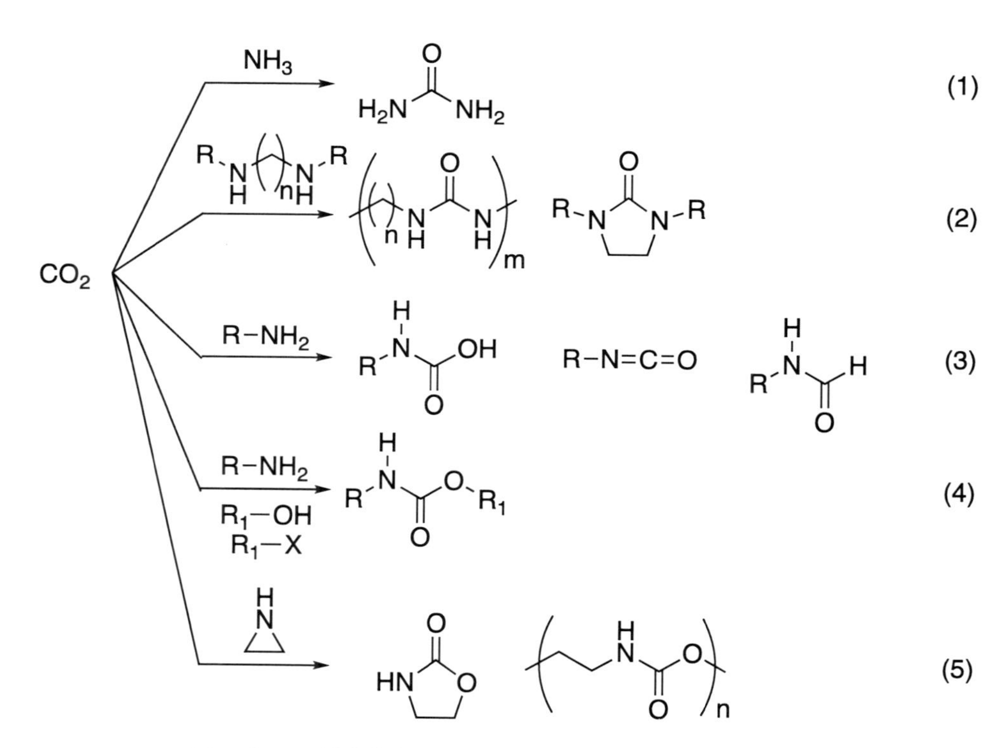

スキーム 8　二酸化炭素を原料とした C-N 結合形成に関わる反応例

メチルイミダゾリジノンが得られる（スキーム８（2））[27]。一方，モノアミンと二酸化炭素との反応では，カルバメート塩生成からカルバミン酸を経て[28]，水１分子が抜けてイソシアネートが得られる（スキーム８（3））[29]。ただし，イソシアネートは水，アルコール，アミンなどと反応しやすく，カルバミン酸に戻る場合と，ウレタン，尿素か化合物などを生成する場合がある。そのため，単体で得られることは少ない。また，アミンと水素と共存することでN-ヒドロホルミル化によるホルムアミドが得られ[30]，アミンとアルコールを共存させた場合は，ウレタン結合を形成す（スキーム８（4））[31]。なお，この反応は，イソシアネートを経由していると考えられる。ウレタン結合は，これら以外にも環状アミンであるアジリジンからでも得られる（スキーム８（5））[32]。

2. 4. 3　C-C 結合形成

C-C 結合形成の代表的な反応例をスキーム９に示した。これらは，必ずしも超臨界二酸化炭素中で有利に進む反応では無いが，二酸化炭素を固定化する上で，高温高圧条件がしばしば必要である。これらの反応の多くは触媒の存在下で進むが，Kolbe-Schmitt 反応などは，触媒が無くとも反応が進む。スキーム９（1）は，ブタジエンからラクトンを得る反応で，パラジウム触媒を用いることでラクトンを得ることができる。更にスキーム９（3）に示した様にアセチレンからもニッケル触媒を用いることで同様にラクトンを得ることができる。環状のラクトンに成らない場合は，カルボニル化となり，スキーム９（2）に示した様に，アクリル酸誘導体などが得られる。スキーム９（4）は，Kolbe-Schmitt 反応で，工業的にも良く用いられる反応である。得られるヒドロキシ安息香酸は，液晶ポリマーの原料にもなるので，大変重要な反応の一つである。アルカリ条件ながら，高温の二酸化炭素中で反応を行うことで目的物が得られる。アルカリ条件で行うので，中和または酸性にすることで芳香族カルボン酸を得ることができる。スキーム９（5）も同様であるが，ナフタレンの場合は水酸基が有っても無くともかカルボニル化することが可能であり，C-C 結合におけるカルボニル化は特に増炭反応として有用である。

2. 4. 4　C-H 結合形成

C-H 結合形成は，近年非常に注目される反応種の一つである。二酸化炭素の水素化であるが，還元によって一酸化炭素，ホルムアルデヒド，蟻酸，メタノール，メタンが得られる。近年は，得られたこれらの化合物が C-C 結合を形成することで，エタノールや酢酸などが得られることが報告されてきた。

これまでに様々な錯体触媒が開発され，二酸化炭素の還元反応が徐々に明らかになってきている。スキーム 10 に示した様に，二酸化炭素を還元する場合，脱水過程を経て生成する。二酸化炭素からの一酸化炭素生成は，逆ガスシフト反応である。水素添加した例では無いが，超臨界二酸化炭素中で，光還元反応によって二酸化炭素から一酸化炭素を生成する反応は，報告されている[33]。一方で，ギ酸は二酸化炭素との相互変換による水素キャリアとしての利用が将来見込まれることから，注目されている反応の一つである（スキーム 10（2））。特にギ酸から水素を発生させることで，水素ボンベを有する燃料電池車などに比べて，軽量で簡便な手法で水素供給が容易となる。既に欧州では一部ギ酸による燃料電池車の社会実装試験が始まっている[34]。ギ酸は二酸

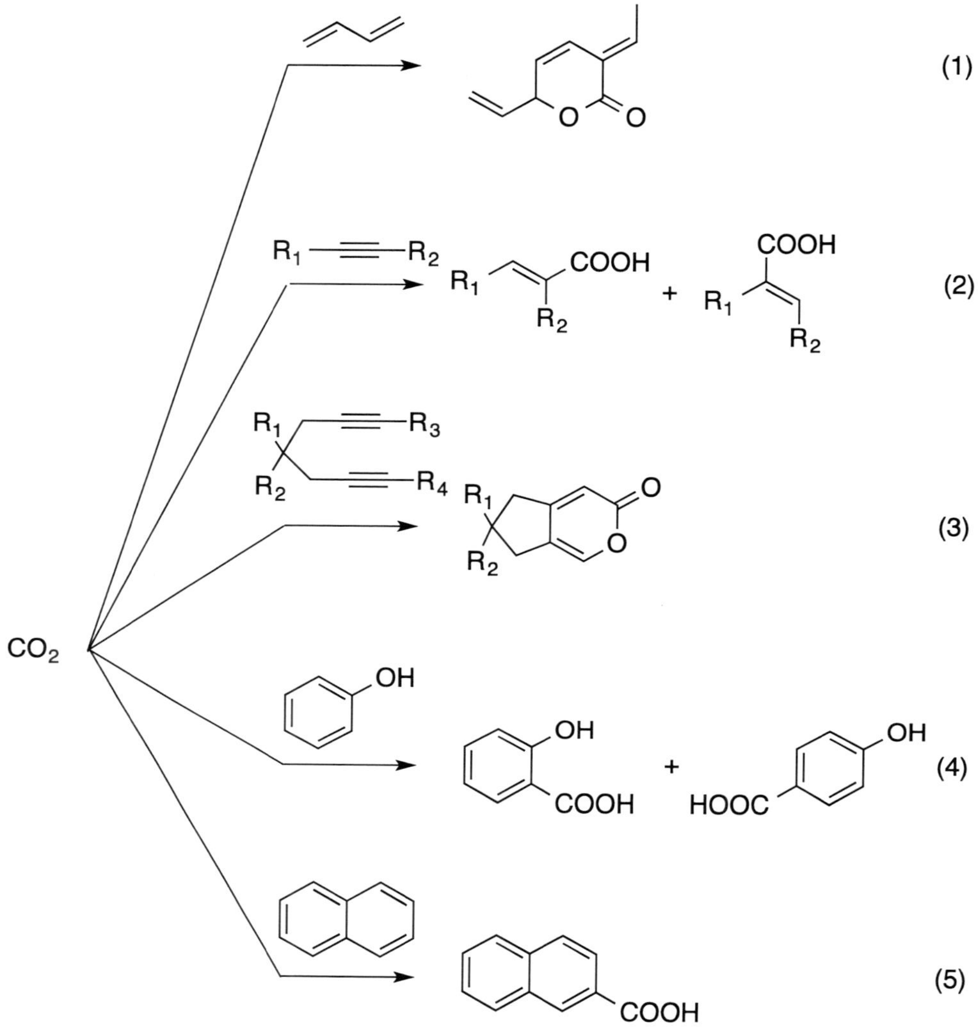

スキーム 9　二酸化炭素を原料にする C–O 結合形成に関わる反応

化炭素と水素から生成する。1976 年に報告が始まって以来[35]，多くの報告がある[30a, 36]。触媒はルテニウム錯体の報告例が比較的良く報告されているが，近年はイリジウム触媒の報告例もある。反応条件は，臨界圧力より若干低い圧力下で 2 相系の反応であるが，高い触媒回転数を示す。メタノールは，二酸化炭素と 3 分子の水素からメタノールと水が生成する（スキーム 10 (3)）。ギ酸合成で開発されたイリジウム錯体触媒を用いることにより効率的にメタノール合成が可能となった。この場合，ギ酸そしてホルムアルデヒドを経由してメタノールが生成していることが高圧 NMR の実験から明らかになっている[37]。

$$CO_2 + H_2 \longrightarrow CO + H_2O \quad (1)$$

$$CO_2 + H_2 \longrightarrow HCO_2H \quad (2)$$

$$CO_2 + 2H_2 \longrightarrow HCOH + H_2O \quad (3)$$

$$CO_2 + 3H_2 \longrightarrow CH_3OH + H_2O \quad (4)$$

$$CO_2 + 4H_2 \longrightarrow CH_4 + 2H_2O \quad (5)$$

スキーム10　二酸化炭素の還元

2. 5 まとめ

今回は紙面の都合，限られた一部の例を紹介させて頂いた。これら紹介した反応以外にもポリマー合成など様々な反応が報告されており，超臨界二酸化炭素による各種有機化学は今後も様々な展開が期待される。超臨界二酸化炭素の欠点として，各種基質の溶解度が低く，反応時の濃度を上げることが難しいため，厳しく収量などを求められる工業化においては，なかなか使用されることが少ないが，水素還元，酸素酸化などのガスを用いる反応では，逆に超臨界二酸化炭素の方が均一相になることから，高濃度での反応を行うことが可能である。現在，窒素を用いた反応例が少ないが，近年ではハーバー・ボッシュ法を代替するようなアンモニア製造技術が開発されつつあり，今後，超臨界二酸化炭素を用いることで大きく改善できるのではと期待している。

文　献

1) M. Chatterjee, T. Ishizaka, H. Kawanami, in *ACS Symposium Series,* Vol. 1194 (Eds.: F. Jin, L.-N. He, Y. H. Hu), American Chemical Society, pp. 191-250 (2015)
2) G. Jenzer, T. Mallat, M. Maciejewski, F. Eigenmann, A. Baiker *Applied Catalysis A: General*, **208**, 125-133 (2001)
3) a) X.-W. Wu, Y. Oshima, S. Koda, *Chemistry Letters* 1997, 1045-1056; b) P. Srinivas, M. Mukhopadhyay, *Industrial Engineering Chemistry Research*, **33**, 3118-3124 (1994)
4) K. M. Kerry Yu, A. Abutaki, Y. Zhou, B. Yue, H. Y. He, S. C. Tsang, *Catalysis Letters*, **113**, 115-119 (2007)
5) S. E. Dapurkar, H. Kawanami, T. Yokoyama, Y. Ikushima, *New J. Chem.*, **33**, 538-544

(2009)
6) X. Wang, H. Kawanami, S. E. Dapurkar, N. S. Venkataramanan, M. Chatterjee, T. Yokoyama, Y. Ikushima, *Applied Catalysis A: General*, **349**, 86-90 (2008)
7) M. Chatterjee, T. Ishizaka, A. Chatterjee, H. Kawanami, *Green Chem.*, **19**, 1315-1326 (2017)
8) E. J. Beckman, *The Journal of Supercritical Fluids*, **28**, 121-191 (2004)
9) R. Mello, A. Alcalde-Aragones, A. Olmos, M. E. Gonzalez-Nunez, G. Asensio, *J Org Chem*, **77**, 4706-4710 (2012)
10) H. Martínez, M. F. Cáceres, F. Martínez, E. A. Páez-Mozo, S. Valange, N. J. Castellanos, D. Molina, J. Barrault, H. Arzoumanian, *Journal of Molecular Catalysis A: Chemical*, **423**, 248-255 (2016)
11) a) R. A. Bourne, X. Han, A. O. Chapman, N. J. Arrowsmith, H. Kawanami, M. Poliakoff, M. W. George, *Chem Commun (Camb)*, 4457-4459 (2008); b) X. Han, R. A. Bourne, M. Poliakoff, M. W. George, *Chemical Science*, **2**, (2011); c) X. Han, M. Poliakoff, *Chem Soc Rev*, **41**, 1428-1436 (2012)
12) a) Y. Guo, A. Akgerman, *Industrial Engineering Chemical Research*, **36**, 4581-4585 (1997); b) S. Zhang, Z. Huo, D. Ren, J. Luo, J. Fu, L. Li, F. Jin, *Chinese Journal of Chemical Engineering*, **24**, 126-131 (2016)
13) J. W. Rathke, R. J. Klingler, T. R. Krause, *Organometallics*, **10**, 1350-1355 (1991)
14) A. C. J. Koeken, N. E. Benes, L. J. P. van den Broeke, J. T. F. Keurentjes, *Advanced Synthesis & Catalysis*, **351**, 1442-1450 (2009)
15) N. J. Meehan, M. Poliakoff, A. J. Sandee, J. N. H. Reek, P. C. J. Kamer, P. W. N. M. van Leeuwen, *Chemical Communications*, 1497-1498 (2000)
16) T. E. Kunene, P. B. Webb, D. J. Cole-Hamilton, *Green Chemistry*, **13**, 2011
17) a) W. J. Peppel, *Industrial and Engineering Chemistry*, **50**, 767-770 (1958); b) H. Kawanami, Y. Ikushima, *Chemical Communications*, 2089-2090 (2000); c) H. Kawanami, A. Sasaki, K. Matsui, Y. Ikushima, *Chemical Communications*, 896-897 (2003)
18) S. Inoue, H. Koinuma, T. Tsuruta, *Journal of Polymer Science Part B-Polymer Letters*, **7**, 287 (1969)
19) a) M. Aresta, A. Dibenedetto, E. Quaranta, *Journal of Catalysis*, **343**, 2-45 (2016); b) T. Sakakura, J.-C. C. Choi, *Chemical Review*, **107**, 2365-2387 (2007)
20) a) Y. Masui, S. Haga, M. Onaka, *Chemistry Letters*, **40**, 1408-1410 (2011); b) S. K. Kabra, E. Turpeinen, R. L. Keiski, G. D. Yadav, *The Journal of Supercritical Fluids*, **117**, 98-107 (2016)
21) a) K. Kohno, J. C. Choi, Y. Ohshima, H. Yasuda, T. Sakakura, *ChemSusChem*, **1**, 186-188 (2008); b) K. Kohno, J.-C. Choi, Y. Ohshima, A. Yili, H. Yasuda, T. Sakakura, *Journal of Organometallic Chemistry*, **693**, 1389-1392 (2008)
22) H. Yasuda, N. Maki, J.-C. Choi, T. Sakakura, *Journal of Organometallic Chemistry*, **682**, 66-72 (2003)

23) A. H. Tamboli, A. A. Chaugule, H. Kim, *Chemical Engineering Journal*, **323**, 530-544 (2017)
24) a) 旭化成ケミカルズ株式会社, 2015 (https://www.asahi-kasei.co.jp/asahi/jp/news/2014/ch150119.html); b) 旭化成ケミカルズ株式会社, 2016 (http://www.jaci.or.jp/gscn/img/page_19/gsc_guide_no2.pdf)
25) 井上繁, 化学と生物, **7**, 30-33 (1969)
26) a) ユニチカ株式会社, 2011 (http://www.unitika.co.jp/news/high-polymer/110304-000408.html); b) 川波肇, 日置潤, 化学工学, **76**, 458-461 (2012)
27) T. Seki, Y. Kokubo, S. Ichikawa, T. Suzuki, Y. Kayaki, T. Ikariya, *Chem Commun (Camb)*, 349-351 (2009)
28) a) Z. J. Dijkstra, A. R. Doornbos, H. Weyten, J. M. Ernsting, C. J. Elsevier, J. T. F. Keurentjes, *The Journal of Supercritical Fluids*, **41**, 109-114 (2007); b) H. Fischer, O. Gyllenhaal, J. Vessman, K. Albert, *Analytical Chemistry*, **75**, 622-626 (2003); c) M. Chatterjee, M. Sato, H. Kawanami, T. Ishizaka, T. Yokoyama, T. Suzuki, *Applied Catalysis A: General*, **396**, 186-193 (2011)
29) a) Q. Zhang, H. Y. Yuan, N. Fukaya, H. Yasuda, J. C. Choi, *ChemSusChem*, **10**, 1501-1508 (2017); b) C. A. Smith, H. Cramail, T. Tassaing, *ChemCatChem* (2014)
30) a) P. G. Jessop, Y. Hsiao, T. Ikariya, R. Noyori, *Journal of American Chemical Society*, **116**, 8851-8852 (1994); b) J. Liu, C. Guo, Z. Zhang, T. Jiang, H. Liu, J. Song, H. Fan, B. Han, *Chem Commun (Camb)*, **46**, 5770-5772 (2010); c) A. Tlili, E. Blondiaux, X. Frogneux, T. Cantat, *Green Chem.*, **17**, 157-168 (2015)
31) a) M. Selva, P. Tundo, A. Perosa, F. Dall' Acqua, *Journal of Organic Chemistry*, **70**, 2771-2777 (2005); b) E. S. Streng, D. S. Lee, M. W. George, M. Poliakoff, *Beilstein J Org Chem*, **13**, 329-337 (2017); c) L. Poussard, J. Mariage, B. Grignard, C. Detrembleur, C. Jérôme, C. Calberg, B. Heinrichs, J. De Winter, P. Gerbaux, J. M. Raquez, L. Bonnaud, P. Dubois, *Macromolecules*, **49**, 2162-2171 (2016); d) C.-R. Qi, H.-F. Jiang, *Green Chemistry*, **9**, 2007
32) H. Kawanami, Y. Ikushima, *Tetrahedron Letters*, **43**, 3841-3844 (2002)
33) a) H. Kawanami, D. C. Grills, T. Ishizaka, M. Chatterjee, A. Suzuki, *Journal of CO2 Utilization*, **3-4**, 93-97 (2013); b) F. Etsuko, *Coordination Chemisgtry Reviews*, **185-186**, 373-384 (1999); c) H. Hori, Y. Takano, K. Koike, Y. Sasaki, *Inorganic Chemistry Communications*, **6**, 300-303 (2003)
34) T. FAST, 2017
35) Y. Inoue, H. Izumida, Y. Sasaki, H. Hashimoto, *Chemistry Letters*, 863-864 (1976)
36) P. G. Jessop, *The Journal of Supercritical Fluids*, **38**, 211-231 (2006)
37) a) K. Sordakis, A. Tsurusaki, M. Iguchi, H. Kawanami, Y. Himeda, G. Laurenczy, *Green Chem.*, **19**, 2371-2378 (2017); b) K. Sordakis, A. Tsurusaki, M. Iguchi, H. Kawanami, Y. Himeda, G. Laurenczy, *Chemistry*, **22**, 15605-15608 (2016)

3 超臨界水，亜臨界水を用いた反応

3. 1 亜臨界水あるいは超臨界水中での逆アルドールおよびアルドール反応を応用した有機変換反応

大谷政孝*1，小廣和哉*2

3. 1. 1 はじめに

水を高温・高圧にして得られる亜臨界水および超臨界水は，温度と圧力を制御することにより，溶媒としての性質を広範囲に調整できる[1)]。例えば，常温の水の誘電率（80）から無極性のシクロヘキサン（2.0）以下の誘電率まで容易に溶媒極性を変化させ得る。これは有機分子を容易に溶解できることを意味する。また，粘性による影響は，拡散律速反応や不均一触媒反応において大きな役割を果たし，特に高温では格段に拡散係数が小さく，物質への浸透が容易になる。さらに，超臨界水は大きな密度揺らぎを有しており，この影響で溶質の周囲には水分子が多く集まってクラスターを形成し，溶質分子を強く水和している。このようなユニークな物性を有する亜臨界水および超臨界水を用いる有機反応として，シクロヘキサノンオキシムのBeckmann転位[2)]，2,3-ジメチル-2,3-ブタンジオールのピナコール転位[3)]，ホルムアルデヒド[4)]やベンズアルデヒド[5)]のCannizzaro反応，Heck反応[6)]，C-Si結合の開裂[7)]，Claisen-Schmidt反応[8)]，ベンジル-ベンジル酸転位[9)]等が2005年までに報告されている。

一方，超臨界水中での反応は一般に耐圧のステンレス容器を用いてバッチ方式で行うことが多いが，この場合，水中の溶存酸素や反応容器の金属壁の効果をしばしば受ける。梶本らは，真空系を用いて水から酸素を完全脱気し，石英管を反応容器とすることで壁効果を排除し，450 ℃の超臨界水でエタノールからアセトアルデヒドと水素を生成する反応を見出した[10)]。通常この反応は金属触媒存在下で進行し，無触媒ではこの程度の温度では進行しないことが知られている。この特異な反応の反応機構として，2分子の水が関与する8員環遷移状態を経由して進行することが第一原理分子動力学法で示された（スキーム1）[11)]。

さらに高温でこの反応を行うと，エタノールから水が脱離してエチレンが生成するが[10)]，水酸基のβ位に水素原子を持たないアルコールであれば，脱水反応に伴うオレフィン類の生成が妨げられると考えられる。また，この反応を第二級アルコールで行うとアルデヒドではなくケトンを生じるため，生成物が脱カルボニル反応を起こし難くなると考えられる。そこで，ベンズヒドロール（**1**）を反応基質とする無触媒超臨界水酸化反応を試みた（スキーム2）[12)]。その結果，酸化生成物であるベンゾフェノン（**2**）および還元生成物であるジフェニルメタン（**3**）が，それぞれ63％および10％の収率で得られ，この酸化反応は本質的に効率の良い酸化反応であること

＊1 Masataka Ohtani 高知工科大学 環境理工学群 総合研究所 講師
＊2 Kazuya Kobiro 高知工科大学 環境理工学群 総合研究所 教授

が判明した。さらに，第三級アルコールであるトリフェニルメタノール（**4**）を用いて同様の反応を行うと，逆に還元生成物であるトリフェニルメタン（**5**）および環化生成物である 9-フェニルフルオレン（**6**）が，それぞれ 26%および 42%の収率で得られた（スキーム 3)[13]。分子軌道計算からラジカル中間体経由の反応機構が示唆されるとともに，亜臨界水中での ESR 測定よりトリフェニルメチルラジカルの生成が確認された。また，9,10-ジヒドロアントラセンの様な水素供給源を共存させることにより，選択的かつ定量的に還元生成物 **5** のみが得られた。このように，水素供給源が存在すればこの還元反応は効率良く進行することを見出した。

スキーム１　超臨界水による無触媒エタノール酸化反応の反応メカニズム

スキーム２　超臨界水中でのベンズヒドロールの反応

スキーム３　超臨界水中でのトリフェニルメタノールの反応

3. 1. 2　糖類の逆アルドール反応を用いるアルコールの還元

スキーム3の反応でアルコールの還元に必要な水素を異なる化合物から供給することとした。アルデヒドは高温で脱カルボニル反応を起こし，炭化水素と一酸化炭素を与える。発生した一酸化炭素は高温の水と反応し水性ガスシフト反応により二酸化炭素と水素を与える（スキーム4）。一方，資源豊富な天然物である糖類，例えばグルコース（**7**），は超臨界水中で逆アルドール反応を繰り返し，エリトロース（**8**）を経由してグリコールアルデヒド（**10**）を生じる（スキーム5）[14]。そこで，糖類を水素源とするアルコールの還元反応を試みた[15]。その結果，アルコール**4**を等モルのグルコース存在下で超臨界水処理すると（400 ℃，5分，水密度0.35 g/mL），還元生成物**5**が81％の高収率で得られた。アルコール**1**を用いて同様の反応を行うと，70％の収率で還元生成物**3**が得られた。しかし，反応温度が低いときには1,1,2,2-テトラフェニルエタン

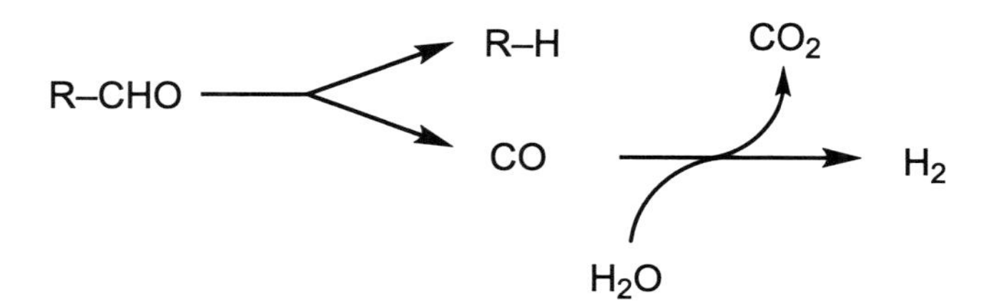

スキーム4　アルデヒドの分解と水性ガスシフト反応

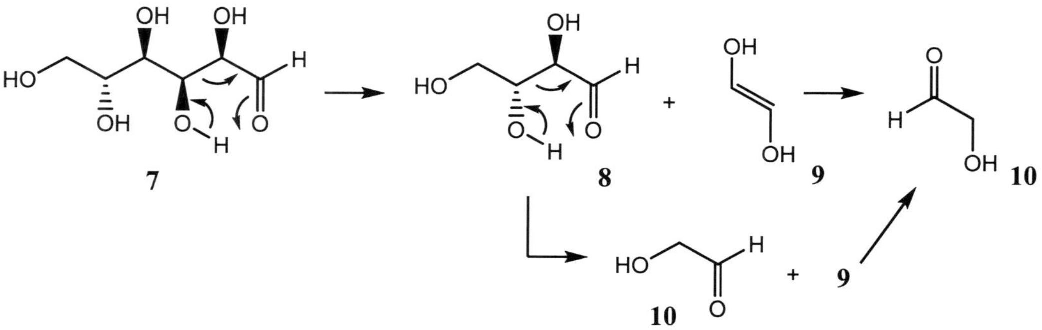

スキーム5　グルコースの逆アルドール反応によるグリコールアルデヒドの生成

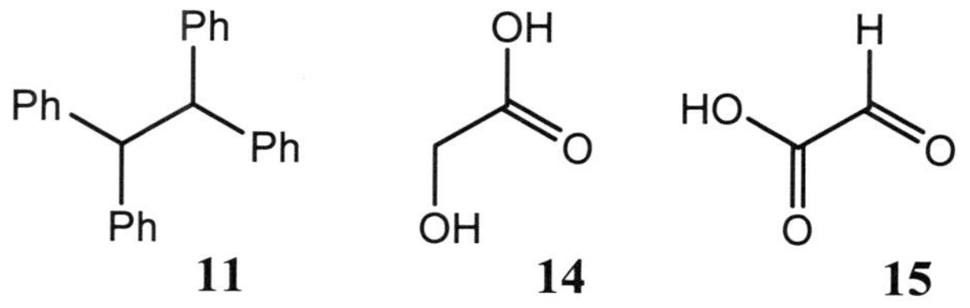

図1　化合物11，14，15の構造

(**11**) も少量副生した。また，系中で水素が発生しているならば不飽和結合の接触水素添加が可能であると考えた（スキーム 6）。実際に，Pd/C を触媒としグルコース（**7**）を用いてスチルベン（**12**）の接触水素添加を行ったところ（400 ℃，5 分，水密度 0.35 g/mL），89％の高収率で還元生成物 **13** が得られた。さらに興味あることに，多糖類であるセルロース（キムワイプ，温州ミカンの外皮，ヒイラギ生葉），キトサン（シイタケ，ブナシメジ）等の天然多糖類をそのまま用いても，スキーム 3 に示すアルコール **4** の還元，およびスキーム 6 のオレフィン **12** の接触水素添加が効率よく進行した。このことは，植物やキノコ類が化学反応に使える安全な水素貯蔵物質であることを意味し，「常温常圧の安全な水素タンク」としての生物資源の今後の応用展開が期待できる。

一方，上述のアルコール **1** を用いたときの化合物 **11** の生成は，系中でのジフェニルメチルラジカルの生成を強く示唆している。そこで，アルコールの還元反応の反応機構を明らかにする目的で，グルコース（**7**）の超臨界水処理で生じる逆アルドール生成物およびその類縁体と，アルコール **1** を直接反応させた[16]。その結果，カルボニル基の α 位に水酸基を有するアルデヒド類が高い還元性を示した。また，この還元反応には α 水酸基とホルミル基の存在は必須で，異なる官能基の組み合わせ，すなわち，水酸基とカルボキシル基を有するグリコール酸（**14**）ではほとんど反応が進行せず，また，ホルミル基とカルボキシル基とを有するグリオキシル酸（**15**）では著しい収率の低下がみられた。以上のことから，この還元反応は水酸基とカルボニル基との反応によるヘミアセタール生成を経由し，これがラジカル解離することで進行すると結論付けた（スキーム 7）。

スキーム 6　*trans*-スチルベンの接触水素添加

スキーム 7　ベンズヒドロール還元のもっともらしい反応機構

3. 1. 3　アルドール縮合生成物の亜臨界水中での反応挙動

(2*E*,4*E*)-ヘキサ-2,4-ジエナール (**16**) は，アセトアルデヒドのアルドール縮合生成物である。この化合物は高温・高圧水中でどの様な挙動を示すのであろうか？実際に化合物**16**を亜臨界水で処理したところ (250 ℃，10分，スキーム8)，ジエン部位は還元されモノエンに，ホルミル基は酸化されてカルボンキシ基に変化した非共役の不飽和カルボン酸**17**を42%の収率で得た[17]。このことは取りも直さず分子内で酸化還元反応が起こったことを意味している。驚くべきことに，高温反応条件下にもかかわらず熱力学的により安定な *trans* 二重結合がより不安定な *cis* 二重結合に，また，より安定な共役ジエナールがより不安定な非共役不飽和カルボン酸に変化している。これまでに，化合物**16**から化合物**17**への変換には遷移金属錯体を用いる水素添加が報告されているが[18]，今回見出された反応は，ジエナール**16**を水中で加熱するのみと言う究極的に単純な手法である。一方，この反応を水を加えず無溶媒で加熱したところ反応は全く進行しなかった。また，水を溶媒にして200 ℃で反応を行ったところ，化合物**17**の収率はわずか3%であった。このように水の存在と高温条件がこの反応を進行させるのに必須であった。さらに，この反応は相当するアルコールやケトンでは全く進行せずジエナールに特有の反応であった。以上のことから，スキーム9に示す［1,5］水素移動を伴う反応機構を考えた。まず，中間体Ⅰは，水のMichael付加に伴う二重結合の *cis* 体への異性化と引き続く脱水反応により生じる。この反応は高温・高圧水中で行われるのでカルボニル基は容易に水和され，*gem*-ジオール中間体Ⅱを与える。これら中間体ⅠおよびⅡは，［1,5］水素移動により，それぞれ，中間体ⅢおよびⅣを与える。ケテン中間体Ⅲは容易に水和し不飽和カルボン酸**17**を与える。一方，エンジオール中間体Ⅳはケト-エノール互変異性により**17**を与える。反応経路AおよびBのどちらがよりもっともらしいかを決定するために，それぞれの反応の活性化エネルギーをDFT計算により見積もった。その結果，ケテン中間体Ⅲに至る経路Aの活性化エネルギーがジオール中間体を経る経路より4.5 kcal/mol安定であった。もしこの機構で反応が進行するならば，水の代わりにアルコールを溶媒に用いれば相当するエステルが生成するはずである。実際にベンジルアルコールを用い反応を行ったところ，予期した通り相当するベンジルエステルが得られた。

以上のように，*trans*-ジエナールを出発物質とし，熱力学的により不安定な *cis*-非共役不飽和カルボン酸の，水と熱のみによる一段階合成法を達成した。

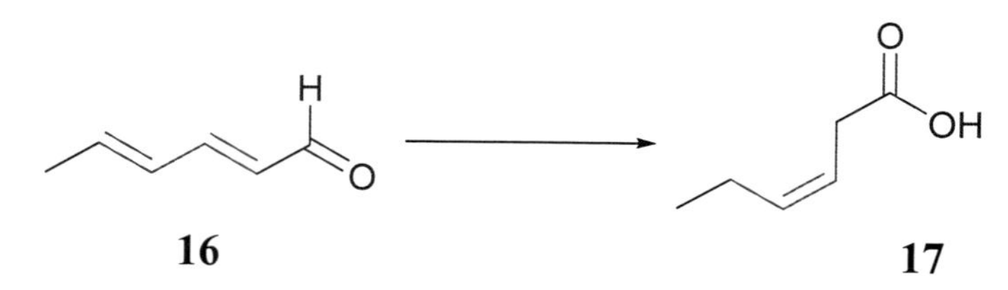

スキーム8　ジエナールの非共役不飽和カルボン酸への変換

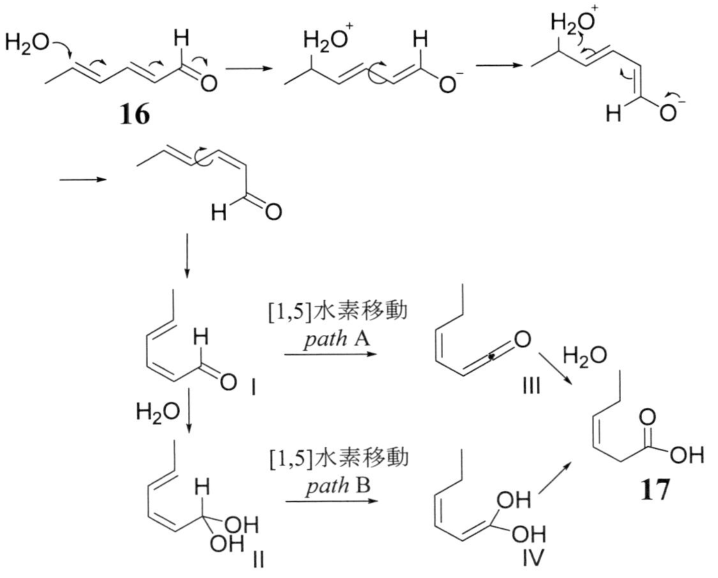

スキーム 9　もっともらしい反応機構

3. 1. 4　亜臨界水中での無機ルイス酸触媒アルドール反応

グリーンケミストリーの観点から注目を集めている反応の一つに無溶媒反応がある。この反応では，固体を含む反応基質同士の衝突頻度を大きくする目的で，機械的摺合わせ[19]，超音波照射[20]，超振動[21]などが用いられている。衝突頻度を上げるもっとも簡単な方法は高温加熱であるが，この場合，基質の分解を伴うこともしばしばである。一方，水は高温や高圧の様な極限状態でも分解することなく用いることのできる数少ない溶媒物質の一つである。そこで，無機物と有機物が混在する反応系で，両者を溶かし合わせることのできる高温・高圧の亜臨界水を反応媒体とし，無機物と有機物の両方が関わる反応の加速を試みた[22]。ここでは，炭素-炭素結合生成の重要な手法の一つである交差アルドール反応を例に，無機固体ルイス酸である $ZnCl_2$ を触媒とし，有機物であるベンズアルデヒド（**18**）とアセトン（**19**）の亜臨界水中での効率の良い交差アルドール縮合条件を模索した（スキーム 10）。まず，溶媒を用いずに，化合物 **18** および **19** と $ZnCl_2$ を 250 ℃に加熱したところ（**18**：**19**：$ZnCl_2$ = 1：4：1），**18** はすべて消費されタール状物質が得られたが，交差アルドール縮合物 **20** は全く得られなかった。しかし，この反応を亜臨界水中で行ったところ（**18**：**19**：$ZnCl_2$ = 1：4：1，250 ℃，20 分），**18** の転化率 42％で，交差アルドール反応縮合物 **20** を 23％の収率で得た。反応をより進行させるために大過剰（20 倍）の **19** を用い，さらに，反応時間を 60 分に延長したところ，75％の転化率と 46％の収率で目的物 **20** を得た。このように，亜臨界水を溶媒とすることで，無溶媒反応では進行しない無機ルイス酸触媒交差アルドール反応を，有機物の分解を防ぎながら加速できた。

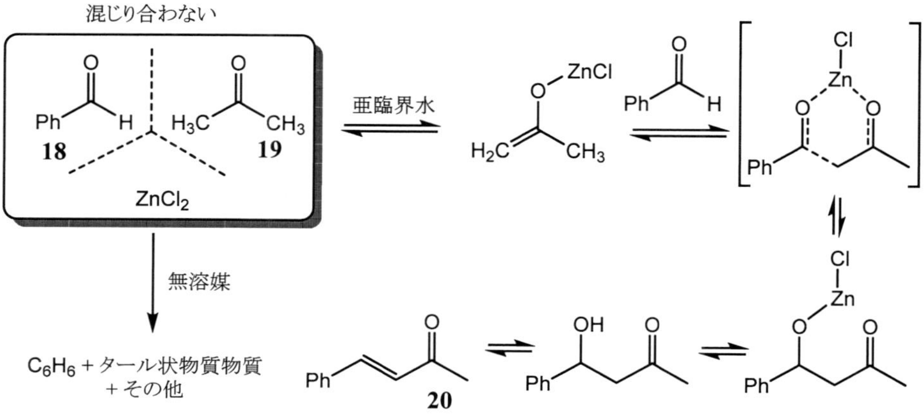

スキーム 10　ルイス酸触媒交差アルドール反応

3. 1. 5　亜臨界水あるいは超臨界水中でのカテコール芳香環の完全メチル化

芳香環メチル化カテコールは化成品中間体として重要な物質の一つである。メチルカテコールを得る手法として強酸触媒による Friedel-Crafts 反応があげられるが，完全メチル化は数段階に亘る反応を必要とする難しいプロセスである。また，用いた酸触媒の後処理が必要であるため，酸を用いないプロセスの開発が望まれている。そこで，酸触媒を用いない新たな無触媒完全メチル化法の開発を目指した[23]。予備的に，カテコール（**21**）とホルムアルデヒド等価体である 1,3,5-トリオキサン（**22**）を亜臨界水中で処理したところ（350 ℃，10 分），芳香族メチル化物 **23**，**24**，**25**，および完全メチル化カテコール **26** が，それぞれ，<0.5%，<0.5%，<0.5%，5%の収率で得られた（スキーム 11）。より高い収率を期待して，すでに一つメチル基が導入されている 4-メチルカテコール（**27**）を出発物質として同様の反応を行ったところ（400 ℃，10 分），**25**，**28**，**26** が，それぞれ，10，2，13%の収率で得られた（スキーム 12）。このように，収率は高いとは言い難いが，一段階反応で完全メチル化が達成された意義はプロセス工学的に大きいと言える。反応機構はスキーム 13 に示すように考えている。

3. 1. 6　おわりに

超臨界水中でアルコールの酸化反応を皮切りに，著者らが最近開発した有機変換反応の例を紹介した。高温反応であるため有機化合物である反応基質および生成物の分解はある程度起こる

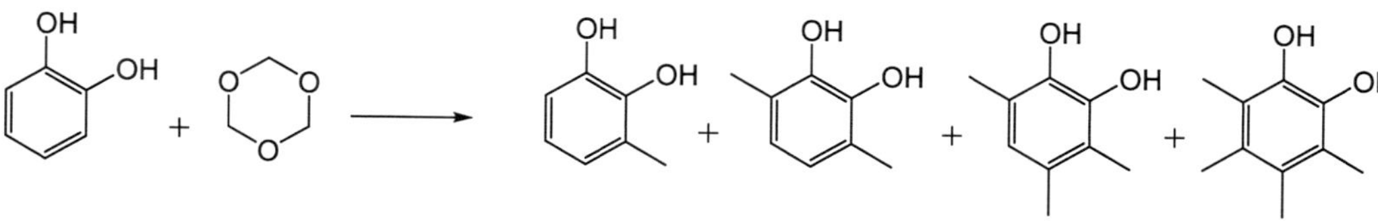

スキーム 11　カテコールのホルムアルデヒド等価体によるメチル化

スキーム 12　4-メチルカテコールのホルムアルデヒド等価体によるメチル化

スキーム 13　カテコールの完全メチル化の反応機構

が，生物材料の逆アルドール反応による水素供給反応，分子内転位，交差アルドール反応，芳香族完全メチル化など興味ある反応を見出した。亜臨界水および超臨界水中で起こる有機変換反応の益々の発展が期待できる。

文　　献

1）碇屋隆雄 監修，「超臨界流体反応法の基礎と展開」，シーエムシー出版（1998）
2）Y. Ikushima, K. Hatakeda, O. Sato, T. Yokoyama, M. Arai, *J. Am. Chem. Soc.*, **122**, 1908（2000）
3）Y. Ikushima, K. Hatakeda, O. Sato, T. Yokoyama, M. Arai, *Angew. Chem., Int. Ed.*, **38**, 2910（1999）
4）M. Osada, M. Watanabe, K. Sue, T. Adschiri, K. Arai, *J. Supercrit. Fluids*, **28**, 219（2004）
5）Y. Ikushima, K. Hatakeda, O. Sato, T. Yokoyama, M. Arai, *Angew. Chem., Int. Ed.*, **40**, 210（2001）

6) R. Zhang, F. Zhao, M. Sato, Y. Ikushima, *Chem. Commun.*, 1548 (2003)
7) K. Itami, K. Terakawa, J.-i. Yoshida, O. Kajimoto, *J. Am. Chem. Soc.*, **125**, 6058(2003)
8) S. A. Nolen, C. L. Liotta, C. A. Eckert, R. Gläser, *Green Chem.*, **5**, 663 (2003)
9) C. M. Comisar, P. E. Savage, *Green Chem.*, **7**, 800 (2005)
10) T. Arita, K. Nakahara, K. Nagami, O. Kajimoto, *Tetrahedron Lett.*, **44**, 1083 (2003)
11) H. Takahashi, H. Hashimoto, T. Nitta, *J. Chem. Phys.*, **119**, 7964 (2003)
12) P.Wang, H. Kojima, K. Kobiro, K. Nakahara, T. Arita, O. Kajimoto, *Bull. Chem. Soc. Jpn.*, **80**, 1828 (2007)
13) K. Kobiro, M. Matsura, H. Kojima, K. Nakahara, *Tetrahedron*, **65**, 807 (2009)
14) M. Sasaki, K. Goto, K. Tajima, T. Adschiri, K. Arai, *Green Chem.*, **4**, 285 (2002)
15) K. Kobiro, K. Sumoto, Y. Okimoto, P. Wang, *J. Supercrit. Fluids*, **77**, 63 (2013)
16) M. Ohtani, K. Kobiro, Y. Okimoto, Y. Oishi, P. Wang, *J. Supercrit. Fluids*, **98**, 147 (2015)
17) X. Chen, K. Sumoto, S. Mitani, T. Yamagami, K. Yokoyama, P. Wang, S. Hirao, N. Nishiwaki, K. Kobiro, *J. Supercrit. Fluids*, **62**, 178 (2012)
18) S. Steines, U. Englert, B. D.-Hölscher, *Chem. Commun.*, 217 (2000)
19) L. Rong, H. Han, H. Jiang, S. Tu, *Synth. Commun.*, **38**, 3530 (2008)
20) V. V. Namboodiri, R. S. Varma, *Org. Lett.*, **4**, 3161 (2002)
21) M. Xia, Y. Lu, *Ultrason. Sonochem.*, **14**, 235 (2007)
22) P. Wang, K. Kobiro, *J. Chem. Eng. Jpn.*, **44**, 577 (2011)
23) P. Wang, D. Nishimura, T. Komatsu, K. Kobiro, *J. Supercrit. Fluids*, **58**, 360 (2011)

3. 2 超臨界水中でのフリーデルクラフツ反応

佐藤剛史*

3. 2. 1 フリーデルクラフツ反応

フリーデルクラフツ（Friedel-Crafts）反応は，芳香環の水素原子をアルキル基またはアシル基で置換する反応であり，芳香環に対する求電子置換反応である。超臨界水中では炭素数3および4のアルキル鎖によるphenolのアルキル化反応が報告されており，本稿ではphenolのアルキル化について述べる。

図1にphenolのFriedel-Craftsアルキル化の反応機構を示す。Friedel-Crafts反応では，$AlCl_3$，$FeCl_3$，BF_3，H_2SO_4，HF等の強力な酸触媒を利用してカルボカチオンを生成させ，そのカルボカチオンが芳香環に求電子置換することで進行する。反応は安定なカルボカチオンを経由するため，アルキル鎖はより高級なものとなる，いわゆるマルコフニコフ則に従って進行する。また，Friedel-Crafts反応では，芳香環に付加した官能基によって反応性が変化することも知られている。水酸基はそれ自体が求電子置換反応を促進し，さらに芳香環のオルト位とパラ位を強く活性化するためアルキル鎖は水酸基のオルト・パラ位に置換される。Friedel-Crafts反応に用いる強力な酸触媒は空気中で不安定なものが多く，反応には厳密な無水条件が必要，触媒の再利用が困難，有機物である反応基質と触媒の双方を溶解させるために極性有機溶媒の利用が望ましいなど，反応プロセスの簡略化やグリーンケミストリーの観点から課題がある。

これに対し，本稿で紹介する超臨界水中でのFriedel-Crafts反応には以下の特長がある。1）高温条件であるため無触媒で反応が進行する。ただし，現在のところ特に反応性の高いフェノール類の反応のみ報告されている。2）超臨界水はphenolや炭化水素類を溶解するため，それ自体が反応溶媒となり有機溶媒を必要としない。3）温度・圧力の操作により反応場の水密度を変化させることで生成物選択性の制御が可能となる。これらの詳細については後述する。

3. 2. 2 超臨界水中でのフェノールのアルキル化の特長

超臨界水は，圧力上昇により水密度が増大し，誘電率が増大する点が特長であり，これが反応機構に大きな影響を与える[1~4]。表1に，超臨界水中でのphenolのアルキル化における水密度

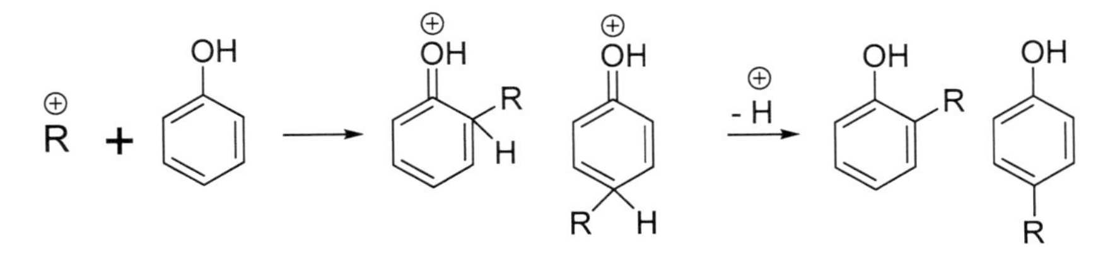

図1 phenolのFriedel-Craftsアルキル化の反応機構

* Takafumi Sato　宇都宮大学　大学院工学研究科　准教授

表1 phenolのアルキル化における水密度の影響

水密度	低い	高い
誘電率	低い	高い
反応場	ラジカル的	イオン的
反応中間体	水酸基が関与し反応基質自身	プロトン化された反応基質（カルボカチオン）
水の関与	水分子が水酸基周囲に存在し，相対的に水酸基周囲での反応性が増大。オルト配向性となる。 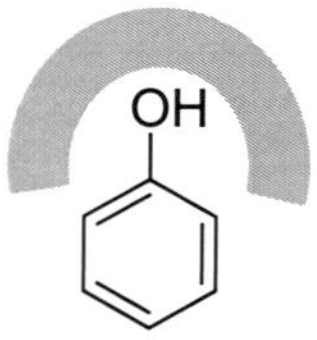	反応場全体がイオン的になる。極性有機溶媒に近い状態なので，Friedel-Crafts反応が進行しやすい。 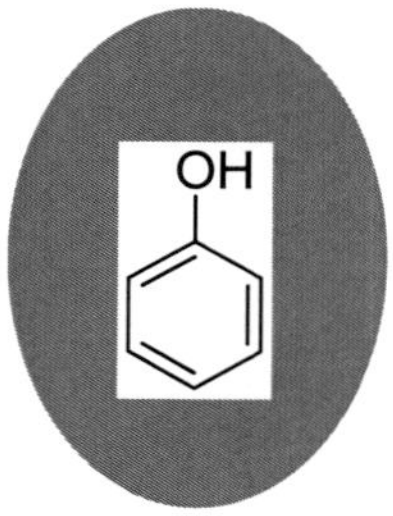

の影響をまとめた[1)]。実際の反応機構は後で詳細に説明するが，水密度に依存して反応中間体の性質や水酸基の役割が変化していく。

（1）反応中間体の性質：通常のFriedel-Crafts反応では，反応中間体はカルボカチオンである。これに対し，高温である超臨界水中ではカルボカチオンに加え，水酸基が直接関与して反応基質そのものが反応する経路も生じうる。これは水酸基に対してオルト配向性のアルキルフェノールを生成する。反応場の水密度が増大するとイオン性を有するカルボカチオンが存在しやすくなり，その寄与も大きくなる。

（2）芳香環に附属した水酸基の役割：超臨界水は通常の溶媒と比較して溶媒密度が小さいため，水酸基周囲への溶媒和の影響が通常の溶媒と比べて相対的に大きくなるため，反応においてもその影響を考慮する必要がある。水密度を増大させると，反応場が水酸基周囲から分子全体に広がり，通常の極性有機溶媒の状態に近づいていく。

3. 2. 3 合成実験

超臨界水中でのphenolのアルキル化では，反応基質として常温常圧で固体のphenolに加え，液体のアルコールやアルデヒド，もしくは気体のアルケンを用いる。反応は分オーダーにて進行するため，回分式反応器を用いる[5~9)]。

図2に，著者らが実験に用いたストップバルブ付回分式反応器（内容積6 cm^3）を示す。反応器は外径1/2インチのステンレスチューブの両端に高圧継手を接続したもので，さらに細い外径1/16インチのステンレスチューブにてストップバルブに接続してある。予め反応器の中にphenol，液体反応物，水を所定量仕込み，ストップバルブを通して系内の空気をアルゴン等の不活性ガスに置換する。あるいは液体反応物の代わりに，空気を置換しつつ数MPaのアルケン

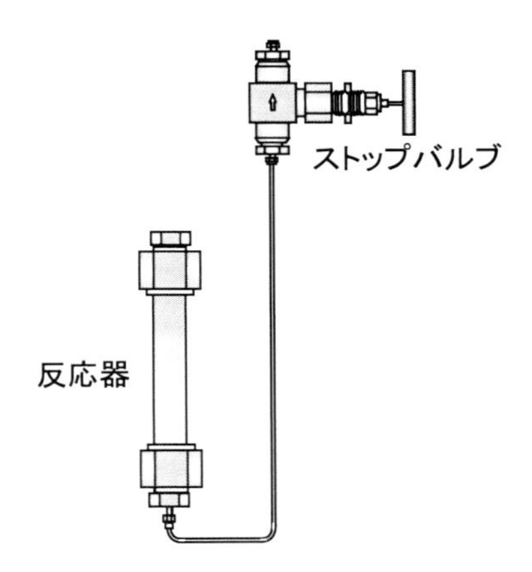

図２　ストップバルブ付回分式反応器

を導入する。ストップバルブを閉じることで，系内を密閉する。ここで，導入した水重量を反応器体積で除した水密度［g/cm^3］は，水が反応場にどの程度濃厚に存在するかを示す指標である。

反応は，反応器を反応温度（通常400℃）に設定したサンドバス中に沈めて行う。所定時間経過後，反応器を水浴に投入し速やかに反応を停止させる。その後，バルブを開けてガスを回収し分析した後，反応器を開けて内容物を回収し分析する。

反応の際，図２のようにストップバルブへのライン側が下になるようにするのがコツである。アルケンは高圧で液化するため，ライン側が上だと，昇温過程にて水の膨張が起こった際，反応器上部のアルケンがバルブのデッドボリュームで圧縮液化し，反応に関与しない状態となる。ライン側を下にした際は，反応器内が加熱され水が膨張した加圧された際に，主に水がストップバルブのデッドボリュームに入り込むことにより，アルケンのデッドボリューム内での凝縮を抑制することが可能となる。また，気体生成物を回収しない場合には，バルブを使用せず反応器を蓋（プラグ）で密閉することで，このような問題は発生しない。

3. 2. 4　反応中間体の生成

超臨界水中でのphenolのアルキル化において，アルキル基由来の中間体の生成を把握する必要がある。図３に，phenol存在下の超臨界水中における*tert*-butyl alcohol，2-propanol，propionaldehyde，propionic acid，acetoneに関連した反応基質を示す。通常の水と同様，超臨界水中でもphenolの水酸基由来のプロトンが酸触媒として働く。*tert*-butyl alcoholは高温高圧水中にてプロトン付加と脱水を経て最も安定な３級カルボカチオンのisobutylcationとなる。isobutylcationは容易に可逆的に脱水素してisobuteneとなる[5)]。2-propanolは*tert*-butyl alcoholよりも反応性に乏しく，カルボカチオンは不安定と考えられ，脱水によりpropeneとなる[6, 7)]。propoinaldehydeは，大部分が分子内分解によりCOとC_2H_6となるが，その一部がプロトン付加によりカルボカチオンとなる[8, 9)]。プロピオン酸，アセトンはphenol共存下の超臨界水中にて安定である[9)]。

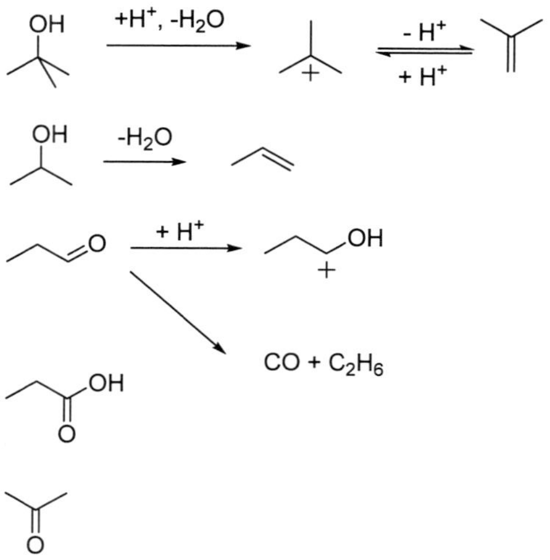

図 3　phenol 存在下の超臨界水中における *tert*-butyl alcohol，2-propanol，propionaldehyde，propionic acid，acetone に関連した反応基質

3. 2. 5　アルキル化反応

ここで，各反応種毎の反応機構を示す。図 4 は，炭素数 3,4 の反応基質と phenol の反応機構をまとめたものである。図中の点線の反応経路は，低水密度条件でも進行する経路である。

(1)　isobutylcation

isobutylcation（**a**）が関与する反応は，Friedel-Crafts 反応と同様の機構で進行し，枝分かれの多い炭素鎖が水酸基に関してオルト-パラ配向性で芳香環に導入される。水密度の増大により，この経路は促進される[5]。

この理由について実験結果を元に説明する。図 5 に，400℃，水密度 0.5 g/cm^3 の超臨界水中での *tert*-butyl alcohol と phenol の反応における生成物収率の経時変化を示す。生成物収率は導入したアルキル鎖基準で評価した。*tert*-butyl alcohol の脱水反応が速やかに進行しており，その後アルキルフェノールの生成が進行する。主に 4-*tert*-butylphenol が生成しており，2-isobutylphenol と 2-*tert*-butylphenol も生成している。

図 6 に，この反応における 400℃，80 min での *tert*-butyl alcohol 転化率とアルキルフェノール収率の水密度依存性を示す。水密度 0.2 g/cm^3 以上にて *tert*-butyl alcohol のほとんどが反応して isobutene あるいはアルキルフェノールになっている。水密度が増大すると，炭素鎖の枝分かれが多い 4-*tert*-butylphenol 収率が明らかに増大している。これは，反応場の水分子が増大することで反応場の雰囲気がよりイオン的になり，カルボカチオンが関与する Friedel-Crafts 反応が進行しやすくなったことを示している。この時，水酸基による立体障害の影響で 2-*tert*-butylphenol がそれほど生成しなかったものと考える。

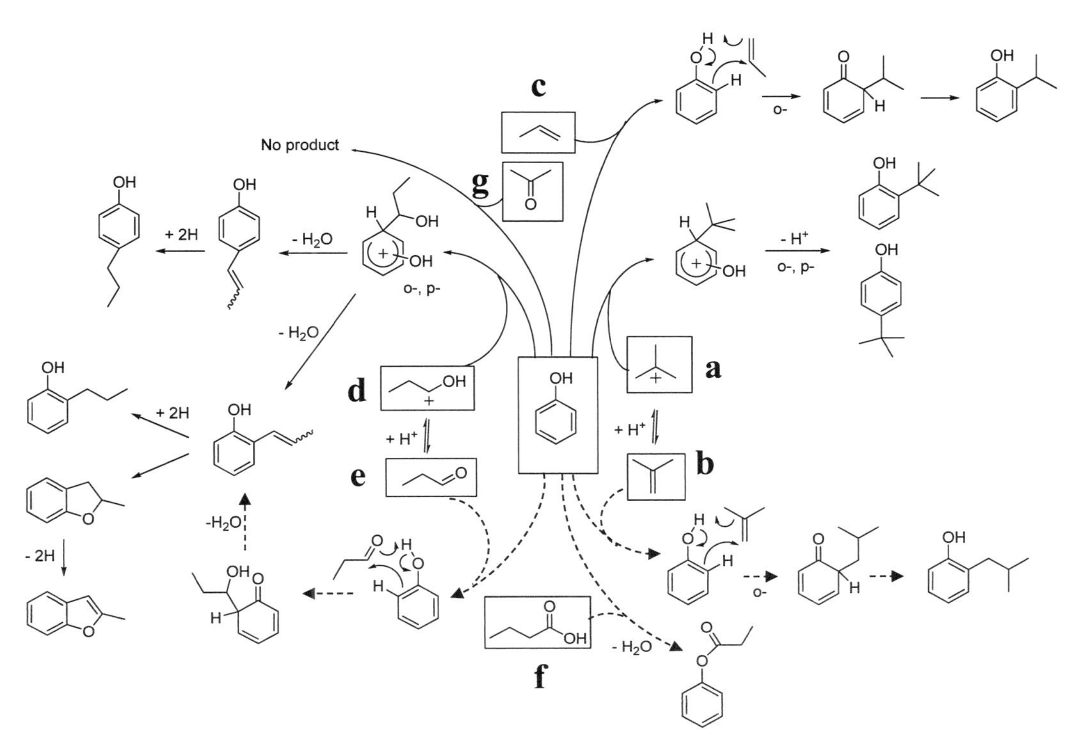

図4　炭素数3,4の反応基質とphenolの反応機構（点線：低水密度でも進行する経路）

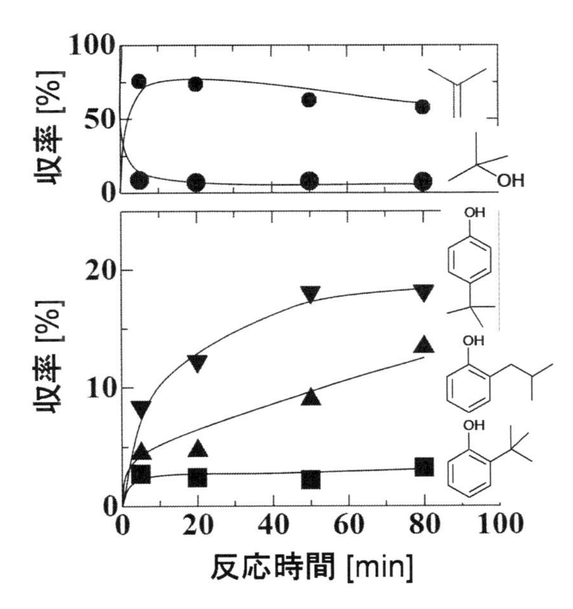

図5　*tert*-butyl alcoholとphenolの反応における主生成物収率の経時変化（400℃，水密度0.5 g/cm^3，*tert*-butyl alcohol 0.002 mol，phenol 0.01 mol）

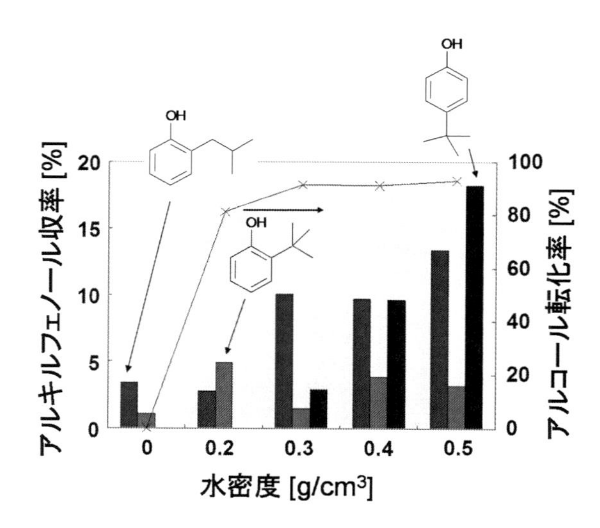

図6　*tert*-butyl alcohol と phenol の反応における水密度の影響（400℃，80 min，*tert*-butyl alcohol 0.002 mol，phenol 0.01 mol）

（2）　isobutene

isobutene（**b**）が関与する反応は，phenol の水酸基が関与して isobutene と phenol が直接的に反応するオルト選択的アルキル化で，2-isobutylphenol が生成する。この経路は水密度が増大すると促進されるが，isobutylcation による Friedel-Crafts アルキル化よりも水密度の影響は小さい[5]。

図 5 から，生成物として 2-isobutylphenol が生成していることがわかる。2-isobutylphenol は側鎖炭素の分岐が少ない逆マルコフニコフ型の化合物である。そのため，その生成は Friedel-Crafts 反応とは異なる反応機構によるものである。超臨界水は高温状態であるため，通常のアルキル化では進行しにくい水酸基が関与した isobutene と phenol 間の直接的なアルキル化反応の進行を考えることで説明できる。この反応により，オルト選択性でかつアルキル側鎖の級数が少ない逆マルコフニコフ則に基づく 2-isobutylphenol が生成する。原理的には 2-*tert*-butylphenol の生成も起こり得るが，反応における立体障害の影響が少ない 2-isobutylphenol が優先して生成したと考える。図 6 より，水密度の増大により 2-isobutylphenol の生成が促進されていることがわかる。これは，水分子が極性基である水酸基周囲に優先的に存在しているものと考えられ，水分子がこの付近にて結合開裂・形成時に生じる反応中間体を安定させることが可能となるためである。

（3）　propene

propene（**c**）による phenol のアルキル化が進行する。これは，isobutene と phenol の反応と同様に，アルケンが phenol の水酸基と直接的に反応し，水酸基に対するオルト位に選択的にアルキル鎖が導入される機構で進行する。この反応は水密度の増大により促進される[6,7]。

図 7 に，400℃，水密度 0.5 g/cm^3 の超臨界水中での 2-propanol と phenol の反応におけるア

ルキル鎖基準の生成物収率の経時変化を示す。反応時間は360分までと，長時間の挙動を示した。反応開始後に速やかに2-propanolが脱水してpropeneになり，実質propeneとphenolの反応が進行する。アルキルフェノールとして，2-isopropylphenolが主に生成し，側鎖が直鎖である2-propylphnolも生成する。これは，2-isopropylphenolから2-propylphenolへの転移反応がゆっくりと進行したためである。この転位反応は反応速度が水密度の影響を受けない等の特長がある[10]。オルト体が主に生成することから，isobuteneとphenolの反応と同様に，水酸基が直接的に関与する反応機構で進行する。

図8に，2-propanolとphenolの反応について，400 ℃，60 minにおける水密度と2-isopropylphenol収率の関係を示す。水密度0.4 g/cm^{3}付近で急激に2-isopropylphenol収率が増大している。これは，isobuteneよりも炭素数が少ないpropeneが電子的により安定で反応

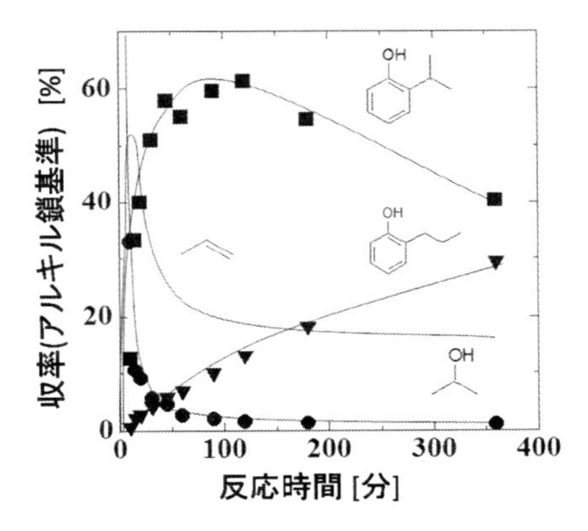

図7　2-propanolとphenolの反応における主生成物収率の経時変化（400℃，水密度0.5 g/cm^3，2-propanol 0.002 mol，phenol 0.01 mol）

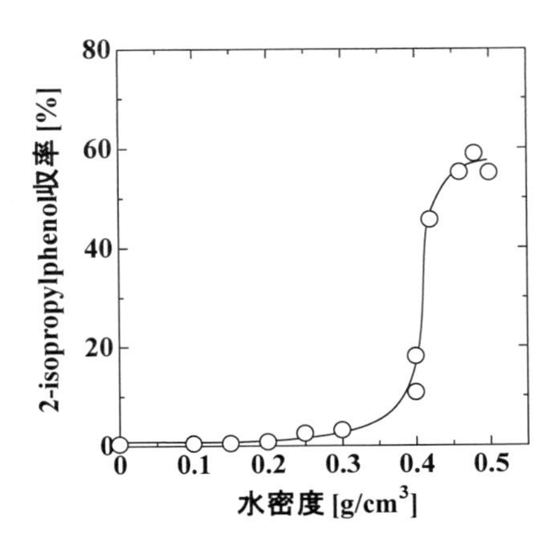

図8　2-propanolとphenolの反応における2-isopropylphenol収率と水密度の関係（400℃，60 min，2-propanol 0.002 mol，phenol 0.01 mol）

しにくく，水密度が高い状態でようやく水酸基周囲での反応が促進されていることを示している。また，図には示していないが全ての水密度にてパラ体である 4-isopropylpenol がほとんど生成していないことから，propene にプロトンが付加した propylcation が生成しにくく，Friedel-Crafts 反応機構での反応が進行しなかったことを示している。

(4) 1-propanolium

propionaldehyde へのプロトン付加により生じるカルボカチオン 1-propanolium（**d**）は，Fridel-Crafts 反応と同様の機構で反応し，カチオン中の水酸基が結合した炭素原子が，phenol の水酸基に関してオルト-パラ配向性で芳香環に導入される。この場合，特にパラ位へのアルキル鎖の導入が水密度の増大により促進される[8,9]。

図 9 に，400℃，水密度 0.5 g/cm^3 の超臨界水中での propionaldehyde と phenol の反応におけるアルキルフェノール由来の生成物収率の経時変化を示す。まず propenylphenol 類が生成するが，これらは高温で不安定であるため，反応場に存在する水素原子を取り込んで proplylphenol 類となる。また，2-propenylphenol の場合には環化により 2,3-dihydro-2-methylbenzofuran が生成し，その脱水素により 2-methylbenzofuran が生成する経路が存在する。

表 2 に 400℃，反応時間 60 min における超臨界水中での propionaldehyde と phenol の反応におけるアルキルフェノール由来の生成物収率の水密度依存性を示す。水密度の増大により，パラ体である 4-propylphenol の収率が増大している。これは，isobutylcation の反応と同様に，Friedel-Crafts 反応と同様のイオン的な反応による 4-propenylphenol の生成が促進されていることを示している。

(5) propionaldehyde

propionaldehyde（**e**）と phenol は，phenol の水酸基を介して直接的に反応する[8,9]。表 2 よ

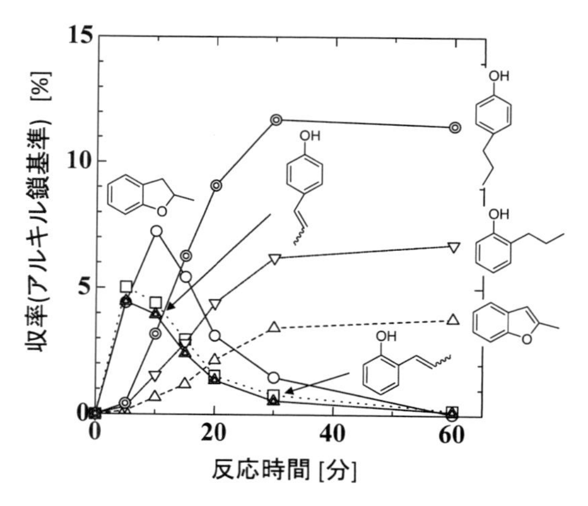

図 9　propionaldehyde と phenol の反応におけるアルキルフェノール由来の生成物収率の経時変化（400℃，水密度 0.5 g/cm^3，propionaldehyde 0.002 mol，phenol 0.01 mol）

表2　propionaldehyde と phenol の反応における主生成物収率と水密度の関係（400℃，60 min，propionaldehyde 0.002 mol，phenol 0.01 mol）

水密度 [g/cm^3]	収率［%］							オルト/パラ比
	オルト体由来				パラ体		アルキルフェノール合計	
	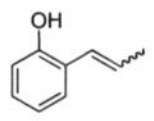	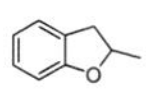	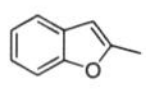	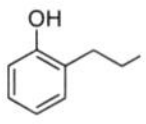	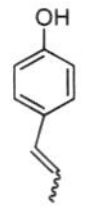	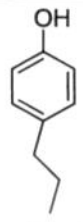		
0	0.1	0.8	0.7	1.4	0.0	0.0	3.4	＞＞99
0.1	0.3	1.1	0.3	1.0	0.0	0.2	2.9	14.3
0.3	1.1	3.6	1.2	2.9	0.8	2.2	11.8	2.94
0.5	0.2	0.0	3.8	6.7	0.1	11.5	22.3	0.93

り，水密度が低い場合にはオルト体が選択的に生成していることがわかる。これは，isobutene や propene と同様，低水密度にて phenol の水酸基が直接的に関与した反応が進行していることを示している。この反応では 2-propenylphenol が生成し，これ以後の反応は反応物が 1-propanolium の場合と同じである。

(6)　propionic acid

アルキル化とは異なるが，参考までにカルボン酸，ケトンとの反応についても述べる。propionicacid（**f**）と phenol を共存させると，水存在下では反応が進行せず，超臨界水中では安定である。水が存在しない場合には phenol の水酸基と propionicacid の脱水反応によりエステルが生成する[9]。

(7)　acetone

400℃の超臨界水中で，acetone（**g**）と phenol は安定であり反応しない[9]。

3. 2. 6　まとめ

超臨界水中での phenol のアルキル化について述べた。超臨界水中での反応の特長を以下に整理する。①通常，強酸触媒存在下でしか進行しない phenol への炭化水素鎖導入が無触媒にて進行する。②水密度が小さい場合には，カルボカチオンの生成を経ずに OH 基周囲において炭化水素と phenol が直接反応する経路にて，水酸基に対してオルト位に選択的な反応が進行する。③水密度が増大すると，カルボカチオンが安定である場合には通常の Friedel-Crafts 反応と同様の反応機構で進行するようになり，反応が促進される。すなわち，生成物の構造はマルコフニコフ側に従い，オルト・パラ選択性となる。

ここで，アルキルフェノールを反応物とした場合，逆反応の脱アルキル化も生じる[10~12]。詳細は参考文献に示すが，アルキル化は低温・高水密度ほど有利になり，脱アルキル化は高温・低水密度にて有利となる[1, 13]。

このように，同一溶媒にて無触媒にて温度・圧力（水密度）を適切に設定することで反応制御が可能となる反応系は，新たな選択的有機合成反応場として有力である。今後，様々な場面での活用が期待できる。

文　献

1）佐藤剛史ほか，新しい溶媒を用いた有機合成，p.252，S&T 出版（2013）
2）化学工学会超臨界流体部会編，『超臨界流体入門』，p.31，丸善株式会社（2008）
3）荒井康彦監修，『超臨界流体のすべて』，p.12，株式会社テクノシステム（2002）
4）N. Akiya, P. E. Savage, *Chem. Rev.*, **102**, 2725（2002）
5）T. Sato *et al.*, *Chem. Lett.*, **35**, 716（2006）
6）T. Sato *et al.*, *Chem. Commun.*, **17**, 1566（2001）
7）T. Sato *et al.*, *Ind. Eng. Chem. Res.*, **41**, 3064（2002）
8）T. Sato *et al.*, *Green Chem.*, **4**, 449（2002）
9）T. Sato *et al.*, *J. Chem. Eng. Japan*, **36**, 339（2003）
10）T. Sato *et al.*, *Ind. Eng. Chem. Res.*, **41**, 3124（2002）
11）T. Sato *et al.*, *Chem. Eng. Sci.*, **59**, 1247（2004）
12）T. Sato *et al.*, *J. Anal. Appl. Pyrolysis*, **70**, 735（2003）
13）T. Sato *et al.*, *AIChE, J.*, **50**, 665（2004）

3. 3　超臨界水中でのスクシンイミドの合成

本間哲雄*

3. 3. 1　緒言

スクシンイミドは，医薬品原料[1]や有機合成[2]，銀メッキ製造[3]などに用いられる有用な化合物である。また，N-置換スクシンイミドであるN-ヒドロキシスクシンイミドは架橋剤[4]や生物学的接着剤[5]，N-フェニルスクシンイミドは非水溶媒二次電池[6]や感熱記憶材料[7]として，数々の用途を持っており，工業的に重要な有機化合物である。工業的にはスクシンイミドは発酵合成[8]で製造されており，長期間の温度管理によるエネルギー消費や反応後の廃水処理，培養のための多くの反応時間を必要としている。

高温高圧水は誘電率が低いため有機反応場としての利用が期待されている[9]。また，地球上に豊富に存在する水を使用するため，排出による環境負荷が小さく，環境に調和した有機反応場としての利用が期待されている。特に，高温高圧水はイオン積が高いため，水自身が酸や塩基として作用するため，酸・塩基触媒を要する反応も触媒無添加で進行する可能性を秘めている[10]。これまでに，高温高圧水中ではマイクロ混合デバイスを用いたニトロ化[11]や，グリセリンからの化成品の製造[12]，ヘテロ環式化合物[13]の合成など，様々な有機反応が提案されている。

このように高圧熱水を用いた有機合成は，反応時間や排水処理，環境調和の課題を解決し，高温環境下で反応時間を短縮してスケールアップを容易にすると考える。そこで本研究では，高温高圧水中でのスクシンイミドおよびN-置換スクシンイミドの合成を行い，反応に対する高温高圧水の適用可能性と四重極-飛行時間型質量分析計による同定を行った。生成物の合成確認に際しては，一般的には標準試料との比較を行うが，本研究では四重極-飛行時間型質量分析計（Q-TOF）を使用した精密質量から元素組成を求め，構造解析を行うことにより生成物を同定する手法を取った。

3. 3. 2　実験方法

図１に，本実験で使用した急速昇温型流通式反応器を示す。硫酸ナトリウムで脱水させた無水コハク酸（和光純薬工業（株）製）もしくはコハク酸（和光純薬工業（株）製）のアセトン溶液とアミノ基を有する化合物の溶液（アンモニア，ヒドロキシルアミン，アニリン，エチレンジアミン，グリシン，2-アミノエタノール）をそれぞれ独立に送液し，高圧熱水と混合することで所定温度へ到達させ，反応管に導入させた。高温高圧水中でのグルコースの分解実験より，SUS316管は脱水反応を促進する結果を得た[13]ため，脱水反応を伴うスクシンイミドの合成にも有利に働くと考え，反応管には長さ3 m，内径0.5 mmのSUS316管を用いた。反応管通過後，反応液を急速冷却し反応を停止させ，背圧弁通過後に回収した。原料液とアミンの溶液，水の供給比は1：1：8とし，総流量は約10～20 mL/min，反応温度は常温～400℃，反応圧力は

＊ Tetsuo Honma　八戸工業高等専門学校　産業システム工学科　准教授

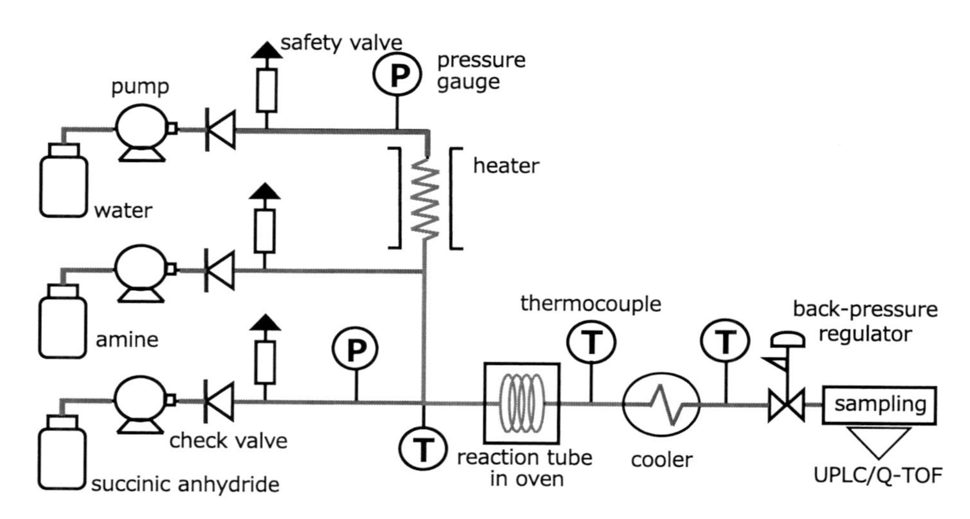

図1　急速昇温型流通反応器

40 MPa で実験を行った。反応時間は約 0.90 s～2.6 s である。反応管出入口の温度差が 1℃以内の時を定常状態とみなし，反応液を 1～2 分間採取した。

回収した反応液は，スクシンイミドについては HPLC/PDA（日本分光社製，MD-2018）で定性・定量分析を行った。移動相には pH 2.2 に調製した 20 mM リン酸緩衝液を用いた。カラムには Inertysil ODS-3（GL Science 社製，長さ 150 mm×内径 4.6 mm×粒子径 5 μm）を使用した。N-置換スクシンイミドについては UPLC/Q-TOF（Waters 社製，Xevo G2-s Q-TOF）により定性・定量分析を行った。UPLC では移動相に 10 mM 酢酸アンモニウム水溶液とメタノールを 9：1 で混合して分析を行った。使用したカラムは，一般的な分析用カラムの BEH C18（Waters 社製，長さ 50 mm×内径 2.1 mm×粒子径 1.7 μm）である。質量分析におけるイオン化は ESI negative 0.5 kV または ESI positive 0.5 kV で行った。用いた質量較正物質はロイシンエンケファリンである。定性分析には質量分析により測定された精密質量の質量誤差が 10 mDa 以内で検出と判定した。なお，判定には MassLynx（Waters 社製，Ver. 4.1）を使用した。N-置換スクシンイミドについては，定量分析には標準試料を使わず，目的生成物質量のマスクロマトグラムのピーク面積の相対的な大小により，反応の有利・不利を評価した。反応速度定数は，反応原料の無水コハク酸に対してアミンと水が大過剰で存在するため一次反応と仮定し，3～4 点の流量での反応率より計算した。

3. 3. 3　結果と考察

図2は，反応圧力 40 MPa，総流量 10 mL/min で合成したスクシンイミド実験におけるコハク酸基準での物質収支の温度依存性である。

300℃以上における物質収支は 97±1%で良好である。無水コハク酸とアンモニアの反応による生成物として，スクシンイミドの他にスクシンアミド酸が 250℃以下の低温領域で確認できた。これよりスクシンイミドの生成は，スクシンアミド酸との競争反応または逐次反応ではないかと考えられる。一方，スクシンアミド酸はコハク酸の１つのカルボキシ基がアミド基となった化合物であるが，２つのアミド基をもつスクシンアミドの生成は確認されなかった。

図３は出発原料をコハク酸とした合成実験の物質収支の温度依存性である。出発原料を無水

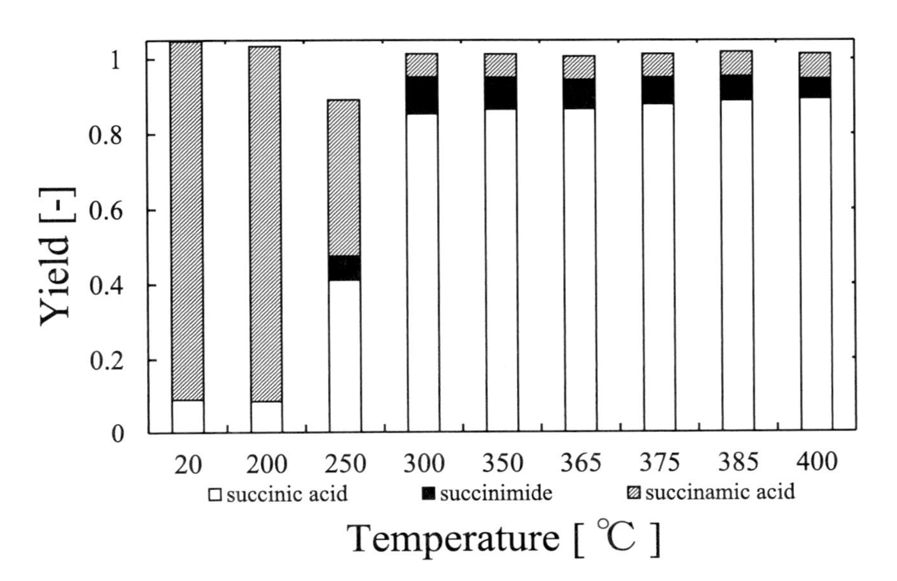

図２　40 MPa，10 mL/min での物質収支（原料：無水コハク酸）

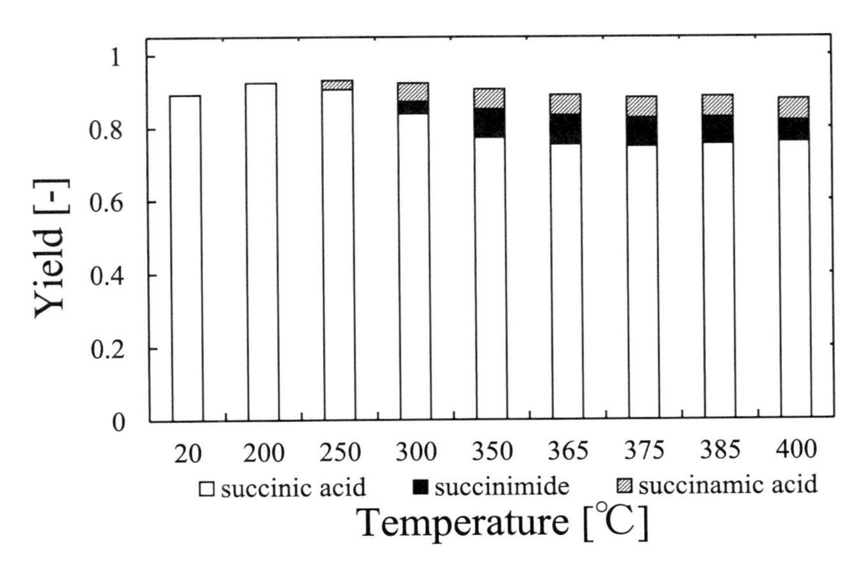

図３　40 MPa，10 mL/min での物質収支（原料：コハク酸）

コハク酸とした実験とコハク酸とした実験では，前者では9.7%，後者では7.9%と，収率に違いがあり，無水コハク酸を原料とした方が収率が高い。これは，無水コハク酸のカルボニル炭素の方がコハク酸よりも求電子性が強いことに起因すると考えられる。よって，スクシンイミド合成およびN-置換スクシンイミド合成には，スクシンイミド合成に有利な無水コハク酸を使用することを決定し，実験を行った。

無水コハク酸のカルボニル炭素が求核攻撃を受けやすくなることで，スクシンイミド生成反応が促進すると考え，酸触媒を添加した実験も行った。出発原料に触媒を添加した実験も行った。無水コハク酸溶液500 mLに対し濃硫酸を微量加え，その他の条件は変更せずに合成実験を行った。しかし，最高収率は無触媒での反応の方が高かったため，触媒は用いないこととし，以後の実験を行った。

図4は，スクシンイミド収率の経時変化である。全ての反応温度でのプロットで，x軸との交点が0秒よりも後にずれている。物質収支が良好である300℃以上ではほぼ同じ時間に外挿可能である。これは，すべての温度領域で装置に起因する無駄時間の存在だと考える。一方，250℃ではより多くの無駄時間を示した。250℃以下ではスクシンアミド酸の収率の高さを考慮すると，逐次反応による誘導期が含まれたと考える。図5のように，スクシンイミドは無水コハク酸からスクシンアミド酸を経由する逐次反応によって生成することが示唆された。また，図4のプロットがおおむね直線に乗る傾向から，一次反応とする仮定は妥当であり，直線の傾きより反応速度定数を算出できた。図6に，40 MPaにおいて算出したスクシンイミドの生成反応速度定数の温度依存性を示す。反応温度200℃以下ではスクシンイミドは生成せず，300℃と365℃で速度定数が最大となった。このことは，350℃を境に異なる反応機構をとったか，あるいは300℃以上で1つの反応機構をとると考える。

次に，N-置換スクシンイミドの合成について述べる。図7に，無水コハク酸（1）とアミンと

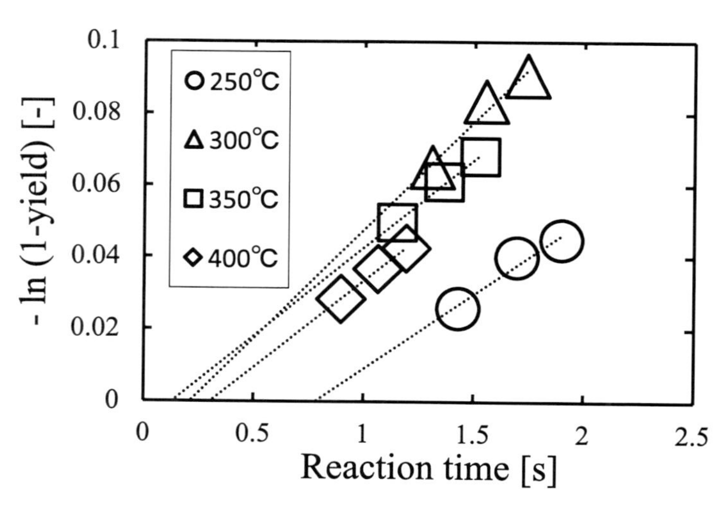

図4　スクシンイミド生成の一次反応プロット

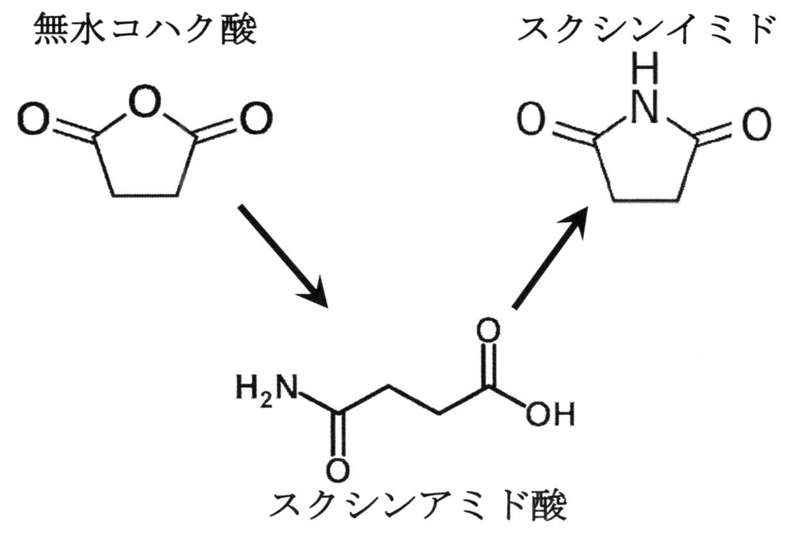

図５　スクシンイミド生成経路

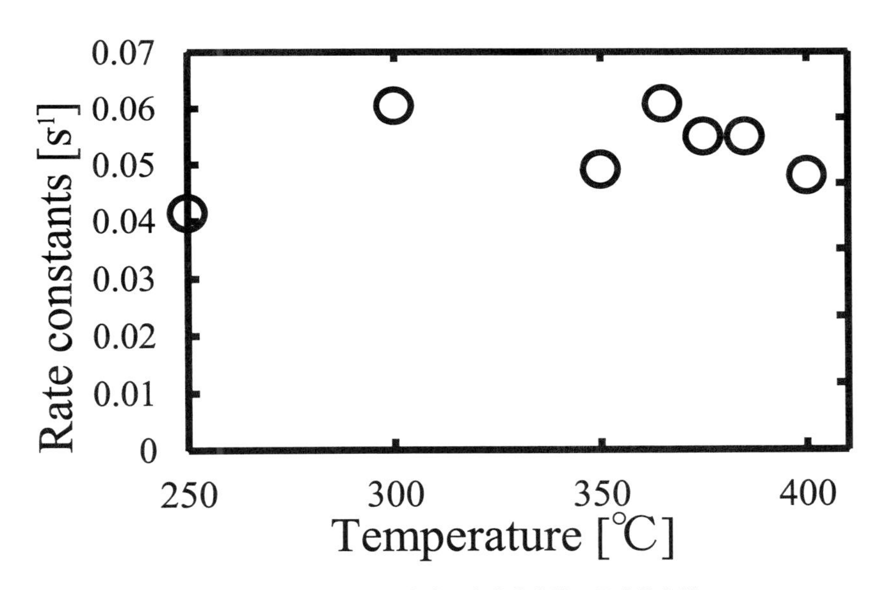

図６　スクシンイミド生成反応速度定数の温度依存性

の反応で合成が期待されたN-置換スクシンイミドをまとめた。(12) はスクシンイミドである。本研究で合成されたN-置換スクシンイミドは，N-フェニルスクシンイミド (13)，N-ヒドロキシスクシンイミド (14)，1-(2-アミノエチル)-2,5-ピロリジンジオン (15)，(2,5-ジオキソ-1-ピロリジニル) 酢酸 (16)，N-(2-ヒドロキシエチル) スクシンイミド (17) である。このうち，N-ヒドロキシスクシンイミド (14) の合成実験では反応液中から生成物と同質量のピークを検出できなかった。そのため，今回の実験条件では合成は困難であることが確認できた。また，N-フェニルスクシンイミド（13）については常温においても生成が確認されたため，高温高圧水中での反応の優位性が認められない。スクシンイミド，1-(2-アミノエチル)-2,5-ピロリジンジオン，(2,5-ジオキソ-1-ピロリジニル）酢酸，N-(2-ヒドロキシエチル）スクシンイミドは高温高圧水中で合成が確認され，最高収率の温度条件は200～300℃であった。これらの化合物は，高温高圧水中での合成が有利であることが確認できた。200～300℃は高温高圧水の中でもイオン積の大きな温度範囲であり，イオン反応で進行すると考えられる目的のイミド生成を促進する反応場として高温高圧水が働いていると考えられる。

表1に，合成に用いたアミンと反応後のサンプルで確認された化合物をまとめた。各アミンに対応するアミド酸が見られた。スクシンイミドと同様に，無水コハク酸からアミド酸を経由し

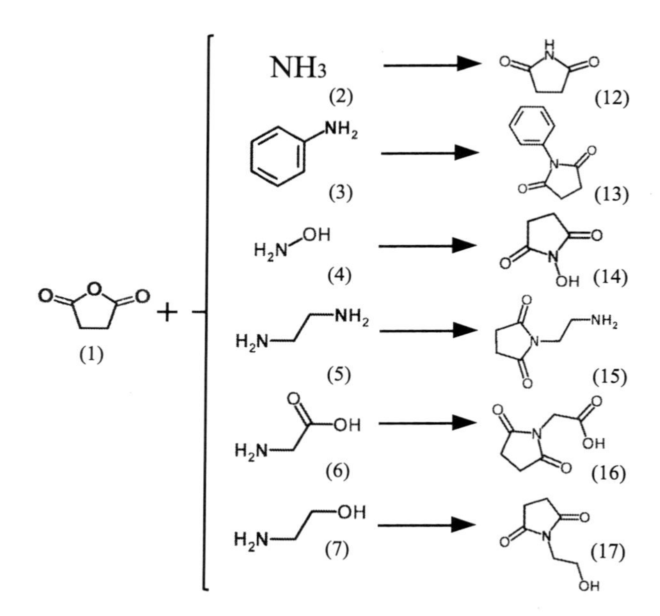

図7　N-置換スクシンイミド生成の反応式

表1　無水コハク酸とアミンの反応生成物の有無

○：高温高圧水中で合成可能，△：常温および高温高圧水中で合成可能，
×：実施した条件では合成困難

アミン	N-置換スクシンイミド	対応するアミド酸
アンモニア	○	○
アニリン	△	△
ヒドロキシルアミン	×	×
エチレンジアミン	○	○
グリシン	○	○
2-アミノエタノール	○	○

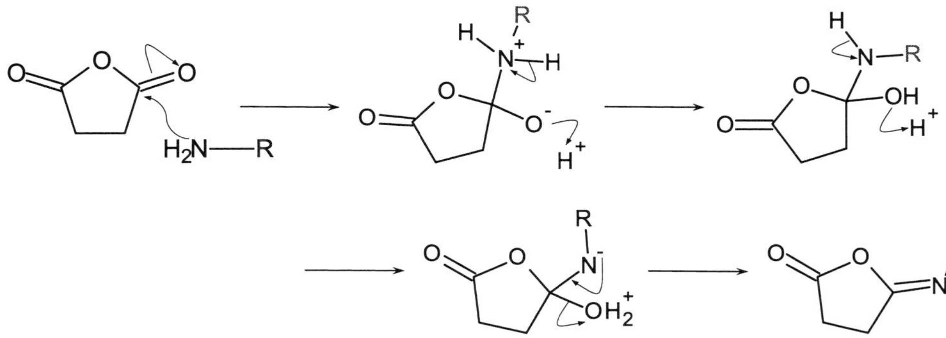

図 8　無水コハク酸とアミンからシッフ塩基が生成する機構
(R=−H, −Ph, −OH, $-CH_2CH_2NH_2$, $-CH_2C(CO)OH$, $-CH_2CH_2OH$)

て各イミドが生成していると考えられる。無水コハク酸とアンモニアを用いたスクシンイミドの合成では，目的生成物とその中間体で物質収支が 100% 近く取れていたため，副反応はほとんど起こらないと考えられた。しかし，今回合成を試みた他の N-置換スクシンイミドの生成においては，副反応により同質量の異性体（シッフ塩基）が生成する可能性もある。シッフ塩基の生成反応機構の例を図 8 に示す。予想された同質量の異性体は構造も類似しており，MS/MS 解析によっても該当するピークが目的イミドか副生物であるのか正確には判断不可能であった。図 9 に，MS/MS 解析により得られたイミドとシッフ塩基のフラグメント（N-(2-ヒドロキシエチル）スクシンイミドと（2,5-ジオキソ-1-ピロリジニル）酢酸の例）を示した。それぞれ異なる構造をしているが，元の化合物の質量と同様にフラグメントイオンの質量も同一である。そのため，このケースでは MS/MS 解析ではどちらの化合物が生成しているか確認できなかった。しかし，スクシンイミド合成実験の結果から，イミド生成にはアミド酸を経由することが分かっている。各イミドに対応するアミド酸の生成が見られているため，同質量の異性体ではなく目的のイミドが生成していると考えられる。また，シッフ塩基は結晶性がよいため，収率の高い条件の反応液に対して蒸発濃縮を行い，アセトンを除去して水への溶解度が低いシッフ塩基が析出するかどうかの確認を行った。結晶は見られなかったため，生成物は目的のイミドであると考えられる。

3. 3. 4　結言

本研究では，スクシンイミド合成最適条件の探索と反応機構の解明および N-置換スクシンイミドの合成を目的とした研究を実施した。

スクシンイミドは，高温高圧水中で無水コハク酸とアンモニアから合成された。出発原料はコハク酸よりも無水コハク酸を原料とした場合にスクシンイミド合成に有利であり，酸触媒を使用しない場合が，収率が高い。また，中間生成物が見られたことやスクシンイミド生成の一次反応プロットに見られた誘導期の存在から，スクシンイミドは高温高圧水中でスクシンアミド酸を経由する逐次反応によって生成すると考える。スクシンイミド合成反応機構は無水コハク酸のカル

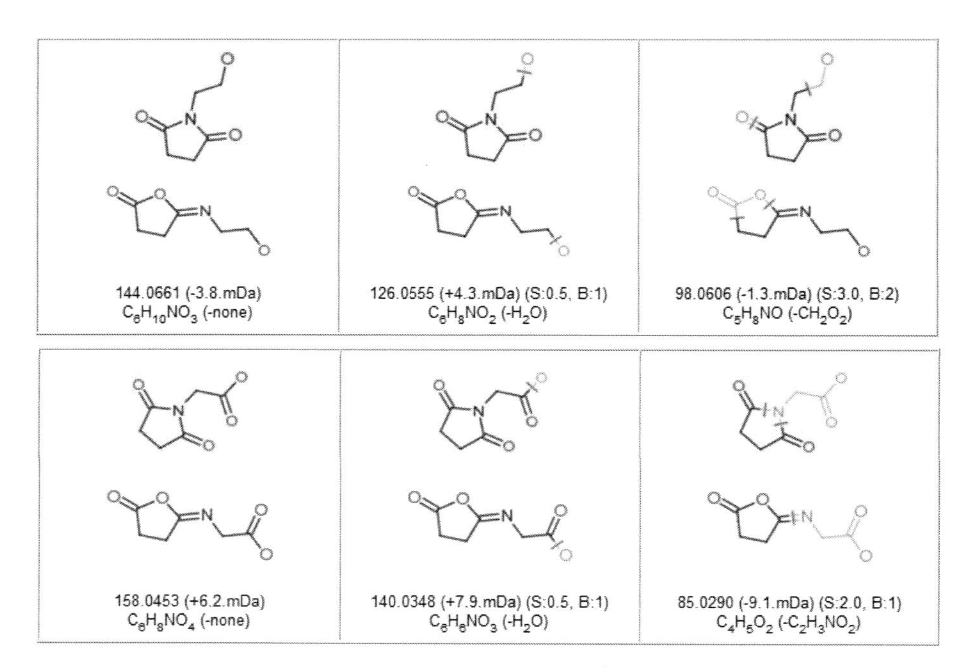

図 9　目的生成物（N-(2-ヒドロキシエチル)スクシンイミド）のフラグメント（上段，上）と副生成物（シッフ塩基）のフラグメント（上段，下）と目的生成物（(2,5-ジオキソ-1-ピロリジニル)酢酸）のフラグメント（下段，上）と副生成物（シッフ塩基）のフラグメント（下段，下）
なお下部の数値はフラグメントの質量，括弧内の数値は測定値との質量誤差を表す

ボニル炭素にアミンの窒素が求核攻撃しアミド酸を生成し，さらにアミド酸の窒素が自身のもつカルボニル炭素を攻撃し環化する機構で進むと考える。

アンモニアの代わりにアニリン，ヒドロキシルアミン，エチレンジアミン，グリシン，2-アミノエタノールを用いて，N-置換スクシンイミドを合成した。各イミドの生成は，UPLC/Q-TOF から得られた精密質量を用いて定性・定量を行った。エチレンジアミン，グリシン，2-アミノエタノールによるイミドの最高収率を得る反応温度条件は 200～300℃であった。この温度条件ではイオン積が高く，無水コハク酸のカルボニル炭素にアミンが求核攻撃するイオン反応で進行すると考えられる目的のイミド生成を促進する反応場として，高温高圧水が働いていると考えられる。

文　　献

1）E.L. Luzina *et al.*, *J. Fluor. Chem.*, **168**, 121（2014）
2）X.-Y. Guan *et al.*, *Arab. J. Chem.*, **8**, 892（2015）

3）マルギトクラウスほか，シアン化物を含まない銀電気めっき液，特許 5854727（2016）
4）西田幸二ほか，透明化羊膜の作成方法及び透明化羊膜，特開 2013-48643（2013）
5）ムビヤカピアンバほか，接着性処方物，特開 2008-289890（2008）
6）高橋健太郎，非水溶液系二次電池，特許 4707313（2011）
7）齊藤寅之助ほか，感熱記憶材料，特開 2001-287464（2001）
8）中嶋泰子，N-アルキルコハク酸イミドの製造方法，特階 2011-207812（2011）
9）N. Simsek Kus, *Tetrahedron*, **68**, 949（2012）
10）M. Akizuki *et al.*, *J. Biosci. Bioeng.*. **117**, 10（2014）
11）S. Kawasaki *et al.*, *Rev. High Press. Sci. Technol.*, **20**, 33（2010）
12）N. Galy *et al.*, *J. Chem. Technol. Biotechnol.*, **92**, 14（2017）
13）I. Nagao *et al.*, *Green Chem.*, **18**, 3494（2016）

3. 4　高温高圧水中での付加反応，縮合反応

日秋俊彦*1，岩村　秀*2

有機合成では，異なる分子間での炭素-炭素結合の生成法が極めて重要である（3.1 項参照）。Friedel-Crafts のアルキル化，Diels-Alder 反応などの環化付加，アルドール反応，Michael 反応など数多くの反応が，高温高圧水中では触媒無添加で進行することが明らかにされている。同じ高温でも水がないと反応は進行せず，酸または塩基を添加すると反応がさらに加速されることから，臨界点近傍の水のイオン積 K_W の値が高いことが反応の進行を有利にしていると考えられる。代表的な合成反応を数例示す。

3. 4. 1　アルドール反応

2004 年 Comisar と Savage[1] は，高温高圧水中においてアセトンとベンズアルデヒドが交差アルドール縮合反応を起こし，ベンザルアセトン（**1**）を与える反応（スキーム 1）について検討を行っており，これが研究のプロトタイプとなっている。実験は手製の SUS316 製回分式反応器を用い，反応温度 250，300，350℃，反応時間 1～15 時間，溶液濃度 5 wt%で行われた。**1** の収率は反応温度 250℃，反応時間 8 時間で 22%の最大生成量となった。生成収率の経時変化の検討から，高温高圧水中では酸塩基触媒を加えることなくアルドール縮合反応が進行することを確認している。さらに，水の酸・塩基触媒効果を確認するため，塩酸，水酸化ナトリウムを添加した実験も行っている。反応条件は，反応時間 1 時間，反応温度 250℃である。各温度における pH と **1** の収率の関係を明らかにし，触媒無添加の条件と比較して，酸あるいは塩基を加えるといずれも収率が増加した。このことから，本反応は高温高圧水の酸塩基触媒効果が引き起こしていることが示唆された。反応機構を解明し，ひいては合成反応の収率を最適化する方法の基礎が提示された[2]。

3. 4. 2　1,3,5-トリアセチルベンゼンの合成

代表的な有機合成反応の事例集に叢書 Organic Synthesis がある。その中で酢酸を触媒としたエタノール水溶液中における 4-メトキシ-3-ブテン-2-オン（**2**）の環化三量化反応による 1,3,5-トリアセチルベンゼン（TAB）の合成が記載されている[3,4]。この手法では高収率に TAB が得ら

スキーム 1　2 種のカルボニル化合物の交差アルドール縮合反応によるベンザルアセトン（1）の生成

＊1　Toshihiko Hiaki　日本大学　生産工学部　応用分子化学科　教授
＊2　Hiizu Iwamura　東京大学　名誉教授

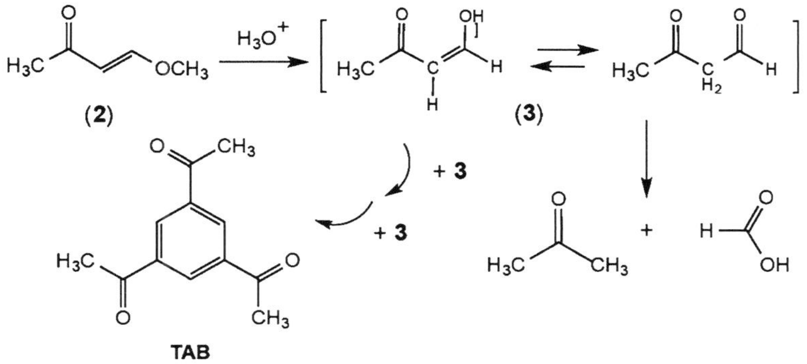

スキーム２　4-メトキシ-3-ブテン-2-オン（2）の環化三量化による 1,3,5-トリアセチルベンゼン（TAB）の生成とその機構

れるものの，24 時間の長時間反応であることや反応後の触媒処理などが課題となっている。

岩銅らは，回分式反応器を用いて **2** から TAB の合成を高温高圧水中で行なった。触媒を加えず，150℃，30 min で単離収率 77％を達成した[5]。これは遷移金属や酸触媒を用いた報告と同等の収率であること，また反応終了後，水の中で TAB が純度の高い結晶を形成しており，水をろ別するだけで生成物が得られることから，本反応に対する高温高圧水の有用性を立証した。

水を用いた有機合成プロセスには触媒の分離回収や中和，溶媒の留去といった後処理の必要がないというメリットがある。もっとも生成物が液体で溶媒抽出が必要となる場合もある。

この反応では，さらに流通式マイクロリアクターを用い，反応温度を 120，150 および 180℃に固定し，流速によって接触時間（反応時間）を 0～150 秒に制御した研究が稲葉らによって行われている[6]。4-ヒドロキシ-3-ブテン-2-オン（**3**）が中間体として検出され，これが蓄積し，酸接触アルドール縮合環化反応を起こしている反応機構が明らかとなり，150℃が最適温度であることが確かめられた（スキーム 2）。またこの流通式反応装置では，連続運転も可能である。

3. 4. 3　アルドール縮合によるポリアセンキノンの合成

異種のカルボニル化合物間の交差アルドール縮合として，フタルアルデヒドとシクロヘキサン-1,4-ジオンの反応がある。6,13-ペンタセンキノン（**4**）を与えるこの反応は，古典的にはエタノール中 5％水酸化カリウムを触媒に用い，室温で 48 時間反応させると，78％の収率で得られる[7,8]。澤田らは，回分式反応容器中，物質量比 800 倍の水の中 250℃，60 分反応させ，冷却後ろ過をするだけで純度の高い **4** の微結晶を 77％の収率で単離することに成功した[9]（スキーム 3)。様々なジアルデヒドとジケトンの組み合わせを替えることにより，ヘプタセンキノン（**5**）をはじめとする様々なポリアセンキノンが良好な収率で合成できる。高温高圧水中のアルドール反応は，さらに酸や塩基を加えると，反応初速度又は生成物の収率が向上する。この反応では，酸の添加では効果が認めらず，塩基の添加が有効なことから，イオン積の高い水の中の $^{-}$OH が寄与しているという反応機構に関する知見が得られた。ポリアセンキノン類は電子受容体として，またこれらの還元反応で得られる縮合多環芳香族炭化水素ポリアセンは移動度の高い電子を

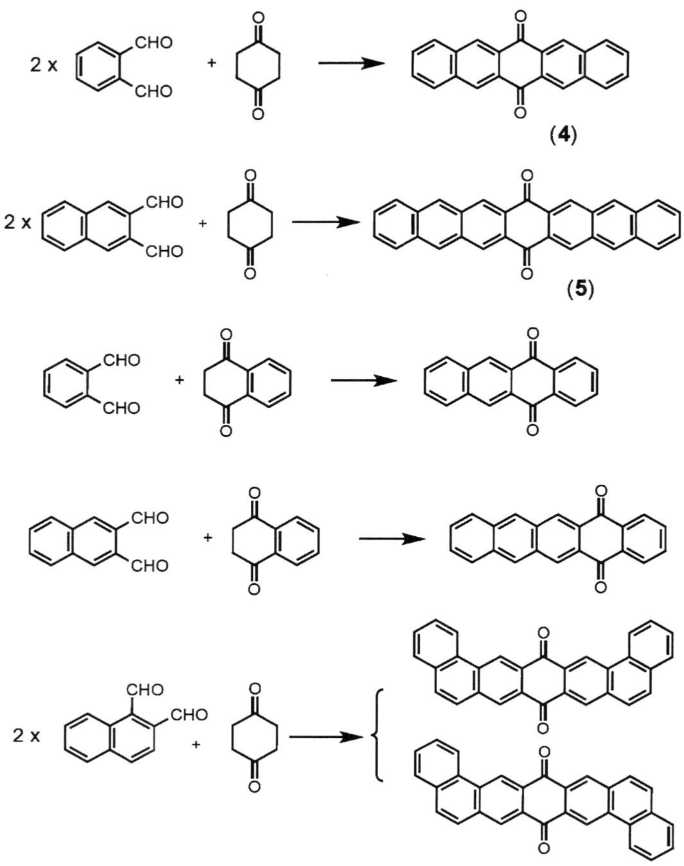

スキーム 3　交差アルドール縮合によるポリアセンキノン類の合成

もつ供与体として，有機エレクトロニックス材料にまた有機 EL 材料として広い需要がある。

3. 4. 4　Michael 反応

1-フェニル-2-プロピン-1-オン（**6**）は，DMF 中，塩基触媒ジエチルアミンを用い 3 時間加熱還流することにより 57％の収率で 1,3,5-トリベンゾイルベンゼン（TBB）を与える[10]。田中らは，酸塩基触媒を添加しない水中で，200℃，7 分で 65％，150℃，60 分で 74％の収率で TBB が得られることを発見した[11]。より高温，例えば 370℃，5 分では，初速度は増大するものの収率は 30％に低下し，エントロピー的に有利と考えられる副反応生成物アセトフェノンが 72％も得られてしまうことから，OH^-の共役付加に始まりベンゾイルアセトアルデヒド（エノール型 **7**）を分岐点とする反応機構を明らかとした（スキーム 4）。またこの反応機構に基づくと，非対称置換 1,3,5-トリアロイルベンゼンの合理的な合成が可能となる。すなわち，**6** と *p*-トルオイルアセトアルデヒドのナトリウム塩（**8**）を 2～3.5：1 の物質量比で水中 150℃，2 時間反応させると，1,3-ジベンゾイル-5-トルオイルベンゼン（**9**）が 27-57％の収率で得られる[5]（スキーム5)。

一置換アセチレンR-C≡CHの三量化反応としては，従来NiやCoカルボニル触媒を使う高圧反応（Reppe反応）やZiegler型の触媒を使う反応が用いられてきたが，1,2,4-置換体も生成し，1,3,5-三置換ベンゼンの位置選択的合成法には本法が極めて優れている。TBB及び類縁体は，有機リン光材料，超高スピン有機物質[12]，デンドリマー，MOF原料として多くの用途が広がっている。1-フェニル-2-プロピン-1-オン（**6**）類縁体のMichael付加環化反応，それも高温高圧水中の反応の発展がおおいに期待される。

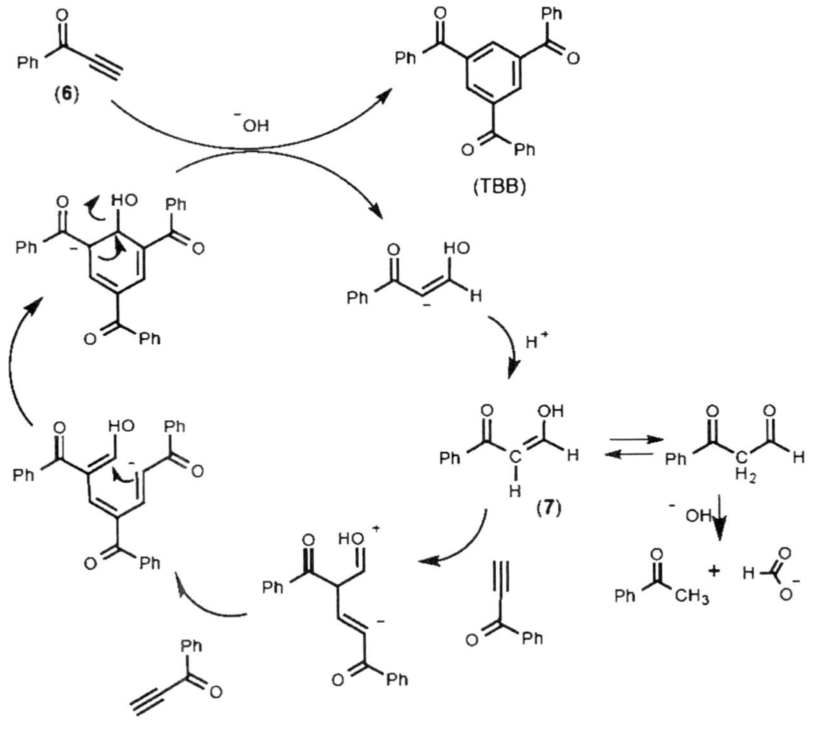

スキーム4　1-フェニル-2-プロピン-1-オン（**6**）環化三量化による1,3,5-トリベンゾイルベンゼン（TBB）の生成とその反応機構

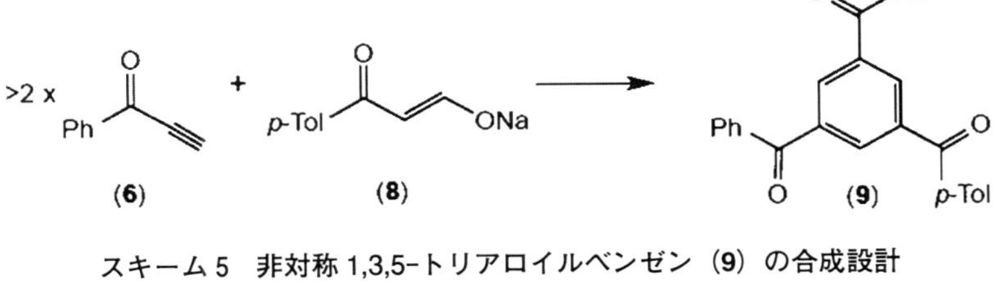

スキーム5　非対称1,3,5-トリアロイルベンゼン（**9**）の合成設計

3. 4. 5 高温における反応の加速と選択性の低下

高温高圧水中の反応では，高温による熱加速と選択性の低下を避けることはできない。活性化エネルギーE_a＝100 kJ/molをもつある反応を取り上げ，温度T_1とT_2における反応速度定数k_1，k_2を比較すると，両者の比k_2/k_1はアレニウスの式を用いると式（1）となる。常圧の水の沸点または平均的な有機溶媒中での反応温度をT_1＝100℃として，水の臨界温度T_2＝374.15℃と比べると，後者で1万倍近く加速されることが分かる（反応のE_aが200℃以上に及ぶ広い温度範囲で一定という仮定には問題があり，あくまでも目安である）。

$$k_2/k_1 = \exp[(E_a/R)(1/T_1 - 1/T_2)]$$
$$= \exp[(100\times10^3/8.314)(1/373.15 - 1/647.30)] = 10^{3.95} \quad (1)$$

2種の生成物を与える平衡反応では，両者の生成比は速度定数の比k_4/k_3で与えられる（頻度因子Aは等しいと仮定する）。

$$k_4/k_3 = \exp[E_a{}^3 - E_a{}^4/RT] \quad (2)$$

25℃で比べると，わずかΔE_a＝5.4 kJ mol^{-1}の活性化エネルギーの差があれば90：10の生成比を得る。また，ΔE_aをこの値に固定して反応温度の影響を見ると，選択性は低温ほど優れており，ドライアイス温度（－78.5℃）で反応を進めることができれば生成比は理論上97：3に向上するが，逆に同じ反応の選択性が水の臨界温度では，73：27にまで低下する。キラル合成のように平衡反応の場合は，1万倍の加速を取るか高い選択性を取るかの板挟みとなる[13]。

3. 4. 6 Diels-Alder反応

1980年Breslowらは，Diels-Alder反応を室温水中で行い，シクロペンタジエンとブテノンの反応（スキーム6）が，イソオクタン中よりも730倍早いことを報告した[14, 15]。酵素反応の多くが水中の温和な条件で進行するものの，この活性中心は意外に疎水的であるという発想から始まった研究である。疎水性の2種の基質を水に入れると，疎水性相互作用により両基質は凝集する。水の凝集エネルギー密度（表面張力と言ってもよい）は大きく，2種の疎水性の基質と水の接触面積を減少させる。従って負の活性化体積を持つ反応を加速させる。炭化水素でも水に対する溶解度が10 mMほどある場合，そうでなくとも疎水性分子に親水性の基がついていると，室温でも水中で反応は加速される。

高温高圧水中でもDiels-Alder反応は加速され収率が上がっているが，水の表面張力は温度と

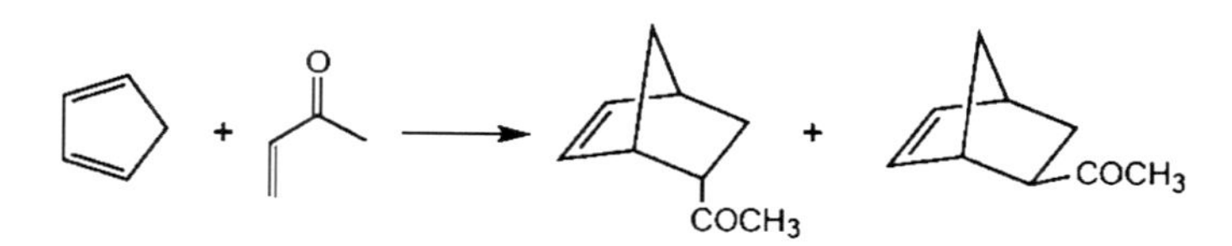

スキーム6　シクロペンタジエンとブテノンのDiels-Alder反応

共に減少し臨界点ではゼロとなるので，上記の機構による水中の加速効果は期待できない。実験結果は，水に対する基質の溶解度の増大と，3.4.5で述べた熱加速及び立体選択性の低下で説明できると考える[13, 16]。

文　　献

1）Comisar, C. M. and Savage, P. E., “Kinetics of crossed-aldol condensations in high-temperature water”, *Green Chem.*, **6**, 227-231（2004）
2）Akiya, N. and Savage, P. E., “Roles of water for chemical reactions in high-temperature water”, *Chem. Rev.*, **102**（8）, 2725-2750（2002）
3）Alaimo, P. J., Marshall, A.-L., Andrews, D. M. and Langenhan, J. M., “1,3,5-Triacetylbenzene”, *Org. Synth.* **87**, 192-200（2010）
4）Franck, R. L. and R. H. Varland, “1,3,5-Triacetylbenzene”, Org. Synth., Wiley, New York, 1955; Collect. Vol. III, 829-830
5）Iwado, T., Hasegawa, K., Sato, T., Okada, M., Sue, K., Iwamura, H. and Hiaki, T., “Mechanistic and exploratory investigations into the synthesis of 1,3,5-triaroylbenzenes from 1-aryl-2-propyn-1-ones and 1,3,5-triacetylbenzene from 4-methoxy-3-buten-2-one by cyclotrimerization in hot water in the absence of added acid or base”, *J. Org. Chem.*, **78**, 1949-1954（2012）
6）稲葉崚一郎，佐藤敏幸，岡田昌樹，岩村秀，日秋俊彦，“高温高圧水を反応溶媒とした1,3,5-トリアセチルベンゼンの連続合成”，日本大学生産工学部第48回学術講演会講演概要（2015）
7）Ried, W. and Anthofer, F., “Einfache synthese für pentacen-6,13-chinon”, *Angew. Chem.*, **65**, 601.（1953）
8）Bruckner, V., Karczag, A., Kormendy, K., Meszaros, M. and J. Tomasz. “Einfache synthese des pentacens” *Tetrahedron Lett.*, **1**, 5-6（1960）
9）Sawada, T., Nakayama, S., Kawai-Nakamura, A., Sue, K., Iwamura, H. and Hiaki, T. “Synthesis of polyacenequinones via crossed aldol condensationin in pressurized hot water in the absence of added catalysts”, *Green Chem.*, **11**, 1675-1680（2009）
10）Iwamura, H. and Matsuda, K., “Modern Acetylene Chemistry” in Stang, P. J. and Diederich, F.（eds）, VCH, *Weinheim*, 385-414（1995）
11）Tanaka, M., Nakamura, K., Iwado, T., Sato, T., Okada, M., Sue, K., Iwamura, H. and Hiaki, T. “One-pot synthesis of 1,3,5-tribenzoylbenzenes by three consecutive Michael addition reactions of 1-phenyl-2-propyn-1-ones in pressurized hot water in the absence of added catalysts”, *Chem. Eur. J.* **17**, 606-612（2011）
12）Matsuda, K., Nakamura, N., Takahashi, K., Inoue, K. Koga, N. and Iwamura, H. “Design, synthesis, and characterization of three kinds of π-cross-conjugated

hexacarbenes with high-spin (S＝6) ground states", *J. Am. Chem. Soc.* **117**, 5550-5560 (1995)
13) 岩村　秀, "高温高圧水を反応溶媒とした有機合成", 分離技術, **41** (6), 373-376 (2011)
14) Breslow, R., "Hydrophobic effects on simple organic reactions in water." *Acc. Chem. Res.*, **24** (6), 159-164 (1991)
15) Rideout, D. and Breslow, R., "Hydrophobic acceleration of Diels-Alder reactions.", *J. Am. Chem. Soc.*, **102** (26), 7816-7817 (1980)
16) Iwamura, H., Sato, T., Okada, M., Sue, K. and Hiaki, T., "Organic Reactions in Sub- and Supercritical Water in the Absence of Any Added Catalyst", *J. Res. Inst. Sci. Tech, Nihon Univ.*, **132**, 1-9 (2014)

3. 5 エステル化・アミド化反応

長尾育弘[*1]，川波　肇[*2]

3. 5. 1 はじめに

カルボン酸誘導体とアルコール，フェノール，又は，アミン類との縮合反応（エステル化・アミド化）は，有機合成化学における最も重要な反応形式の一つである（図 1)。その名の示す通り，カルボン酸エステルやカルボン酸アミドの合成に，古くから利用されてきた（図 1 (a))[1)]。一方で，エステル化・アミド化反応は，イミダゾールやオキサゾール，チアゾール等の縮合系環状分子の合成にも活用され（図 1 (b))，脱水縮合による閉環反応前段階において鎖状分子骨格を構築する上で起点となる反応である[2, 3)]。エステル・アミド分子骨格，および，イミダゾールはじめ上述の縮合系環状分子骨格は，医薬品[4)]，機能性材料[5)]，生理活性物質[6)]，および，それらの候補化合物等，実に様々な分子にあまねく含有されている。従って，化学実験室における研究開発から化学工業における製造に至るまで，あらゆる局面で活用されるからである。

本稿では，亜臨界水・超臨界水の特徴を活かしたエステル化・アミド化反応の例を紹介する[7)]。まず，3.5.2 において，亜臨界水中での鎖状エステルおよびアミドの合成について述べる。続いて，3.5.3 では，亜臨界水・超臨界水中でのアミド化を経由する縮合系環状分子の合成について述べる。

3. 5. 2 鎖状エステル・アミドの合成

(1) 鎖状エステルの合成

エステル化合物を合成する手法として，カルボン酸無水物を用いるアルコール類およびフェノール類の O-アシル化反応がある（式 1)。従来から種々の反応系が開発されてきたが，それら

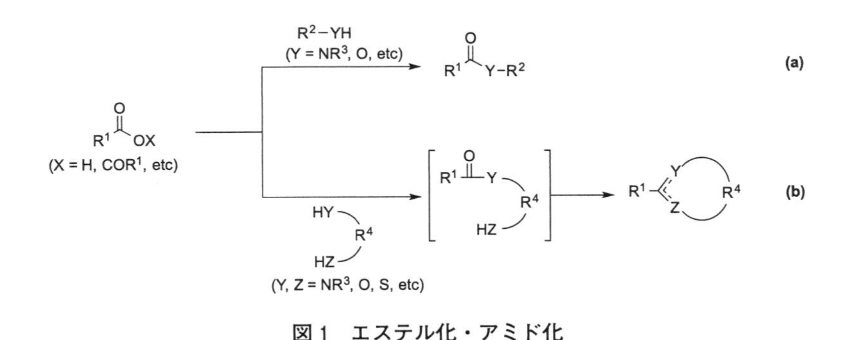

図 1　エステル化・アミド化

＊1　Ikuhiro Nagao　（国研）産業技術総合研究所　化学プロセス研究部門
マイクロ化学グループ
＊2　Hajime Kawanami　（国研）産業技術総合研究所　化学プロセス研究部門
マイクロ化学グループ　グループ長

の例の多くは，$Sc(OTf)_3$，Me_3SiOTf，$In(OTf)_3$ 等のルイス酸触媒の添加を必要とすることや，過剰当量のカルボン酸無水物を使用することを特徴としている。一方，亜臨界水中にて反応を行うと，触媒無添加条件において，小過剰量のカルボン酸無水物により，迅速にアシル化反応を達成できることが報告されている[8]。なお，本報告例においては，独自のマイクロフローリアクターが活用されており，目的生成物であるエステル化合物の高温高圧水中における加水分解の併発を巧みに抑制した例となっている。

$$R^1C(=O)OC(=O)R^1\ (\mathbf{1}) + R^2\text{-}OH\ (\mathbf{2}) \longrightarrow R^1C(=O)O\text{-}R^2\ (\mathbf{3})$$ （式 1）

例えば，無水酢酸（1.1 当量）とベンジルアルコールとの反応を，温度 200℃，圧力 5 MPa にて実施すると，反応処理時間 10 秒以下にて，目的生成物であるベンジルアルコールが収率 99％で得られる（図 2，表 1 の 1）。水を溶媒として導入しない場合やバッチ式反応器を使用した場合は，収率が大きく低下することが示されている（表 1 の 2，3）。本手法は，種々のアルコールおよびフェノール類に適用可能であり，様々なエステル化合物を迅速に合成できることが実証されている（表 1 の 4～8）。さらに，表 2 に示したように，ポリヒドロキシ化合物の O-アシル化反応が，高位置選択的かつ高収率で進行することも示されており，興味深い。

(2)　鎖状アミドの合成

カルボン酸無水物によるアミン類の N-アシル化は，ルイス酸触媒やカップリング縮合剤等を必要としないため，アミド化合物を合成するための簡便なアプローチの一つである（式 2）。マイクロフローリアクターを用いて，水中にて，アミン類の N-アシル化を達成した例が報告されている（表 3）[9]。この手法では，ほとんどの反応基質において，常温常圧付近の比較的温和な条件下，円滑に反応が進行している。一方，立体的・電子的効果により N-アシル化がとりわけ困

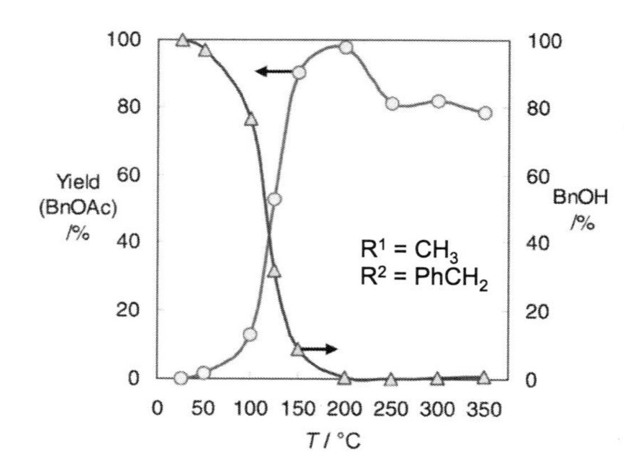

図 2　ベンジルアルコールの O-アシル化反応
（文献 8 より引用）

表1　アルコール・フェノール類のO-アシル化[a]

番号	アルコール・フェノール類（**2**）	生成物（**3**）	収率（%）
1	Ph OH	Ph OAc	99
2[b]			88
3[c]			17
4	O OH	O OAc	96
5	OH	OAc	82
6[d]			97
7	Me Me OH Me	Me Me OAc Me	94
8	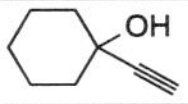 OH	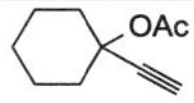 OAc	86

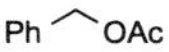

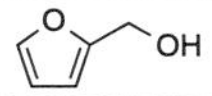

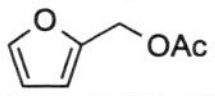

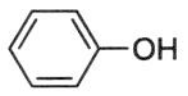

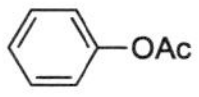

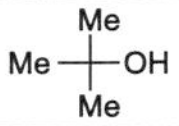

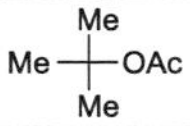

[a] Ac_2O（1.1 eq），T=200℃，p=5 MPa，t=9.9 s。[b] 水を溶媒として加えない場合。[c] バッチ法；t=15 s。[d] T=250℃。

表2　アルコール・フェノール類の位置選択的O-アシル化

番号	アルコール・フェノール類	生成物		濃度（molkg-1）	転化率（%）	選択性（%）	
	（**2**）	（**3**）	（**3'**）			（**3**）	（**3'**）
1[a, b]	OH OH	OAc OH	OAc OAc	1.17	99	97	3
2[c]				0.25	100	7	97
3[a]	Me Me OH OH	Me Me OH OAc	Me Me OAc OAc	1.47	93	91	9
4[c]				0.31	99.9	0.1	99.9

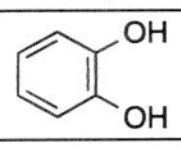

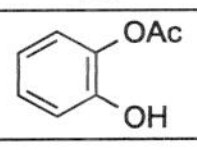

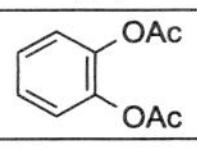

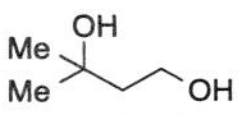

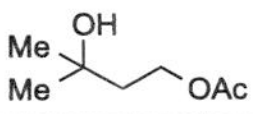

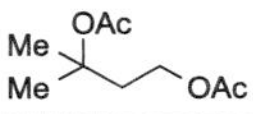

[a] Ac_2O（1.1 eq），200-225℃，5 MPa，5.5 s。[b] AcOH（0.5-1.0 eq）を添加。[c] Ac_2O（2.2 eq），225℃，5 MPa，9.9 s。

難な反応基質においては，亜臨界水（150℃，5 MPa）を適用すると効果的であることが示されている（表3の3）。

$R^1C(O)OC(O)R^1$ (**1**) + R^2R^3N-H (**4**) ⟶ R^2R^3N-$C(O)R^1$ (**5**)　　（式2）

3. 5. 3　アミド化を経由する縮合系環状分子の合成

続いて，本項では，亜臨界水・超臨界水中でのアミド化を経由する縮合系環状分子合成の例として，1,2-ジアミノアレーンと種々のカルボン酸誘導体との反応によるベンズイミダゾール誘導体の合成について紹介する（図3（a）～（c））。

（1）　カルボン酸を用いるベンズイミダゾールの合成

Garcia-VerdugoおよびPoliakoffらは，カルボン酸と1,2-ジアミノアレーンとの反応を報告している（図3（a））[7]。例えば，カルボン酸として安息香酸（6a）を，1,2-ジアミノアレーンと

表3　アミンのN-アシル化

番号	アミン（4）	生成物（5）	温度（℃）	圧力（MPa）	時間（s）	収率（%）
1[a]	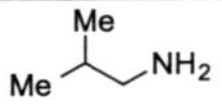	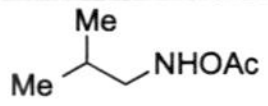	26	0.1	1.1	99
2[a]	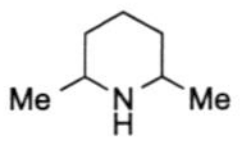	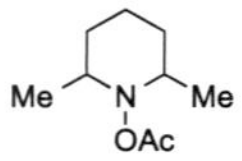	100	5	9.9	95
3[a]	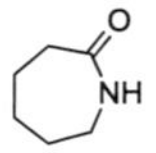	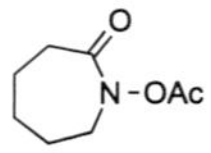	150	5	9.9	91
4[b]	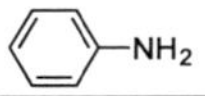	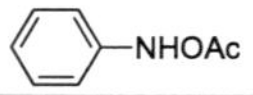	23	0.1	1.1	98

[a] Ac_2O（1.1eq）。[b] Ac_2O（1.1 eq），AcOH（3.3 eq）。

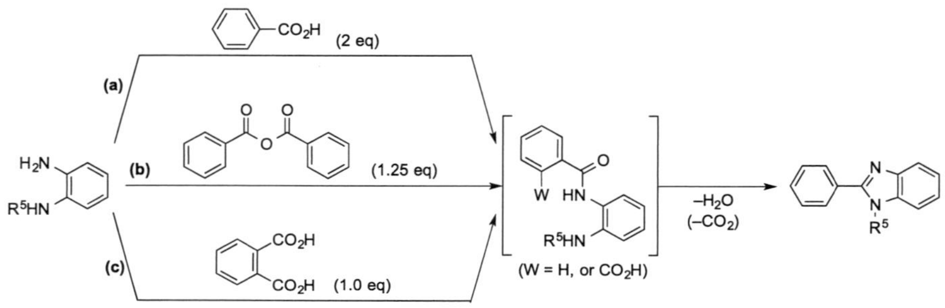

図3　亜臨界・超臨界水中でのベンズイミダゾールの合成

して1,2-フェニレンジアミン（7a）用いる反応について，詳細な検討結果が示されている（式3）。表4に反応の温度・圧力依存性について示した。温度100℃（圧力0.1 MPa）においては，目的物である2-フェニルベンズイミダゾール（8a）は全く生成しない一方，温度を徐々に昇温していくと350℃（圧力約21 MPa）において，収率は91%に向上する。一方，反応の溶媒依存性について表5に示した。エタノール，アセトン，ヘキサン，2-プロパノール，p-キシレンを溶媒として用いた場合が例示されているが，多くの場合，水を用いた結果と比較して収率が大幅に低下する（表5．番号1～6）。なお，本報告例においては，オートクレーブ反応器が活用されている。また，反応中に安息香酸の脱炭酸分解反応が進行するため，過剰当量（2当量）の安息香酸を用いる必要がある。本手法は，種々のベンズイミダゾール誘導体の合成に利用することができる。その代表例を図4に示した。

（式3）

表4　反応の温度・圧力依存性

番号	温度（℃）	圧力（MPa）	収率（%）
1[a]	100	0.1	0
2[a]	200	1.7	18
3[a]	250	4.5	28
4[a]	300	8.5	43
5[a]	350	17.8	71
6[b]	350	21.7	89
7[c]	350	20.9	91
8[a]	400	57.4	74

［a］2 h。［b］4 h。［c］14 h。

表5　反応の溶媒依存性[a]

番号	溶媒	圧力（MPa）	収率（%）
1	エタノール	8.9	4
2	アセトン	8.0	8
3	ヘキサン	5.7	42
4	2-プロパノール	10.7	64
5	p-キシレン	8.1	79
6	p-キシレン / 水	15.0	45
7	水	16.6	69
8[b]	水	16.4	82

［a］350℃，2 h。［b］4 h。

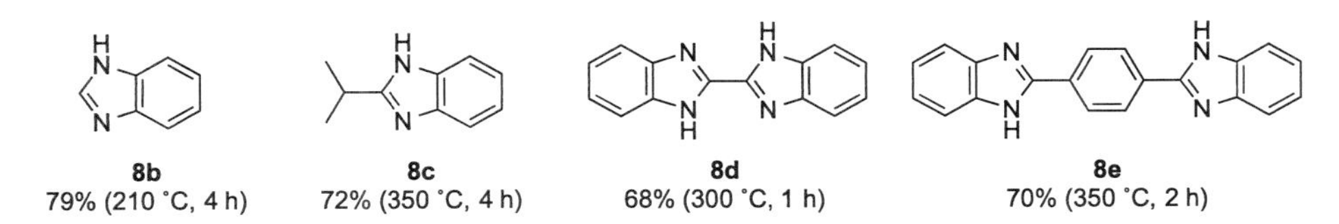

図4　ベンズイミダゾールの合成例

(2)　カルボン酸無水物を用いるベンズイミダゾールの合成

一方，筆者らは，カルボン酸無水物（1）および1,2-ジアミノアレーン（7）との反応を報告した（図3（b），式4）[10]。すでに述べたように，カルボン酸無水物による水中でのアミン類のN-アシル化は，温和な反応条件下，円滑に進行することがすでに報告されている（「(2)　鎖状アミドの合成」参照）。したがって，カルボン酸誘導体としてカルボン酸無水物を用いれば，反応の第一工程である分子間N-アシル化を効率よく達成できる利点が生じ，よって，ベンズイミダゾール誘導体をより迅速に合成できると考えた（なお，本手法においては，原理的に1当量のカルボン酸が副生する）。

$$\mathrm{R^1COOCOR^1}\ (\mathbf{1},\ 1.25\ \mathrm{eq}) + \mathbf{7} \longrightarrow \mathbf{8}$$ （式 4）

本反応系においては，マイクロフローリアクターを活用した。亜臨界～超臨界の水中にて（温度 340～445℃，圧力 25～45 MPa），反応時間 10 秒以下にて，種々のベンズイミダゾールを合成することができる。表 6 に，合成できるベンズイミダゾール誘導体の代表例を示した。なお，本手法は，ベンズイミダゾールのみならず，ベンズオキサゾールやベンズチアゾール等，他のベンズアゾールの合成にも活用でき，適用範囲の広い手法となっている。

反応の第二工程である脱水縮合環化過程の温度・圧力依存性を図 5 に示した。本反応基質においては，温度 375℃付近において，収率が極大値を与えることが特徴となっている。このことは，水のイオン積が当該領域において最大値を示すことと良い対照をなしており（図 6），高温

表 6　ベンズイミダゾールの合成例

番号	生成物	置換基	温度（℃）	圧力（MPa）	時間（s）	収率（%）
1	2-フェニルベンズイミダゾール（R⁶置換）	$R^6 = H$	445	35	2.26	98
2		$R^6 = Br$	400	25	1.77	>99
3		$R^6 = F$	400	40	5.55	>99
4		$R^6 = COPh$	445	45	3.87	>99
5		$R^6 = NO_2$	340	45	7.45	>99
6	1-Ph-2-(R⁷-フェニル)ベンズイミダゾール	$R^7 = H$	445	45	3.87	>99
7		$R^7 = OMe$	445	45	3.87	90
8		$R^7 = CF_3$	445	45	3.87	>99
9	2-(R⁸-フェニル)ベンズアゾール（Z）	$R^8 = H, Z = NMe$	400	25	1.77	>99
10		$R^8 = H, Z = O$	445	45	3.87	81
11		$R^8 = H, Z = S$	400	30	3.79	>99

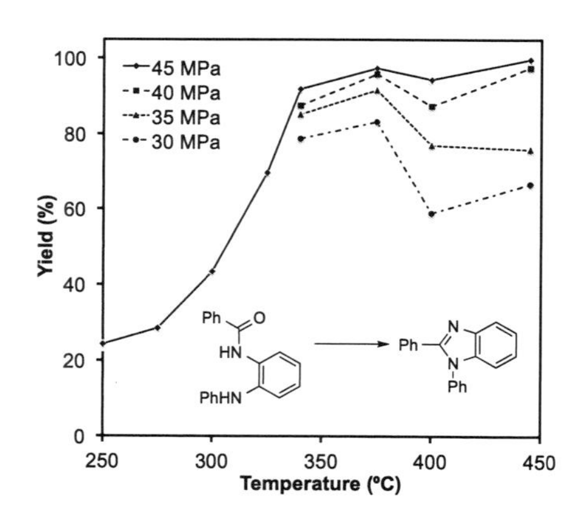

図 5　脱水縮合環化の温度・圧力依存性

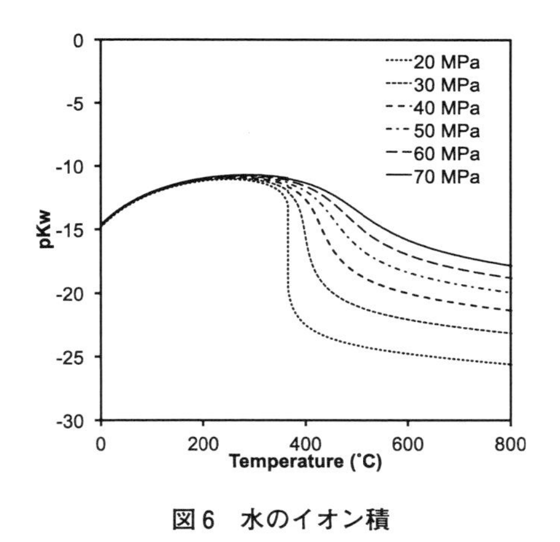

図６　水のイオン積

高圧水の酸・塩基触媒効果の発現であると考えられる。

(3)　ジカルボン酸誘導体を用いるベンズイミダゾールの合成

以上紹介したアミド化を経由するベンズイミダゾールの合成法は，いずれも亜臨界水・超臨界水の特徴を上手く活かした合成反応の例であり，しかも，反応収率や基質適用性の観点から優れた特徴を備えた手法となっている。一方で，すでに述べた通り，これらの手法では，1）過剰当量の反応基質を必要とする，2）副生成物が発生する等，依然として改良の余地が残されていた。筆者らは，最近，これらの問題を一挙に解決する新しい反応系として，ジカルボン酸誘導体を用いるベンズイミダゾール類の合成法を開発した（図３（c））[11, 12]。

フタル酸（9a，１当量）と1,2-フェニレンジアミン（7a）との反応を，オートクレーブ反応器を用いて行った（式５)。図７に示したように，温度375℃，圧力25 MPにて反応を実施する

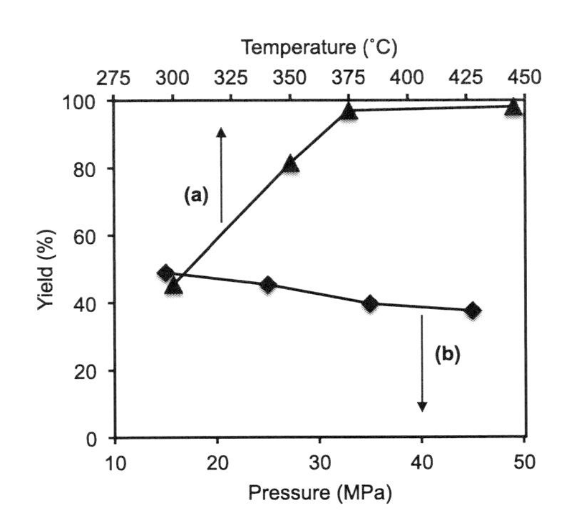

図７　フタル酸を用いるベンズイミダゾールの合成
(a) 25 MPa；(b) 300℃

と，収率97％で目的の2-フェニルベンズイミダゾール（8a）が得られる。この際，有機性副生成物は生じなかった。図8に想定反応機構を示した。反応系中において平衡により生成するフタル酸無水物（9a'）によって1,2-フェニレンジアミン（7a）のN-アシル化が速やかに進行し，続く分子内脱水縮合環化ならびに不可逆的脱炭酸によりベンズイミダゾール（8a）が生成していると考えられる。

9a + 7a → 8a （式5）

さらに，筆者らは，亜臨界水・超臨界水を用いる本手法を応用することにより，高分子化合物の合成にも成功している[11,12]。すなわち，スーパーエンジニアリングプラスチックスであるポリベンズイミダゾール樹脂を製造できることを明らかにしている（図9および10，表7）。水中にて非水溶性樹脂を合成した極めて珍しい例である。

3. 5. 4 おわりに

以上，亜臨界水・超臨界水を用いるエステル化・アミド化反応の例として，鎖状エステル・アミドの合成，および，ベンズイミダゾール誘導体の合成について，最近の進展とともに紹介した。従来から，これらの縮合系分子は，亜臨界水・超臨界水中において加水分解することが常識とされてきた一方，マイクロフローリアクター等現代の合成技術の活用や，反応機構に基づく合理的な反応設計の試みによって，その合成が着実に可能となってきている。水の「環境に優しく毒性の低い」特徴を考えると，亜臨界水・超臨界水を活用したこれらの合成法は，今後益々重要な技術となるに違いない。更なる進展に期待したい。

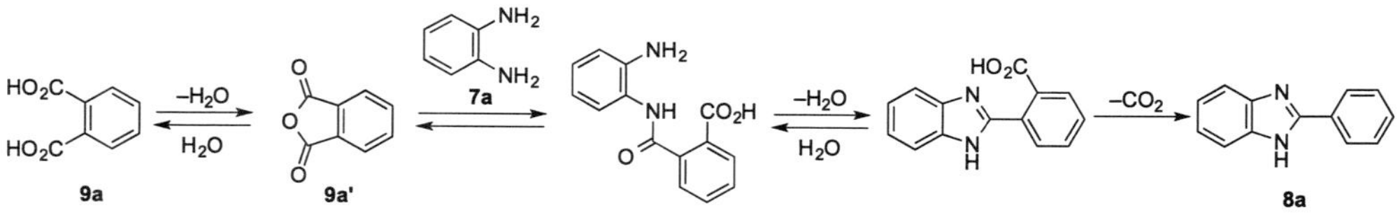

図8 反応機構

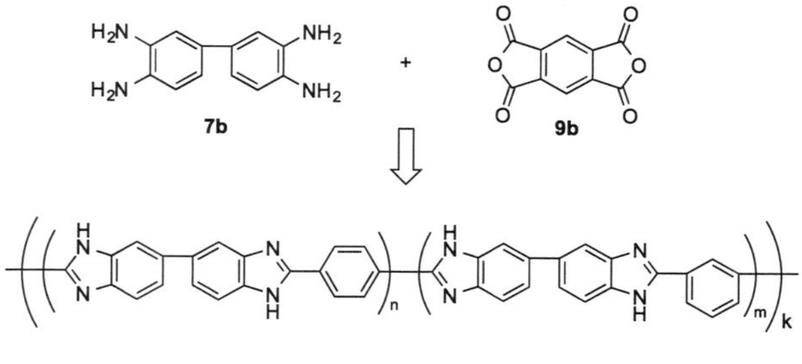

図9 ポリベンズイミダゾールの合成

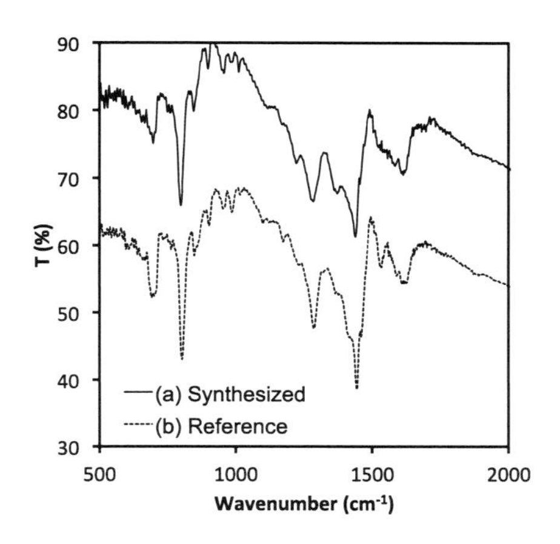

図 10　ポリベンズイミダゾールの IR スペクトル

表 7　ポリベンズイミダゾールの耐熱性

	重量減少温度（℃）			
	5%	10%	15%	20%
合成体	596	648	698	734
標品	593	635	684	723

文　　献

1）「ウォーレン有機化学　第二版　上・下」J. Clayden, N. Greeves 東京化学同人
2）"Heterocyclic Chemistry 5th Edition" J. A. Jourle, K. Mills, Wiley-Blackwell
3）「医薬品の合成戦略―医薬中間体から原薬まで」井澤 邦輔，林雄 二郎，福山 透，有機合成化学協会
4）「有機機能材料」荒木 孝二，高原 淳，明石 満，工藤 一秋，東京化学同人
5）「天然物合成で活躍した反応：実験のコツとポイント」有機合成化学協会
6）縮合系環状分子としてイミドの合成については，本章「3.3 超臨界水中におけるスクシンイミドの合成」を参照。
7）先駆的な一例として；L. M. Dudd, E. Venardou, E. Garcia-Verdugo, P. Licence, A. J. Blake, C. Wilson, M. Poliakoff, *Green Chemistry*, **5**, 187-192（2003）
8）M. Sato, K. Matsushima, H. Kawanami, Y. Ikushima, *Angew. Chem. Int. Ed.*, **46**, 6284-6288（2007）
9）M. Sato, K. Matsuhima, H. Kawanami, M. Chatterjee, T. Yokoyama, Y. Ikushima, T. M. Suzuki, *Lab Chip*, **9**, 2877-2880（2009）
10）I. Nagao, T. Ishizaka, H. Kawanami, *Green Chemistry*, **18**, 3494-3498（2016）
11）特願 2017-145534
12）I. Nagao, T. Ishizaka, H. Kawanami, *unpublished results.*

3. 6 酸・塩基・塩・均一系触媒を触媒に用いた反応

川波 肇*

本稿では，超臨界水を用いた反応の中でも，酸・塩基・塩・均一系触媒を触媒に用いた反応について幾つかの例を紹介する。既に第1編でも述べられているが，超臨界水を含む高温高圧の水は圧力・温度に応じて，誘電率や，pKw 値が大きく変わることから，超臨界水中での反応は，H^+，OH^-，$\cdot OH$ に関わる反応などに対して特徴的な傾向が見られる[1)]。また，水の臨界温度（374℃，22 MPa）が通常行われる有機反応の条件（常圧下，200℃以下が多い）と比べて厳しい条件であるため，合成に利用できないと考えられがちであるが，下記に紹介する反応は，超臨界水中でも一般的な有機反応と同様に取り扱うことができる[2)]。

3. 6. 1 超臨界水中での反応方法

前述の通り，超臨界水中でも多くの有機化合物を取り扱うことが可能である。特に無触媒の超臨界水中での反応は1990年後半から2010年頃までにかけて盛んに研究がなされており，以下に紹介する様に多くの反応が開拓されてきた。とは言え分光学的な手法を中心とした分析による報告も多く，実際の有機合成に用いられるかどうかは未知数である。即ち長時間で超臨界水中で行う反応は，374℃以上の高温であるだけに熱的に分解したり，加水分解を受けたり，縮合反応が起こったりと多種の反応が同時に起こってしまい，実際に反応の制御性を確保することが難しい。特に反応速度は，一般的に反応温度が高くなるほど速くなるため，1時間程度で終了するような反応でも，わずか数秒で終わってしまうことも多い[3)]。それに対して，最近では高温高圧マイクロリアクターを用いることでミリ秒オーダーでの急速昇温&急速冷却を行う反応制御が可能となり，この反応制御の精密性から，様々な有機反応を行うことが，可能となった[4)]。

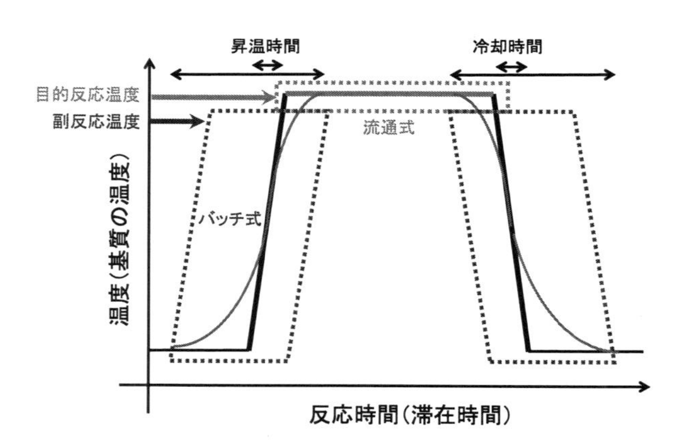

図1 フロー式とバッチ式での超臨界流体を含む高温高圧水中での反応温度変化のイメージ

* Hajime Kawanami （国研）産業技術総合研究所 化学プロセス研究部門 マイクロ化学グループ グループ長

その原理は，熱い高温高圧水と反応基質をマイクロリアクター内で急速に混合することで，混合後に互いの熱量に応じた温度にする現象で，この手法を反応基質の昇温に用いることで，急速昇温が可能となる。例えば，463℃，30 MPa の水を 33 g/min，15℃，30 MPa の水を 12 g/min で混合すると，混合後の水温は 400℃になるが，例えば内径 0.3 mm のマイクロ流路内では 270,000℃/秒と非常に高速で昇温される[5]。この現象によって，基質を一気に昇温させて超臨界水に溶解させ，反応を行うことができる。そして，オートクレーブなどで起こり得る加温時の副反応の抑制が限りなく可能となり，精密な反応を行うことができるようになる。現在は，この手法はフローケミストリーの一つとして整理されており，興味がある方は，そちらの方を参照されたい。

3. 6. 2　水和反応，脱水反応

媒体が水なだけに水が関与する反応が多数ある。ここでは，水分子の付加反応，そして水分子の脱離反応について代表的な例を挙げる。教科書でよく紹介される反応は硫酸を用いた分子間脱水反応と分子内脱水反応。温度が高いこともあり，分子内の脱水反応が進みやすい。水和反応，脱水反応に関しては，1990 年代後半に多くの報告例が見られる。例えば，エタノールは，短時間で脱水されエチレンに変換され[6]，またシクロヘキサノールは，シクロヘキセンに変換される[7]。更に乳酸を原料に用いた場合は，アクリル酸が得られることも知られている[8]。一方で，

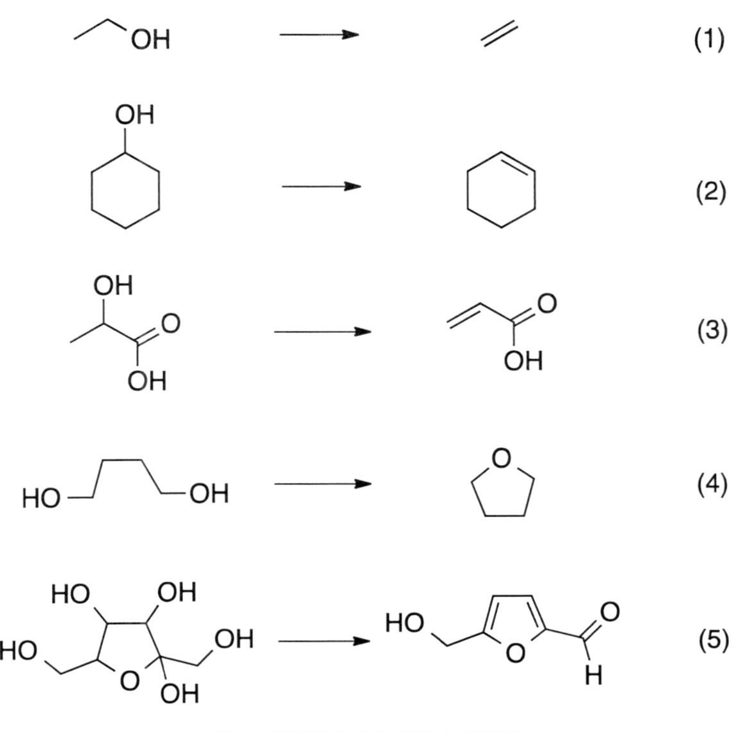

式 1　超臨界水中での脱水反応例

1,4-ブタンジオールは環化反応が起こり，テトラヒドロフランが得られることが知られている[9)]。さらにフルクトースからはヒドロキシメチルフルフラールが得られることも報告されている[10)]。これらの反応だが，脱水反応だけが起こるわけではなく，脱水反応を中心に起こり，一方で副生成物も多く存在することが課題である。即ち，脱水反応は無触媒でも超臨界水中では好適に起こりやすい反応であるものの，選択性等が良くなければ，そのまま各種合成反応に用いることができないので，注意が必要である。

一方で，水和反応または加水分解としてエステルの加水分解が古くから調べられてきた。エステルと言っても多種あるが，アセテート，フタレート，脂肪酸エステルなどが超臨界水中（23から 30 MPa，250 から 450℃），無触媒の反応条件で調べられている。その結果の一つとして，カルボン酸エステルの加水分解反応では，超臨界水中より亜臨界水中で活性化エネルギーが低い傾向があり，$A_{AC}2$ 反応機構で進むことが提唱されている。特に 350℃付近で加水分解収率が最大となることから，水の pKw と関連していることが言われている。また，各種酢酸エステルに対して，ベンジル基＞メチル基＞エチル基＞ブチル基の順に加水分解速度が速くなる傾向がある。ただし，最終的な平衡に達した時は，メチルアセテートが 88%，エチルアセテートが 98%，ブチルアセテートが 60%，ベンジルアセテートが 44%で得られ，それぞれの基質で平衡定数が異なる。なお，不飽和カルボン酸エステルは，脱炭酸が起こることも報告されている。

更にアセトニトリルなどのニトリルを超臨界水中（350℃から 450℃，28 MPa から 32 MPa）で反応させた場合，無触媒でも加水分解によって，最初に対応するアミドが生成し，次にアンモニアが脱離してカルボン酸へと変換される（式 3）。アセトニトリルの分解を行った場合，その活性化エネルギーは，圧力に従って低下することが分かり，高圧下での反応の方が速

式 2　エステル推定加水分解機構

$$\mathrm{R{-}C{\equiv}N} \longrightarrow \mathrm{RC(=O)NH_2} \xrightarrow{H_2O} \mathrm{RC(=O)OH} + \mathrm{NH_3}$$

式 3　ニトリルの水和反応

い傾向がある。また，置換基交換も調べられており，電子供与性基がある場合，反応が遅くなる。

3. 6. 3　不均化反応

不均化反応の例を示す。カルボニル化合物に対して通常強い塩基により進む反応としてアルドール反応と並んで，特に α-水素を持たない場合はカニッツアロ反応（不均化反応）が超臨界水中で起こる（式4)。ベンズアルデヒドを用いた場合，無触媒の低温（300℃以下，25 MPa）の水中では進まないが，超臨界水中（427℃，25 MPa）で進むことの報告がある。更にアセトアルデヒドでも同様の条件（400℃，38 MPa）で反応が起こることも報告されている。ここでは，単純にヒドロキシアニオンの攻撃で反応が起こるのでは無い反応メカニズムも提案されている[11)]。

3. 6. 4　ディールス-アルダー反応

ディールス-アルダー反応は，超臨界二酸化炭素中でも行われている。一方で，この反応に使う原料は水に解けないが超臨界水には溶解することから，超臨界水中での反応も調べられている。

ディールス-アルダー反応は，条件によってエンド反応とエキソ反応が起こるが，活性化体積がそれぞれで異なり，高圧下での選択性の違いがある。すなわち，エンド反応ではエキソ反応より活性化体積が小さい（約－2.5 ml/mol）ことが知られており，この違いでエンド／エキソの生成比が変わる。式5のケースでは，281℃の時で，生成比が1.3であったのに対し，375℃では3.0になると報告されている。なお，ディールス-アルダー反応の収率は定量的ではないが，比較的高い傾向にある[12)]。

3. 6. 5　転位反応

(1)　ピナコール-ピナコロン転位

高温高圧水，超臨界水の酸・塩基の効果が見られる反応として，ピナコール-ピナコロン転位の例を挙げる。無触媒の場合，300℃以下では反応はほとんど進まない。300℃以上になると，

O H → O OH + OH

式4　カニッツァロ反応

+ EtOOC → COOEt endo + COOEt exo

式5　ディールス-アルダー反応

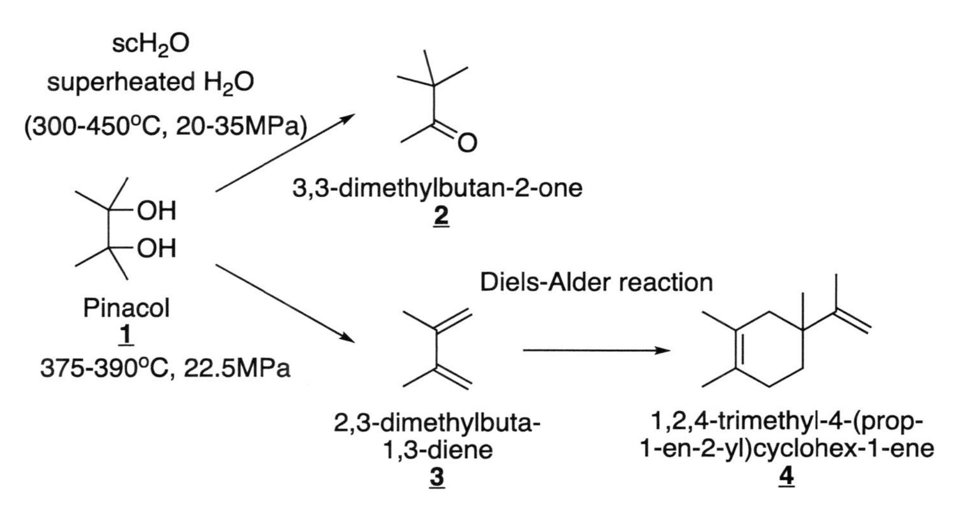

式 6　超臨界水中でのピナコール-ピナコロン転位反応

ピナコール-ピナコロン転位によりピナコロンが得られる一方で，375℃から 380℃で，22.5 MPa から 25 MPa のごく限られた範囲で式 6 に示した化合物 4 が主成分として得られる。反応機構は，最初に 2 分子の水が脱水反応を起こして，ブタジエン 3 が得られ，それがディールス-アルダー反応を起こして，化合物 4 が得られる[13]。

(2)　クライゼン転位

クライゼン転位は，古くはベンゼン環などの芳香族化合物に置換基を導入する方法として知られており，3,3-シグマトロピー転位の一つである。一般的に，熱的に反応が進み反応時間は長い(数時間を要する)。これを，式 7 で示した様な反応を超臨界水中で行うと 13.4 秒で反応が終わり，その反応液は，静置しておくと生成物と媒体の水が分離する（図 2)。なお，この反応は 2 段階の反応メカニズムで進むことがわかっており，実際の反応も，圧力は一定ながら温度を段階的に制御する必要がある。何れにしても，目的物は 98％の収率とほぼ 100％の選択率で，目的の化合物が得られる。なお，クライゼン転位と同時に Cope 転位も起こる。そしてクライゼン転位と類似の Johnson-Claisen 転位や，Eshenmoser-Claisen 転位などの反応にも適応できことがわかっており，芳香族化合物に置換基を導入する手法として有効である[14]。

3. 6. 6　コルベ-シュミット反応

超臨界二酸化炭素を用いたカルボニル化もあるが，高温高圧水中での芳香族化合物のカルボニル化も検討されている。Kolbe-Schmitt 反応を高温高圧水中で行った例であるが，この反応はレゾルシノールを用いている。実際に，フロー式，高温高圧水中（200℃，4 MPa）で反応を行うと，56 秒で目的物が得られる。また，270℃では 4 秒の反応時間で反応を行い，実際に生産を実証している。すなわち，1 L のオートクレーブを用いた場合，生産性は 0.02 t/hm^3 であるのに対して，18.2 t/hm^3 とフロー式の方が，1000 倍近い生産性の向上に繋がっている[15]。

Δ　H_2O　OH　O　H　OH　(1)

OH　+　EtO　OEt　H_3C　OEt　→　O　OEt　OEt　Me

→　O　OEt　=　O　OEt　→　O　OEt　=　OEt　O　(2)

OH　+　EtO　NMe_2　H_3C　OEt　→　O　OEt　NMe_2　Me

→　O　NMe_2　=　O　NMe_2　→　O　NMe_2　=　NMe_2　O　(3)

式７　クライゼン転位および類似の反応

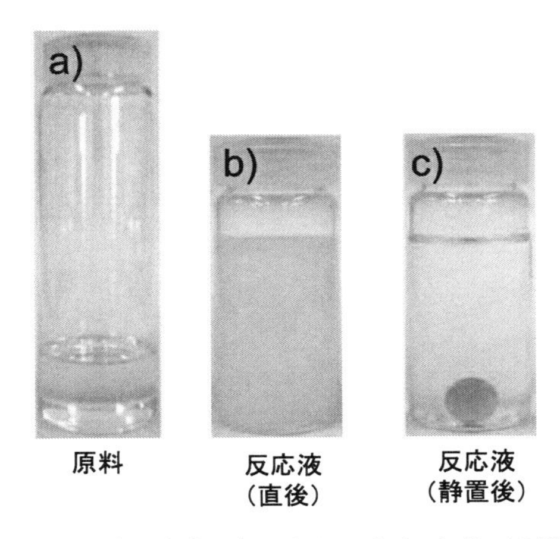

図２　高温高圧水中で行ったクライゼン転位での様子

$NaCO_3$

式 8　高温高圧水中での Kolbe-Shmidt 反応

3. 6. 7　ニトロ化反応

芳香族化合物のニトロ化は，混酸（硝酸＋硫酸）によるニトロ化法が実験室的にも工業的にも汎用的に用いられている。しかし，爆発性が比較的少ない混酸法でも，ニトロ化反応時に起こる激しい発熱制御は大変難しく，更に反応後に残った硫酸を中和する必要がある問題がある。これに対して，混酸を用いず高温高圧の条件下で硝酸のみによるニトロ化法を開発した。まず，硝酸のみによるニトロ化は反応装置の腐食の問題があったが，その問題は，耐硝酸性を有するチタンを，ステンレス，インコネルやハステロイなどの耐熱・耐圧性合金でカバーした構造を有するリアクターを開発することで実施可能となった（図 3)。

このリアクターを用いて高温高圧水-マイクロリアクターを用いて硝酸による芳香族のニトロ化を行なったところ，350℃，40 MPa の時に，ベンゼンからニトロベンゼンが，選択率 70％で得られた。またナフタレンの場合は，ニトロナフタレン（α-ニトロナフタレン：β-ニトロナフタレン＝94：6）が収率 91％で得られた（式 9)。ニトロ化生成物の比は混酸と異なる傾向にあった。

一方で，高圧条件ながら 100℃以下ではあるがニトロ化法も同時に行なっている。硝酸アセチルをニトロ化剤にしたニトロ化法で，爆発性が非常に高い硝酸アセチルを，高圧下で発生させることで効率的に合成を可能としている。なお，この合成法は，これまでの高温高圧でなく，低温であるために，ステンレスなどの容器の腐食が少ないので容易に合成できる。また，無水酢酸から酢酸 2 分子分が副生するが，収率は 98％から 100％近い値となる。

縦断面　　　　横断面

図 3　チタン内貼りニッケル系マイクロチューブリアクター

$$C_6H_6 \xrightarrow{NHO_3} C_6H_5NO_2 + H_2O$$

$$C_{10}H_8 \xrightarrow{NHO_3} C_{10}H_7NO_2 + H_2O$$

式9　芳香化合物の硝酸のみによるニトロ化

$$H_3C\text{-}CO\text{-}O\text{-}CO\text{-}CH_3 + NHO_3 \xrightarrow{-AcOH} H_3C\text{-}CO\text{-}ONO_2$$

$$R\text{-}C_6H_5 \xrightarrow{-AcOH} R\text{-}C_6H_4\text{-}NO_2$$

式10　硝酸アセチルを用いた芳香族化合物のニトロ化

3. 6. 8　均一系触媒を用いた超臨界水中での反応

均一系触媒の中でも一般的な錯体触媒を用いた超臨界水中での反応は，基本的に無いに等しい。すなわち，金属塩あるいは錯体を水溶液中に溶解させても超臨界水中では，加水分解などを受けて無機酸化物に変化するためである。なお無機酸化物の合成については，別途論文等を参照して頂ければと思うが，逆にこの性質を利用した無機微粒子の合成は，大変多くの研究例がある。

一方，数少ない均一系触媒を用いた反応として，炭素-炭素結合を作る際に一般的に用いられる錯体や塩を用いたクロスカップリングの例を紹介する。クロスカップリングの中でも，パラジウムを触媒とするクロスカップリングは，鈴木カップリング，溝呂木-ヘックカップリング，薗頭カップリングなどが良く知られており，有機溶媒中で行われることが多い。最近では水-有機溶媒の二相系や，溶解性のある有機溶媒を水に溶解させた水-有機溶媒均一相系での反応例が増えており，さらには水のみでの反応例も報告がある。何れも常圧下で行うので，100℃以下で行われる。

一方，高温高圧水あるいは超臨界水の溶媒特性の変化を利用したクロスカップリングを検討した我々の例を紹介する。薗頭カップリングでは，末端に水素を持つアセチレンとハロゲン化アリールとがパラジウムと銅により触媒され，炭素-炭素結合を作る反応である。X はハロゲン（I，Br，Cl）が主に使われる。我々は，塩化パラジウムのみを触媒として，高温高圧水中で，カップリングを行った。

その実験結果から 0.035 秒で 96%の収率，0.1 秒で 99%の収率で目的物のジフェニルアセチレンが得られた。パラジウムの触媒回転速度（TOF 値）は，$1.6\times10^{6}\ \mathrm{h}^{-1}$ と，一般的な有機溶媒を用いた場合より 10 万倍以上速い。また，媒体が水のため，目的物は容易に分離する。そしてパラジウムは，パラジウムブラックの形で回収可能であった。また，鈴木カップリング，溝呂木-ヘックカップリングでも同様に目的物が 0.1 秒～0.5 秒，80%～99%の収率で得られた。この様に，均一系触媒を用いた反応では，著しい時間短縮となり，目的物を連続的に収率良く得ることができる。課題は，均一系触媒の回収で，錯体触媒がほぼ完全に分解するため，そのまま再利用することができない点にある[16]。

一方，クロスカップリングに関して，パラジウムを固定化したマイクロチューブリアクターの開発も行っている。図 4 に示した様に，チタン上にパラジウムを担持させたチューブを作製して，反応を行った。結果，酸性条件下ではパラジウムが溶出するが，中性から塩基性条件では，溶出は無く反応することが認められた。すなわちカップリングは塩基性下で行われるので，パラジウムの溶出を考える必要なく反応を行うことができる。フェニルアセチレンとヨウ化ベンゼンによる園頭反応（式 11）を行った結果，1.6 秒で 83.5%の収率で目的物を得ることに成功した。本方法により原料を高温高圧水中に投入するだけで，目的物が得られることより，シンプルな反応システムが構築できる[17]。

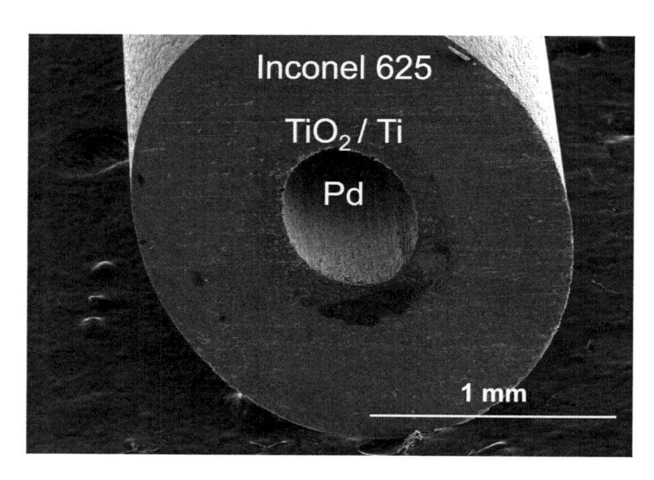

図 4　パラジウム担持マイクロチューブリアクター

$$\mathrm{R{-}C{\equiv}C{-}H} \;+\; \mathrm{X{-}C_6H_4{-}R'} \xrightarrow[\text{Cu cat.}]{\text{Pd cat}} \mathrm{R{-}C{\equiv}C{-}C_6H_4{-}R'}$$

式 11　園頭カップリング

3. 6. 9　おわりに

高温高圧を含む超臨界水を用いた各種有機合成反応について，これまでの研究例から，その一部を紹介した。その他の項でも，反応の詳細が記載されているので，参考文献と一緒に参照願いたい。ここに示した以外にも様々な基本的有機反応は，おおよそ超臨界水，高温高圧水中で行うことができると考えている。そのメリットは，高温高圧の特徴を生かして，短時間で反応を行うことができ，場合によっては特徴ある選択性があり，更には媒体が水なので，環境に優しい点が挙げられる。特に無触媒で進む反応は，触媒や酸・塩基の後処理が不要なので廃棄物が出ない点が，非常に大きい。ただし，今回挙げた反応等は，あくまで常温常圧でも出来る反応が高温高圧でも起こるということだけであり，本当に従来法を代替するためには，まだまだ課題が多くある。特に高温高圧の最大のデメリットである耐高温・高圧環境が必要なだけに，高価な部材が必要である点と，必要とされる圧力及び熱エネルギーの投入が必要である点が挙げられる。これらのデメリットは，高温高圧マイクロリアクターを用いることで，かつてに比べてそれほどの問題では無くなっているが，反応処理量や，反応後の後処理についての報告はほとんど無い。将来，実際の合成反応に用いるためにはこれらの課題が一つ一つ解決されるよう，鋭意検討を重ねて行ければと考えている。

文　献

1）a）P. G. Jessop and W. Leitner, *Chemical Synthesis Using Supercritical Fluids*, Wiley-VCH, Weinheim, 1999, p; b）H. Weingartner and E. U. Franck, *Angew. Chem. Int. Ed.*, **44**, 2672-2692（2005）; c）N. Akiya and P. E. Savage, *Chem. Rev.*, **102**, 2725-2750（2002）

2）P. E. Savage, *Chem. Rev.*, **99**, 603-622（1999）

3）V. Hessel, B. Cortese and M. H. J. M. de Croon, *Chem. Eng. Sci.*, **66**, 1426-1448（2011）

4）a）Y. Ikushima, K. Hatakeda, M. Sato, O. Sato and M. Arai, *Chem. Commun.*, 2208-2209（2002）; b）D. Bröll, C. Kaul, A. Krämer, P. Krammer, T. Richter, M. Jung, H. Vogel and P. Zehner, *Angew. Chem. Int. Ed.*, **38**, 2998-3014（1999）

5）鈴木明，川波肇，川崎慎一朗，畑田清隆，*Synthesiology*, **3**, 137-146（2010）

6）a）S. Ramayya, A. Brittain, C. DeAlmeida, W. Mok and J. Michael Jerry Antal, *FUEL*, **66**, 1364-1371（1987）; b）M. Antal, A. Brittain, C. DeAlmeida, S. Ramayya and J. Roy, *ACS Symposium Series*, **329**, 77-86（1987）

7）N. Akiya and P. E. Savage, *Ind. Eng. Chem. Res.*, **40**, 1822-1831（2001）

8）a）W. S.-L. Mok and J. Michael Jerry Antal, *J. Org. Chem.*, **54**, 4596-4602（1989）; b）C. T. Lira and P. J. McCrackin, *Ind. Eng. Chem. Res.*, **32**, 2608-2613（1993）; c）L. Li, J. R. Portela, D. Vallejo and E. F. Gloyna, *Ind. Eng. Chem. Res.*, **38**, 2599-2606（1999）

9) W. K. Gray, F. R. Smail, M. G. Hitzler, S. K. Ross and M. Poliakoff, *J. Am. Chem. Soc.*, **121**, 10711-10718 (1999)
10) M. Bicker, D. Kaiser, L. Ott and H. Vogel, *J. Supercritical Fluids*, **36**, 118-126 (2005)
11) Y. Ikushima, K. Hatakeda, O. Sato, T. Yokoyama and M. Arai, *Angew. Chem. Int. Ed.*, **40**, 210-213 (2001)
12) a) F.-Q. Meng, X.-J. Feng, W.-H. Wang and M. Bao, *Chinese Chem. Lett.*, **28**, 900-904 (2017); b) M. B. Korzenski and J. W. Kolis, *Tetrahedron Lett.*, **38**, 5611-5614 (1997); c) Y. Harano, H. Sato and F. Hirata, *Chem. Phy.*, **258**, 151-161 (2000); d) S. J. Halstead and Y. D. Huang, *Mol. Phys.*, **109**, 773-781 (2011)
13) Y. Ikushima, K. Hatakeda, O. Sato, T. Yokoyama and M. Arai, *J. Am. Chem. Soc.*, **122**, 1908-1918 (2000)
14) M. Sato, N. Otabe, T. Tuji, K. Matsushima, H. Kawanami, M. Chatterjee, T. Yokoyama, Y. Ikushima and T. M. Suzuki, *Green Chem.*, 11 (2009)
15) a) U. Krtschil, V. Hessel, H.-J. Kost and D. Reinhard, *Chem. Eng. and Tec.*, **36**, 1010-1016 (2013); b) V. Hessel, C. Hofmann, P. Lob, J. Lohndorf, H. Lowe and A. Ziogas, *Org. Process Res. Dev.* **9**, 479-489 (2005)
16) H. Kawanami, K. Matsushima, M. Sato and Y. Ikushima, *Angew. Chem. Int. Ed.* **46**, 5129-5132 (2007)
17) R. Javaid, H. Kawanami, M. Chatterjee, T. Ishizaka, A. Suzuki and T. M. Suzuki, *Chem. Eng. J.* **167**, 431-435 (2011)

3. 7 不均一系触媒—固体酸触媒を用いた水和・脱水反応—

秋月　信[*1]，大島義人[*2]

超臨界水，亜臨界水を用いた有機反応においては，水の溶媒特性を利用した均一系の反応が多く検討される一方，さらなる反応の促進や制御を目的として，不均一系触媒を用いた検討も盛んになされている。不均一系触媒の利用は，溶媒や生成物と触媒との分離が容易で触媒の再利用が可能という点で，低環境負荷な溶媒という超臨界水，亜臨界水の利点を損なわない反応制御手法であるだけでなく，その反応の速度や選択性は，単に触媒の物性のみで決まるのではなく，水の溶媒特性の影響を大きく受けることが特徴である。

超臨界水中の不均一系触媒反応は，古くから有機物質の分解を中心に，超臨界水酸化反応やガス化反応について多くの研究がなされている。触媒には高温高圧水中で安定な金属酸化物や複合酸化物，担持貴金属触媒が用いられ，典型的な反応温度は350～600℃と比較的高温であるが，均一系の同種の反応と比較すると低温で反応が進行する。これら反応については多くの総説[1~4]が報告されているため参照されたい。本稿では，有機合成において重要な酸・塩基触媒反応の報告例が多い250～450℃の温度域に焦点を当て，水和・脱水反応をはじめとした固体酸触媒反応について概説する。

3. 7. 1 オレフィンの水和反応

オレフィンの水和反応は，アルコールの工業的製法として重要な反応である。特に固体酸触媒を用いた直接水和反応では，従来の硫酸を用いた間接水和反応と比較して，プロセスの簡略化や環境負荷の低減が期待される。

本反応を超臨界水，亜臨界水中で行った場合に，温度と圧力に応じた水の溶媒物性の変化が，反応速度に大きく影響することが報告されている。Tomitaらは，$MoO_X/AlOOH$[5]，TiO_2[6]を触媒としたプロピレンの反応を検討し，水和生成物の2-プロパノールのみがほぼ生成することを報告している。この時，プロピレンの転化率は反応圧力と共に増加し（図1），また臨界温度近傍で極大を持つという特徴的な挙動を示す。その要因として水のイオン積（K_W）が触媒表面に与える影響が挙げられており，すなわちK_Wの大きい高圧や亜臨界条件では，触媒表面での水の解離が促進されることで，表面のH^+濃度が増加する（Brønsted酸量が増加する）ために反応速度が大きくなると説明がなされている。また表面H^+濃度とK_Wの関係について，金属酸化物表面での酸解離係数とゼロ電荷点の相関および熱力学的な関係式に基づくと，表面H^+濃度はK_Wの0.45次に比例すると予想されるのに対し，実験から求めたK_Wの依存性は$MoO_X/AlOOH$触媒で0.40次，TiO_2触媒で0.43次と妥当な値となることが報告されている。反応圧力の増加と共に水和反応の速度が増加する現象は，Yuanら[7]によるWO_X/ZrO_2を触媒とした亜臨界水中

＊1　Makoto Akizuki　東京大学　大学院新領域創成科学研究科　助教
＊2　Yoshito Oshima　東京大学　大学院新領域創成科学研究科　教授

のシクロヘキセンの水和反応においても報告されている。

著者ら[8,9]は，高級オレフィンである1-オクテンの水和反応について，TiO_2を触媒とした検討を報告している。高級オレフィンの場合，水和反応の他に炭素二重結合の異性化反応や生成したアルコールの脱水反応が進行するため，水和生成物の2-オクタノールが生成するだけでなく，2-オクテンなどのオクテン類やその水和生成物であるオクタノール類が副成する（図2）。また，各温度の反応速度定数についてアレニウスプロットを取ると，臨界温度近傍で傾きが変化し，反応機構が変化していることが示唆される（図3）。これは臨界温度近傍で水の密度が大きく変化

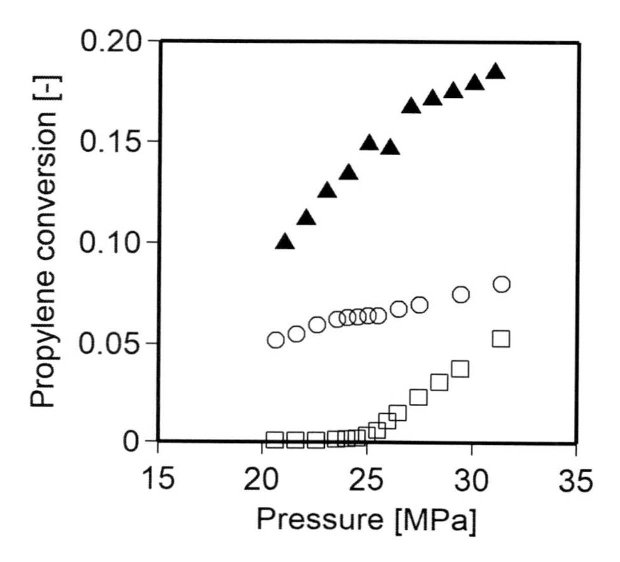

図1　プロピレン転化率の圧力依存性[5,6]

1 wt% MoO_X/AlOOH 触媒：（○）348℃，（□）380℃，TiO_2触媒：（▲）365℃

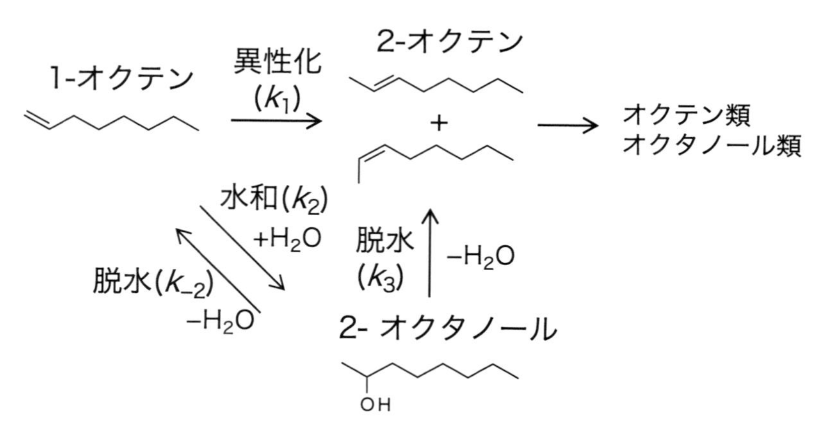

図2　1-オクテン，2-オクタノールの主要な反応経路

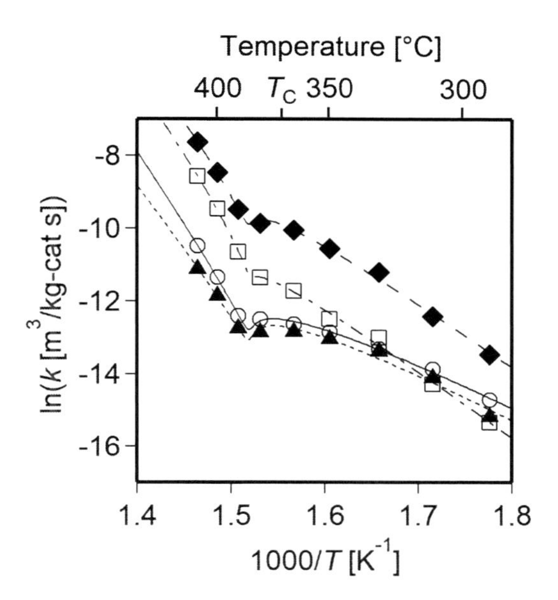

図３　1-オクテン系反応速度のアレニウスプロット（25 MPa，TiO_2 触媒）[9)]
（○）k_1（異性化），（▲）k_2（水和），（□）k_{-2}（脱水），（◆）k_3（脱水）

することが触媒表面の酸性質に影響するためと考えられ，水密度の大きい低温域では K_W が大きいことで前述の Brønsted 酸による反応が支配的になる一方，水密度の小さい高温域では触媒表面での水の解離が起きにくいため，TiO_2 表面の Lewis 酸による反応が支配的になり，臨界温度近傍で触媒の酸の種類の変化が起きていると考えられる。図３には，不均一系触媒反応において一般的な Langmuir-Hinshelwood 型の反応モデルに基づき，両酸種による反応に水密度と K_W が与える影響を考慮に入れた式で実験値を相関した結果を示すが，実験結果を良く再現出来ることが分かる。また，気相中の末端オレフィンの異性化反応では，触媒の酸の種類（Brønsted, Lewis）によって，生成物である 2-オレフィンの *cis/trans* 選択性が変化することが知られているが，本系における温度・圧力に伴う酸の種類の変化と 2-オクテンの *cis/trans* 選択性の変化が矛盾しないことが報告されている。

3.7.2　アルコールの脱水反応

アルコールの分子内脱水反応は，アルケンの合成手法として重要であり，またバイオリファイナリーへの期待の高まりから，単糖からのフラン類の合成をはじめとしたバイオマス由来の多価アルコールの化学変換においても注目されている反応である。

一価の第二級アルコールの脱水反応ではアルケンが生成する。Watanabe ら[10)]は CeO_2, ZrO_2，TiO_2，MoO_3 を触媒とした超臨界水中の 2-プロパノールの反応を検討し，脱水反応によってプロピレンが生成することを報告している。この時，塩基性を有する触媒では，脱水素反応によりアセトンが副生する。一方，高級アルコールである 2-オクタノールの脱水反応（図２）では，末端オレフィンである 1-オクテンと内部オレフィンの 2-オクテンが主生成物として得られる[9]。この時，脱水反応の速度は，特に高温域において逆反応の水和反応よりも大きく（図 3），脱水反応が発熱反応であるため高温で平衡論的に有利になることも相まって，高密度の水の存在下であるものの脱水反応が顕著に進行する。また第二級アルコールの脱水反応においても，前述した 1-オクテンの異性化反応と同様に，温度・圧力に応じた酸の種類の変化に伴って，2-オクタノールの脱水反応で生成する 2-オクテンの *cis*/*trans* 選択性が変化する。

三価アルコールであるグリセリンの脱水反応では，末端あるいは内部いずれの水酸基から反応が進行するかによって生成物が異なるため，脱水反応の選択性制御が重要である（図 4）が，この選択性に対しても触媒の酸の種類が大きく影響することが知られている。著者ら[11,12]は，TiO_2，WO_X/TiO_2 を触媒とした超臨界水中のグリセリンの反応を検討し，脱水反応の選択性が触媒種と反応圧力によって変化することを報告している（図 5）。TiO_2 触媒では，圧力増加と共に内部水酸基の脱水反応の選択性が増加しており，これは水のイオン積（K_W）が増加することで Brønsted 酸量が増加し，その寄与が大きくなったためと考えられる。一方，WO_X/TiO_2 触媒の場合，内部水酸基の脱水反応の選択性は TiO_2 触媒のそれと比較して大きく，また圧力によって変化しない。これは，価数の大きい W 酸化物表面では水の解離が起きやすいため，K_W の小さい低圧領域でも触媒が Brønsted 酸性を示すためと考えられる。ここで，工業的に有用な生成物であるアクロレインの収率に着目すると，TiO_2 触媒では，圧力の増加で脱水反応の選択性がアクロレイン生成に有利になる一方，3-ヒドロキシプロピオンアルデヒドからアセトアルデヒドとホルムアルデヒドが生成するレトロアルドール反応の寄与が大きいため，アクロレイン収率は高々一割程度となる。一方，WO_X/TiO_2 触媒では脱水反応の速度がレトロアルドール反応と比較して大きいため，W の担持量にも依存するものの最大で五割強の収率でアクロレインが生成する。

多価アルコールである単糖の脱水反応では，三分子脱水反応により，五単糖であればフルフラール，六単糖であればヒドロキシメチルフルフラール（HMF）が主要な生成物として生成す

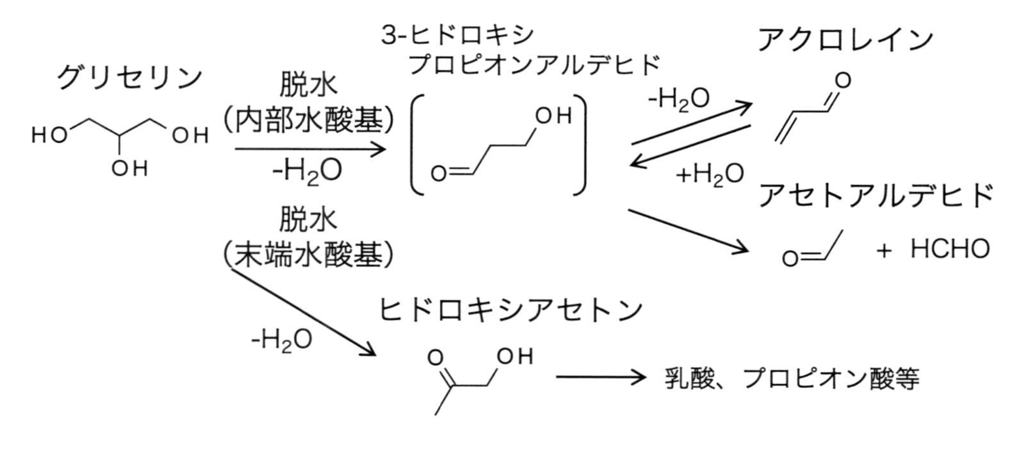

図 4　グリセリンの主要な反応経路

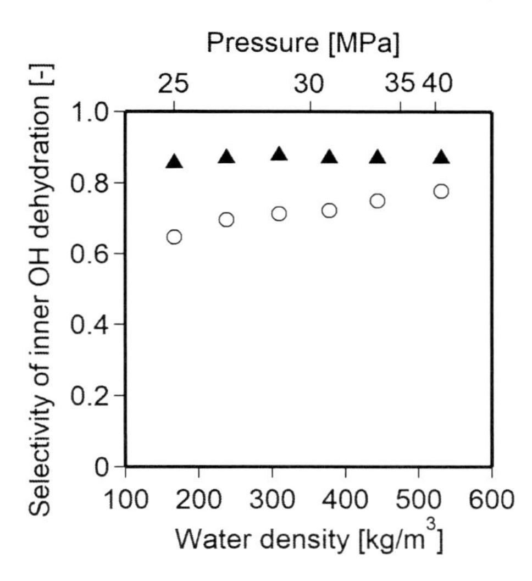

図5　グリセリンの内部水酸基脱水反応の選択性（400℃）[12)]
（○）TiO_2，（▲）5wt% WO_X/TiO_2

る。Chareonlimkun ら[13)]は TiO_2，ZrO_2，SO_4-ZrO_4 を触媒とした超臨界水，亜臨界水中のキシロースおよびグルコースの反応について検討し，触媒種の違いの他，触媒調製時の金属塩の種類や SO_4 ドープ量，焼成温度が触媒活性に大きく影響することを報告している。またグルコースの反応では，HMF への脱水反応の他に，フルクトースへの塩基触媒による異性化反応が主要な副反応として進行するため，触媒の酸性・塩基性の両方が選択的な合成に重要であることが報告されている[14)]。糖の固体酸触媒反応は，より低温（200℃以下）の熱水中において盛んに研究がなされており，詳細については総説[15)]等を参照されたい。

3. 7. 3　その他の固体酸触媒反応

多環式モノテルペンである α-ピネンの酸触媒による水和反応，異性化反応は，テルピネオールやモノテルペン類の合成手法として古くから研究がなされている。著者ら[16)]は，TiO_2，WO_X/TiO_2 を触媒とした亜臨界水中の α-ピネンの反応を検討し，主生成物は単環式のモノテルペン類であることを報告している。一方，同一の触媒によって気相中で反応を行うと，多環式モノテルペンのカンフェン等が多く生成し，亜臨界水中と気相中では生成物選択性が異なる。これには，亜臨界水中と気相中で触媒が示す酸の種類（Brønsted，Lewis）が違うことが影響していると考えられる。また，α-ピネンの反応は無触媒の亜臨界水中でも進行するが，無触媒系の場合も非環式モノテルペンのアロオシメンが生成するなど生成物選択性が異なり，本反応は亜臨界水と固体酸触媒を組み合わせることによって特徴的な生成物選択性が得られる好例と言える。

また Eom ら[17)]は，ZrO_2，Na-ZrO_2 を触媒とした超臨界水中のフェネチルフェニルエーテルの反応を水素存在下で検討し，ZrO_2 触媒では Lewis 酸点で反応が進行する一方，Na-ZrO_2 触媒では塩基点で反応が進行するため，生成物選択性（フェノール / スチレン，エチルベンゼン）が異なることを報告している。

3. 7. 4 超臨界水，亜臨界水中の固体酸触媒の活性と安定性

超臨界水，亜臨界水中の酸触媒反応によく用いられる金属酸化物とその特徴[5~14, 16, 18~20]を表1に示した。一般的に金属酸化物は構成金属の電気陰性度が大きいほど酸性が大きいことが知られているが，Watanabeら[21]はホルムアルデヒドの分解反応をモデル反応として，数種の金属酸化物（CeO_2，ZrO_2，TiO_2，MoO_3）が超臨界水中で示す酸・塩基性質の検討を行い，超臨界水中の酸・塩基性質も構成金属の電気陰性度の傾向と一致することを報告している。上記の報告からも分かるとおり，超臨界水，亜臨界水中の固体酸性質は水の溶媒特性の影響を受ける一方，触媒固有の酸性質の影響はもちろん大きく，気相の固体酸触媒反応で豊富に蓄積されている活性の知見が触媒の選定において有用である。

一方，超臨界水，亜臨界水中では，高温かつ高密度の水が存在するため，触媒の初期活性だけでなく，その安定性についても考慮することが重要となる。表1に示すように，金属種によっては水への溶解や構造変化が起きる場合があり，反応の種類や反応条件に応じて，金属酸化物単体を用いるだけでなく，複合化や担持によって活性や安定性の向上を検討することも必要となる。また特に亜臨界水は金属酸化物の結晶成長が起こりやすい場であり，触媒調製時に比表面積の大きい微粒子触媒や細孔を有する触媒を合成しても，反応時間の経過とともに比表面積が減少する場合があるため，触媒活性を検討する上で留意する必要がある。

また固体酸触媒の長時間の活性には，反応物質の重合によるコークの表面への生成も大きく影響する。ここで，超臨界流体を溶媒として用いることで，コークの前駆体を溶解することや物質移動過程を制御することが可能となり，触媒活性の低下を低減することが期待される[22]。超臨界水，亜臨界水中の固体酸触媒反応においても，亜臨界中のα-ピネンの反応において，気相中と比較して触媒へのコーク析出量が減少すること[16]や，超臨界水中のグリセリンの反応で，低圧と

表1 超臨界水，亜臨界水中の酸触媒反応によく用いられる金属酸化物[5~14, 16, 18~20]

金属種	Paulingの電気陰性度	使用形態の例*	安定性
Zr	1.33	ZrO_2,TiO_2-ZrO_2	水に溶解しない tetragonal相はmonoclinic相に変化
Ti	1.54	TiO_2,TiO_2-ZrO_2	水に溶解しない 高温など，条件によってはanatase相がrutile相に変化
Nb	1.60	Nb_2O_5, NbO_X/TiO_2	水に溶解しない
Al	1.61	AlOOH	γ-Al_2O_3はAlOOHに変化するが，ある程度の酸触媒活性を示す
Mo	2.16	MoO_3, MoO_X/AlOOH	亜臨界水中など，条件によってはMoが水に溶出
W	2.36	WO_3, WO_X/TiO_2, WO_X/ZrO_2	亜臨界水中など，条件によってはWが水に溶出 Moと比較すると溶解しにくい

*複合酸化物は“-”，担持触媒は“/”と記載。

比較して高圧条件で触媒へのコーク析出量が減少すること[19]が確認されている。

3．7．5　物質移動過程の反応速度への影響

超臨界水，亜臨界水中の不均一系触媒反応は，気相中の反応と比較すると溶媒の存在で反応基質の濃度を大きく出来，一方で液相中の反応と比較すると反応基質の拡散が速く，これらの特徴は物質移動過程が反応速度に与える影響を小さくすると期待されるが，その影響の有無や程度を見積もることは反応制御において重要である。

回分式反応器を用いて反応を行う場合，水と触媒の混合状態が反応速度に影響する可能性が考えられる。特に実験室レベルの検討で良く用いられるステンレス管製の回分式反応器を用いる場合，内容物の十分な撹拌が困難であるため，反応速度に関する議論を行う場合は注意が必要である。

固定床の流通式反応器を用いて反応を行う場合は，回分式反応器と比較して水と触媒の混合状態は良くなり，また水和反応や脱水反応を例に取ると，触媒外部表面の物質移動過程が反応速度に与える影響は十分に小さい。一方，触媒にミクロ～メソ細孔が存在する場合や表面反応の速度が大きい場合，触媒内部の物質移動過程が反応速度に影響を与える場合がある。図６には，超臨界水中の WO_X/TiO_2 を触媒としたグリセリン脱水反応について，触媒二次粒子の径を変化させた検討の結果を示す[12]。なお，横軸の W/F は，触媒充填量を体積流量で除した触媒反応における反応時間の指標である。グリセリンの転化率は粒子径の増加と共に減少し，これは細孔内の物質移動速度が反応速度と比較して小さく，粒径が大きいほど粒子内部のグリセリン濃度が低下するためと考えられる。ここで，見かけの反応速度を物質移動過程の影響がない場合の反応速度で除した触媒有効係数を，粒径と反応速度との関係から見積もると，それぞれ 0.87，0.65，0.46（順に粒径 0.18-0.30，0.30-0.50，0.50-0.71 mm）であり，表面反応の影響が大きいものの，特に粒径が大きい場合は物質移動過程の影響が無視できないことが分かる。また触媒有効係数は，

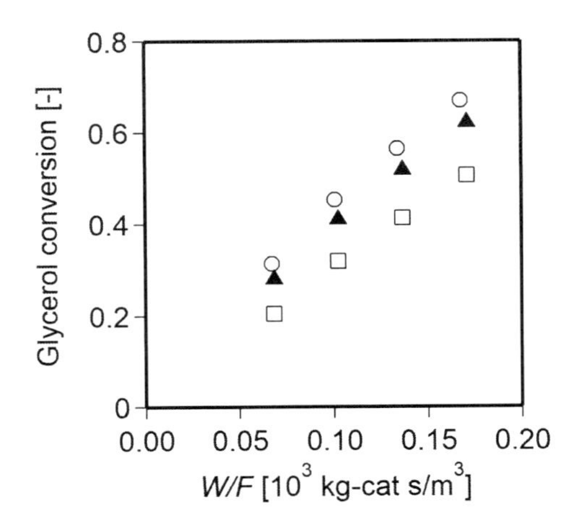

図６　グリセリン転化率の触媒二次粒子径依存性（400℃，25 MPa，5 wt% WO_X/TiO_2 触媒）[12]
粒径：（○）0.18-0.30 mm，（▲）0.30-0.50 mm，（□）0.50-0.71 mm

細孔内の拡散係数を推算することで各粒径の実験結果のみからも見積もることが出来る[23, 24]が，各粒径の有効係数はそれぞれ0.79，0.58，0.43と，粒径変化の実験から求めた値と近い値となる。このように，超臨界水，亜臨界水中の固体酸触媒反応における物質移動過程の影響も，気相中の不均一系触媒反応と同様に化学工学の標準的な手法で見積もることが可能である。

3. 7. 6 まとめ

本稿で取り上げた固体酸触媒反応の他にも，超臨界水，亜臨界水中の不均一系触媒に関しては固体塩基触媒反応などの検討が近年なされており，またCu_2Oを触媒とした亜臨界水中の安息香酸の脱炭酸反応[25]のように，水の特徴的な溶媒物性が不均一系触媒反応に影響する例も報告されている。有機合成において，亜臨界水，超臨界水の利用，また不均一系触媒の利用はそれぞれ環境負荷低減に向けたグリーンな技術として注目されているが，それらを組み合わせることで，本稿で紹介した水の特徴的な物性とその調節可能性を利用した固体酸触媒活性の制御のように，単なる組み合わせに留まらない高度な反応制御性を得られる可能性があり，今後種々の反応への利用が期待される。

文　献

1) Z.Y. Ding *et al.*, *Ind. Eng. Chem. Res.*, **35**, 3257 (1996)
2) P.E. Savage, *Catal. Today*, **62**, 167 (2000)
3) A. Kruse & H. Vogel, *Chem. Eng. Technol.*, **31**, 1241 (2008)
4) P. Azadi & R. Farnood, *Int. J. Hydro. Energy*, **36**, 9529 (2011)
5) K. Tomita *et al.*, *Ind. Eng. Chem. Res.*, **41**, 3344 (2002)
6) K. Tomita & Y. Oshima, *Ind. Eng. Chem. Res.*, **43**, 2345 (2004)
7) P.Q. Yuan *et al.*, *Catal. Commun.*, **12**, 753 (2011)
8) M. Akizuki *et al.*, *J. Supercrit. Fluids*, **56**, 14 (2011)
9) M. Akizuki & Y. Oshima, *J. Supercrit. Fluids*, **123**, 76 (2017)
10) M. Watanabe *et al.*, *Green Chem.*, **5**, 539 (2003)
11) M. Akizuki & Y. Oshima, *Ind. Eng. Chem. Res.*, **51**, 2253 (2012)
12) M. Akizuki & Y. Oshima, *J. Supercrit. Fluids*, **84**, 36 (2013)
13) A. Chareonlimkun *et al.*, *Fuel*, **89**, 2873 (2010)
14) M. Watanabe *et al.*, *Appl. Catal. A*, **295**, 150 (2005)
15) T. Wang *et al.*, *Green Chem.*, **16**, 548 (2014)
16) M. Akizuki & Y. Oshima, *Ind. Eng. Chem. Res.*, **56**, 6204 (2017)
17) H.J. Eom *et al.*, *Appl. Catal. A*, **493**, 149 (2015)
18) A. Chareonlimkun *et al.*, *Bioresour. Technol.*, **101**, 4179 (2010)
19) M. Akizuki *et al.*, *J. Supercrit. Fluids*, **113**, 158 (2016)

20） 秋月信，東京大学大学院修士学位論文（2010）
21） M. Watanabe *et al.*, *Appl. Catal. A*, **245**, 333（2003）
22） B. Subramaniam, *Appl. Catal. A*, **212**, 199（2001）
23） 化学工学会編，化学工学便覧（改訂七版），丸善（2011）
24） Y. Oshima *et al.*, *Ind. Eng. Chem. Res.*, **38**, 4183（1999）
25） Q. Zheng *et al.*, *Green Chem.*, **17**, 791（2015）

4　超臨界エタノール中でのキノリン環合成

竹林良浩*

4. 1　はじめに

アルコール類の臨界定数の値を表 1 に示す[1)]。臨界温度は 240℃前後，臨界圧力は 10 MPa 以下であり，水に比べて低い温度・圧力で超臨界状態にすることができる。超臨界状態のアルコール類は加溶媒分解能をもつとともに，アルキル基や水素の供給源としても働くことから，縮合系ポリマーのリサイクル[2)]や架橋の切断[3)]，エステル交換反応によるバイオディーゼルの合成[4)]，アルキル化や還元反応[2)]などにこれまで応用されてきた。

一方，これらの反応に限らずに一般の高温反応の溶媒として，亜臨界または超臨界状態のアルコール類やアセトニトリル，THF を含めたエーテル類，トルエンなどの有機溶媒を高温高圧下で利用する研究が近年盛んになってきている[5~7)]。これらの有機溶媒の多くは，常圧での沸点が 150℃以下であり，それ以上の高温では通常は溶媒として使用できない。しかし，各温度での蒸気圧あるいは臨界圧力以上の圧力をかければ，沸点以上の高温でも溶媒として利用できるようになり，反応温度と溶媒の選択の自由度が格段に広がる。特に反応温度が上げられると，反応の高速化ができる。さらに，マイクロリアクタと呼ばれる細い流路をもつ流通式反応装置と組み合わせると，安全かつ高速・精密に温度や反応時間を制御することも可能となる[5~7)]。

ここでは，超臨界エタノールをキノリン環の合成反応の溶媒として利用することにより，反応の効率化や溶媒の分離，速度論的な解析を容易にした例を紹介したい[8)]。

4. 2　キノリン環の合成反応

4-位にヒドロキシ基をもつキノリン類は，医薬品や色素の合成の際のビルディングブロックとして利用されており[9)]，図 1 に示す反応経路（Conrad-Limpach 反応）で合成されている[10)]。まず，アニリン **1** をアセト酢酸エチル **2** と脱水縮合させて中間原料 **3** とし，**3** を加熱するとエタノールが脱離するとともに環化してキノリン **4** が得られる。しかし，後段の熱環化反応には 250℃以上の高温を要するため，従来はジフェニルエーテルとビフェニルの混合物など特殊な高

表 1　アルコール類の臨界定数[1)]

	臨界温度 T_C（℃）	臨界圧力 P_C（MPa）	臨界密度 ρ_C（g/cm^3）	常圧沸点 T_b（℃）
メタノール	239.4	8.09	0.272	64.7
エタノール	240.8	6.14	0.276	78.4
2-プロパノール	235.2	4.76	0.273	82.6

＊　Yoshihiro Takebayashi　（国研）産業技術総合研究所　化学プロセス研究部門
階層的構造材料プロセスグループ　主任研究員

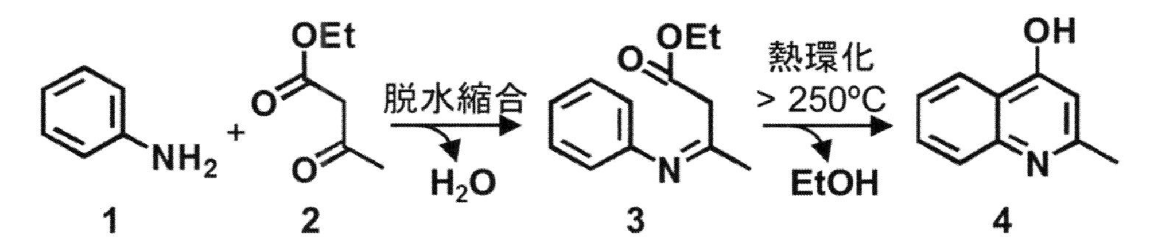

図 1　4-ヒドロキシキノリンの合成経路（Conrad-Limpach 反応）[10)]

沸点溶媒が必要であった[11)]。また，高い反応温度まで加熱するのに長時間を要するため，その間に副反応を生じる。以下では，これらの問題を，超臨界エタノールとマイクロリアクタを利用することで解決する。

4. 3　装置の構成

高温高圧溶媒中での熱環化反応を精密制御するために用いた流通型反応装置の構成を，図 2 に示す。原料 **3** の溶液をポンプ A から送液し，この溶液と予熱した溶媒を内径 0.3 mm の T 字ミキサ内で混合して反応を開始させる。溶媒はポンプ B から送液し，カートリッジヒータに巻き付けた配管内で予熱する。混合後の溶液は，オーブン内に設置されたステンレス製の反応管内を流通しつつ反応する。反応管の直前と直後での溶液の温度を，流路内に挿入した熱電対 T_1 と T_2 でそれぞれ測定できるようにしてあり，溶液温度 T_1 と T_2 がともに目的の反応温度に等しくなるように，予熱ヒータの温度 T_3 とオーブンの温度 T_4 を調整する。反応管を通過した溶液を急冷して反応を停止し，背圧弁で減圧して回収する。閉止バルブ SV_1～SV_3 は，それぞれポンプ A と B および反応管の漏れチェックに利用する。

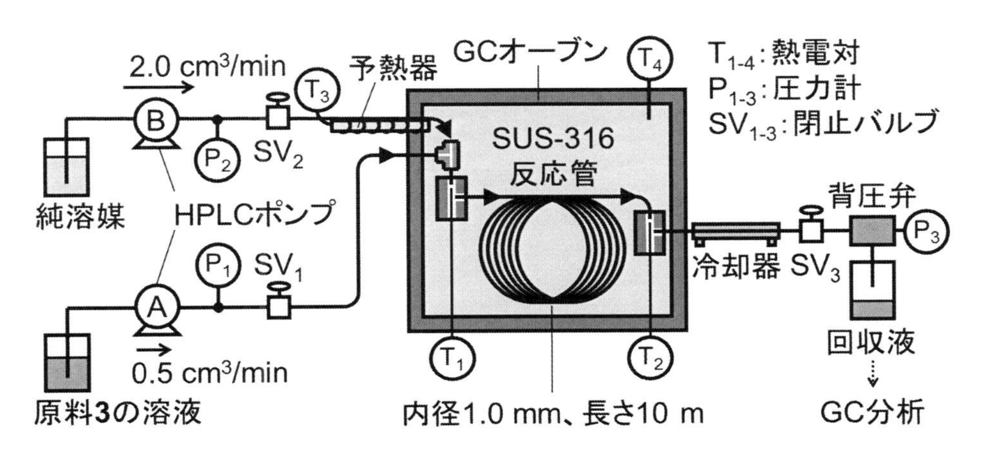

図 2　流通式反応装置の構成[8)]

4. 4 溶媒と温度の影響

まず，熱環化反応に対して溶媒の種類や温度が与える影響を調べた。温度は150℃から350℃まで定圧（10 MPa）で変化させた。このように定圧下で温度を上げると，熱膨張により溶媒の密度が低下するため，それに比例して反応管内での滞留時間が短くなることに注意が必要である。エタノールの密度については，377℃まで使用可能な状態方程式[12]が報告されており，それを用いて計算できる。エタノール以外の溶媒の状態方程式の所在については，NIST[13]やCoolProp[14]のホームページを参照されたい。図3に示すように，10 MPaで温度を150℃から350℃まで上げると，エタノールの密度は0.67 g/cm^{3}から0.11 g/cm^{3}まで低下し，反応部（8.1 cm^3）での滞留時間も164 sから27 sまで短くなる。

エタノール中での収率の温度変化を，アセトニトリル中と比較したものを図4に示す。アセトニトリル中では，200℃から原料**3**が反応を開始し，目的生成物**4**と副生成物**5**に転化する。温度を上げると生成物**4**の収率は単調に増加し，275℃で原料**3**が完全に消費されて，目的のキノリン**4**の収率が94%に達する。さらに350℃まで温度を上げると，キノリンの収率が97%まで増加する。これは副生成物**5**が減るためである。副生成物**5**は，混在する水により原料**3**がカルボン酸へと加水分解され，さらに脱炭酸反応を経て生成したと考えられるが，こうした副反応が温度を上げることで抑制される点が興味深い。

一方，エタノール中では，275℃以上でしか反応が起こらない。アセトニトリル中よりも高い温度が必要な理由としては，熱環化反応がエタノールの脱離をともなうのに対して，溶媒のエタノールが逆反応を促進する（脱離を阻害する）ことが考えられる。しかし，温度を350℃まで上げれば，原料**3**が完全に消費され，キノリン**4**が97%の高収率で得られる。このことから，エタノールの脱離が可逆的に起こるにもかかわらず，**3**と**4**の間には直接的な平衡が成立していないことが分かる。実際にキノリン**4**を超臨界エタノール中で加熱しても，原料**3**には戻らない。

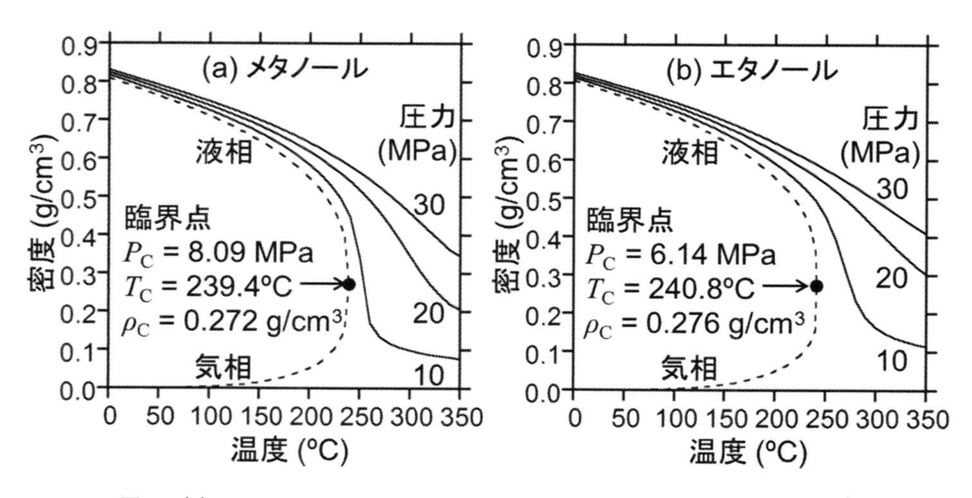

図3 (a)メタノールおよび (b)エタノールの密度の定圧下での温度変化[12, 13]

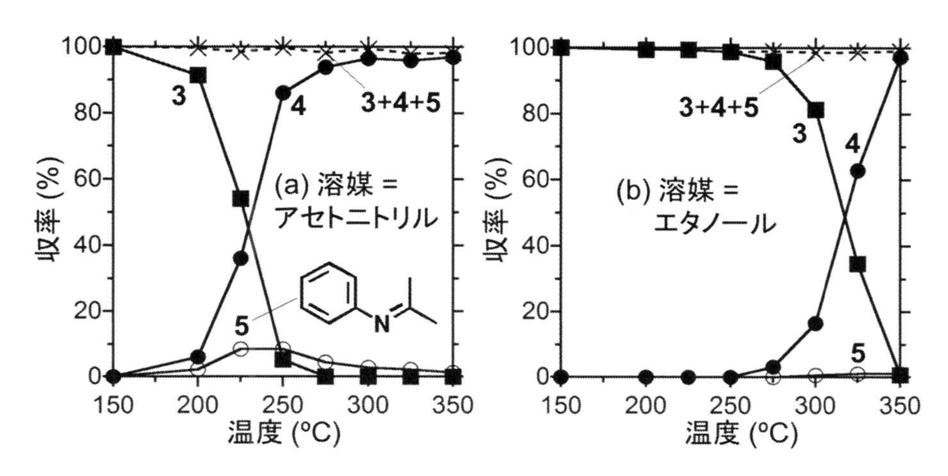

図４　(a)アセトニトリル中および (b)エタノール中での収率の温度変化[8)]

4. 5　反応機構

上記の実験結果は，図５に示す反応機構で説明できる。すなわち，熱環化反応は「可逆的なエタノールの脱離」と，それに続く「不可逆的な環形成反応」の２段階で進行する。まず，メチルエステル**3**からエタノールが脱離すると，ケテン中間体**6**が生成する。その一部は周囲のエタノールと反応して原料**3**に戻るが，残りはペリ環状反応と呼ばれる協奏的な二重結合の組み替えにより環を形成して化合物**7**を与え，さらにケト-エノールの互変異性化を経て目的のキノリン**4**を与える。後者の環形成反応が不可逆であるため，可逆的なエタノールの脱離を伴うにもかかわらず，超臨界エタノール中でも平衡に支配されずに完全転化したと考えられる。

4. 6　超臨界エタノールを用いる利点

超臨界エタノールを用いることで，従来使われてきたジフェニルエーテルなどの高沸点溶媒に比べて，溶媒の分離や再利用が容易となった。回収液中のエタノールは加熱や減圧で容易に分離でき，揮発成分にはエタノールしか含まれない（脱離したエタノールが溶媒でもあるので不純物とならない）ため，蒸留せずに溶媒の再利用ができる。生成物の選択性も高く，固体残渣をヘキサンなどで軽く洗浄すれば，純粋なキノリンが得られる。また，系がシンプルであるため，以下に示すように反応の速度解析や制御が容易になる。

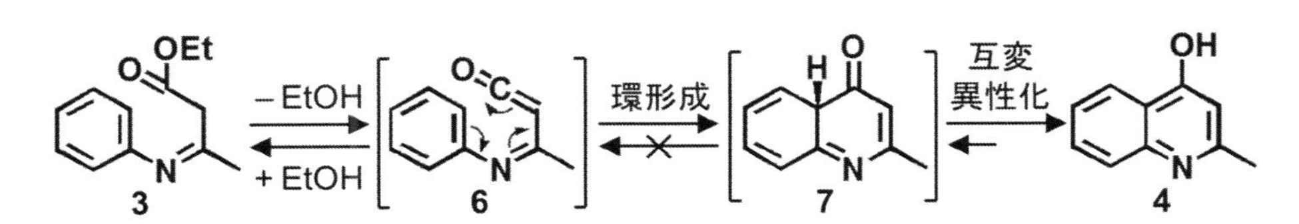

図５　推定される反応機構

4. 7　反応速度の解析

超臨界エタノール中での反応を速度論的に解析するため，原料**3**の残存率に対する反応時間と温度の影響を調べた結果を図6に示す。解析を容易にするために，以下ではエタノールの密度が一定値（0.11 g/cm^3）となるように，状態方程式にしたがって各温度で圧力を調整している。また，流速を一定として反応管の長さを2 mから10 mまで変えることにより，反応時間を6.0 sから27 sまで変化させた。どの温度においても，原料**3**の残存率が反応時間とともに指数関数的に減少しており，反応が擬一次の速度定数kを用いて記述できる。速度定数kの値は，300℃で0.0063 s^{-1}，350℃で0.191 s^{-1}となり，50℃の温度上昇で約30倍に反応が加速されている。

このように擬一次反応となる理由は，図5の反応機構に基づいて説明できる。中間体であるケテン**6**は非常に反応性が高いため，定常状態近似が成立する。

$$\frac{d[\mathbf{6}]}{dt} = k_1[\mathbf{3}] - k_2[\mathrm{EtOH}][\mathbf{6}] - k_3[\mathbf{6}] \cong 0 \qquad (1)$$

[X] は化学種Xのモル濃度を示す。k_1は**3**から**6**へのエタノール脱離の一次の速度定数，k_2は**6**から**3**へのエタノール付加の二次の速度定数，k_3は**6**から**4**への環形成の一次の速度定数を示す。これを用いると，原料**3**の濃度の時間変化は，

$$-\frac{d[\mathbf{3}]}{dt} \cong \frac{d[\mathbf{4}]}{dt} = k_3[\mathbf{6}] \cong \frac{k_1 k_3}{k_2[\mathrm{EtOH}] + k_3}[\mathbf{3}] \qquad (2)$$

となり，擬一次の速度式に従うことが分かる。その速度定数kは，各素反応の速度定数k_1～k_3を用いて，以下のように与えられる。

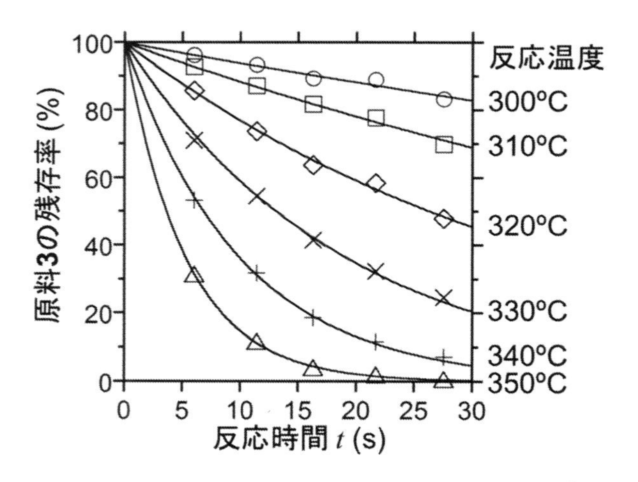

図6　原料3の残存率に対する反応時間と温度の影響[8)]

$$k \cong \frac{k_1 k_3}{k_2[\mathrm{EtOH}] + k_3} \qquad (3)$$

なお，超臨界エタノールを溶媒に用いることにより，式（3）の分母のエタノールの濃度が，反応中にほぼ一定とみなせることに注意したい。もともと溶媒としてエタノールが多量に存在するので，脱離したエタノールによる濃度変化の影響がごく小さいためである。

4. 8　熱環化反応の活性化エネルギー

速度定数 k のアレーニウスプロットを図７に示す。k は絶対温度 T の逆数と良好な線形関係にあり，その傾きから活性化エネルギー E_a が 204 kJ/mol と得られる。この活性化エネルギーが，図５の反応経路におけるどの状態間のエネルギー差に相当するのかを考える。式（3）の分母において，エタノールが溶媒として多量に存在する環境では $k_2[\mathrm{EtOH}] >> k_3$ の近似が成立すると考えられるので，

$$k \cong \frac{k_1 k_3}{k_2[\mathrm{EtOH}]} = \frac{A_1 A_3}{A_2[\mathrm{EtOH}]} \cdot \exp\left[-\frac{E_{a1} - E_{a2} + E_{a3}}{RT}\right] \qquad (4)$$

となる。したがって，反応の活性化エネルギー E_a は，各素反応の活性化エネルギー E_{a1}～E_{a3} を用いて，$E_a = E_{a1} \text{-} E_{a1} + E_{a3}$ と表される。ゆえに E_a は，図７に示すように，環形成反応の遷移状態 $\mathbf{TS_2}$ と原料 **3** との間のエネルギー差に相当する。なお，エタノールの濃度（密度）を一定にして実験していることにより，式（4）の前指数因子が温度によらない定数とみなせることに注意したい。

この結果を検証するため，対応する量子計算をおこない，各素反応の遷移状態でのエネルギー障壁を求めた結果を図８に示す。計算には Guassian09 を用い[15]，密度汎関数 B3LYP と基底

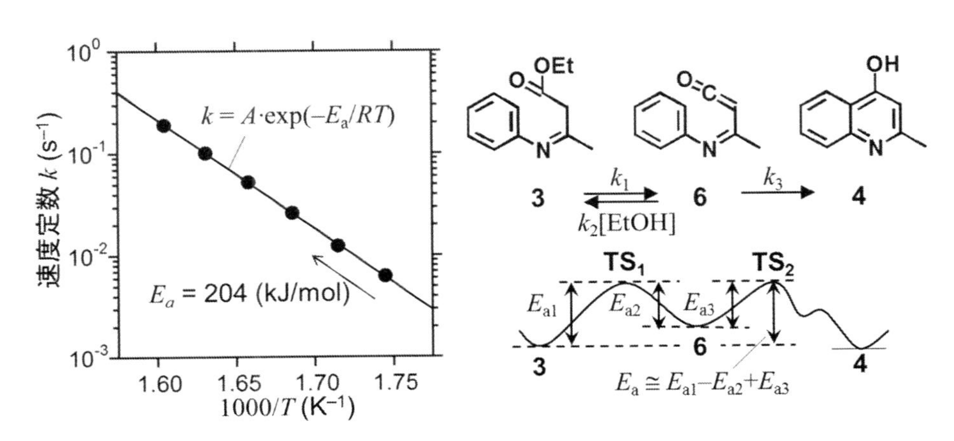

図７　速度定数 k のアレーニウスプロット[8)]

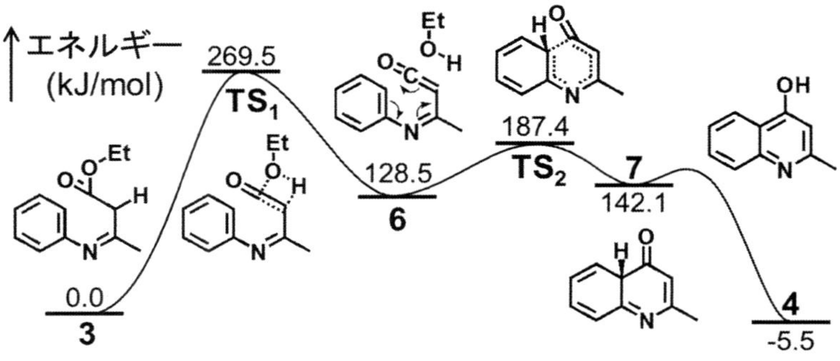

図8　熱環化反応の遷移状態とエネルギーダイアグラム[8)]

6-31 G（d,p）を使用した。原料**3**と環形成反応の遷移状態$\mathbf{TS_2}$の間のエネルギー差は187 kJ/molとなり，実験値（204 kJ/mol）に近い値が得られている。

4. 9　置換キノリンの合成

Conrad-Limpach反応では，アニリン**1**の代わりに置換基をもつアニリンを利用すると，対応する置換基をもつキノリンを合成することができる。例として，パラ位にメチル基やメトキシ基をもつアニリン**1'**から6-位にこれらの置換基をもつキノリン**4'**を合成する際に，熱環化反応を350℃，10 MPaの超臨界エタノール中でおこなった結果を図9に示す（注：この実験では，反応時間を制御するために，反応管の長さではなく流速を変えており，図6の結果との単純な比較はできない）。反応は60 sでほぼ完結しており，メチル基およびメトキシ基をもつキノリンがそれぞれ収率97%および99%で得られている。

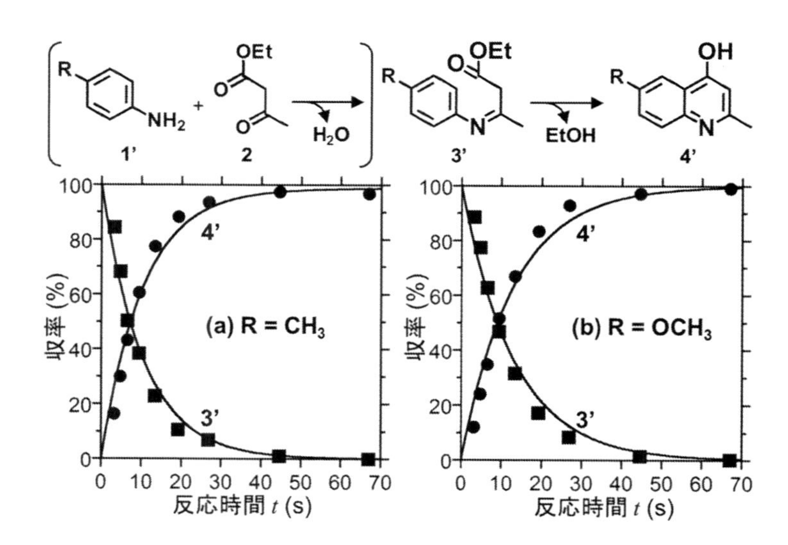

図9　超臨界エタノール中での6-置換キノリン類の合成

4. 10　おわりに

超臨界エタノールを高温反応の溶媒として利用するとともに，マイクロリアクタを用いて反応条件を精密に制御し，効率的で連続的な生産と詳細な反応速度解析を可能とした例を紹介した。同様にして高圧下では一般の有機溶媒を沸点以上の高温反応に利用することが可能であるが，溶媒が副反応を誘起したり，溶媒自身が熱分解したりしないよう，反応系や反応温度に合わせて適宜使い分ける必要がある。特に，流通式の反応装置を用いる場合は，原料溶液を安定に送液し，生成物を閉塞なく回収するために，原料と生成物の溶解度が十分に高い溶媒を選択する必要がある。また，操作圧力を設定するには溶媒の臨界圧力の値が指標となり，滞留時間を把握するには密度の情報が必要になる。これらの物性値にも留意して，反応条件を設定されたい。

文　　献

1）日本化学会編，化学便覧 基礎編 改訂５版，9.3, 丸善（2004）
2）佐古 猛，超臨界流体反応法の基礎と応用，II-6，シーエムシー出版（2004）
3）後藤 敏晴，超臨界流体技術の開発と応用，5.1, シーエムシー出版（2014）
4）坂 志朗ら，バイオエネルギーの技術と応用，2.2, シーエムシー出版（2009）
5）T. Razzaq, *et al.*, *Eur. J. Org. Chem.*, 1321（2009）
6）J. Wegner, *et al.*, *Adv. Synth. Catal.*, **354**, 17（2012）
7）A. Adamo, *et al.*, *Science*, **352**, 61（2016）
8）Y. Takebayashi, *et al.*, *J. Supercrit. Fluids*, **114**, 18（2016）
9）R.H. Reitsema, *Chem. Rev.*, **43**, 43（1948）
10）T.T. Curran, “Name Reactions in Heterocyclic Chemistry”, p. 398, Wiley（2005）
11）G.A. Reynolds, *et al.*, *Org. Synth.*, **29**, 42&70（1949）
12）J.A. Schroeder, *et al.*, *J. Phys. Chem. Ref. Data*, **43**, 043102（2014）
13）NIST, http://webbook.nist.gov./chemistry/fluid/
14）CoolProp, http://www.coolprop.org/fluid_properties/PurePseudoPure.html#list-of-fluids
15）M.J. Frisch, *et al.*, Gaussian 09, Revision A.02, Gaussian Inc.（2009）

5　バイオマス変換への応用

5. 1　生物資源の高温高圧水処理

相田　卓[*1]，渡邉　賢[*2]，スミス・リチャード[*3]

5. 1. 1　背景

持続可能な社会の実現に向け，化石資源や鉱物資源といった枯渇性資源から再生可能な生物資源への転換が模索されている。有機資源に話を絞れば再生可能資源はすなわち生物資源であり，それは生物が生命の過程で生成する物質であるため必ず水が含まれる。そのため，その有効利用において水の存在を考慮した処理方法を選択することは極めて重要となる。水そのものは地球環境適合性の高い天然溶媒であり，その反応性は条件に応じて変化する。特に沸点以上の高温高圧水は，標準状態（25℃，１気圧）の水と比較して誘電率，水のイオン積，粘度，密度などの物性が大きく変化するため化学反応場としての利用が期待されている[1~6]。より具体的には，従来強酸・強塩基で行われていた酸塩基プロセスを無触媒もしくは弱酸・弱塩基にて行わせることができる反応環境となる。さらに本反応条件にて疎水性の高い化合物へと変換可能となれば，水を分離するプロセスにおけるコストを大幅に引き下げることも可能となる。

本稿では，生物資源から化学原料などへの変換を目的とした高温高圧水処理について紹介する。より具体的にはまず単糖類，糖質，タンパク質，脂質，リグニンといった個別の成分（図1）に対する高温高圧水中での反応特性について概観する。続いて，第三世代バイオマスである微細藻類を特に取り上げ，下水汚泥の施肥性向上や脂質抽出残渣の肥料・飼料化処理に対する高温高圧水の適用の検証を紹介し，実バイオマスに対する高温高圧水プロセスの有用性を示す。

5. 1. 2　バイオマス成分

(1)　単糖類

生物資源を構成する物質の一つに糖がある。グルコースに代表される単糖類は，多くのヒドロキシル基を有する六員環構造をとり，生物はその重合体（セルロースやデンプン）を生体内に蓄積する。このように生物資源において糖質が構造や生命活動の維持のために利用することが普遍であり，またその賦存量が莫大である。このことから，単糖類はバイオマスリファイナリーの基幹物質となることは必須であり，その反応制御は実用化に向けた大きな課題となる。

当研究グループでは単糖類の反応を高度に制御すべく，高温高圧水（150-400℃，～100 MPa）における反応機構の解明やその反応制御に与える反応条件ならびに添加物の影響に

＊1　Taku M. Aida　東北大学　大学院環境科学研究科　助教

＊2　Masaru Watanabe　東北大学　大学院工学研究科　附属超臨界溶媒工学研究センター　准教授

＊3　Richard Lee Smith Jr.　東北大学　大学院環境科学研究科　教授

ついて検討を行ってきた。その結果，図２に示すように単糖類の反応は異性化，脱水，加水分解，ベンジル酸転位などの化学反応の組み合わせにより進行し，フルクトース，グリセルアルデヒド，グリコールアルデヒド，糖類，乳酸，グリコール酸，酢酸，ギ酸，5-ヒドロキシフルフ

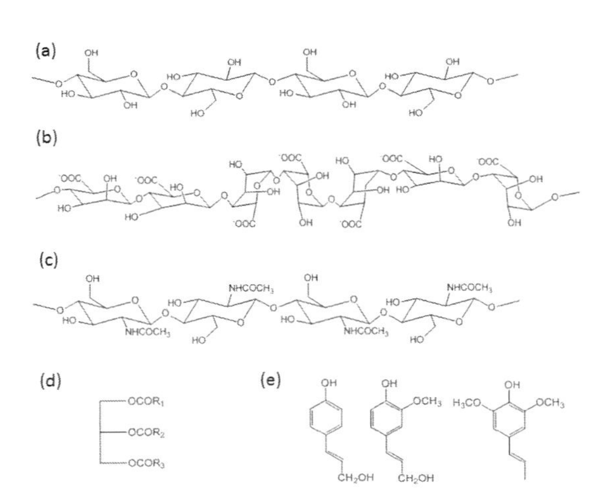

図１　代表的なバイオマス構成成分の化学構造

(a) セルロース，(b) アルギン酸，(c) キチン，(d) 脂質，(e) リグニンのサブユニット

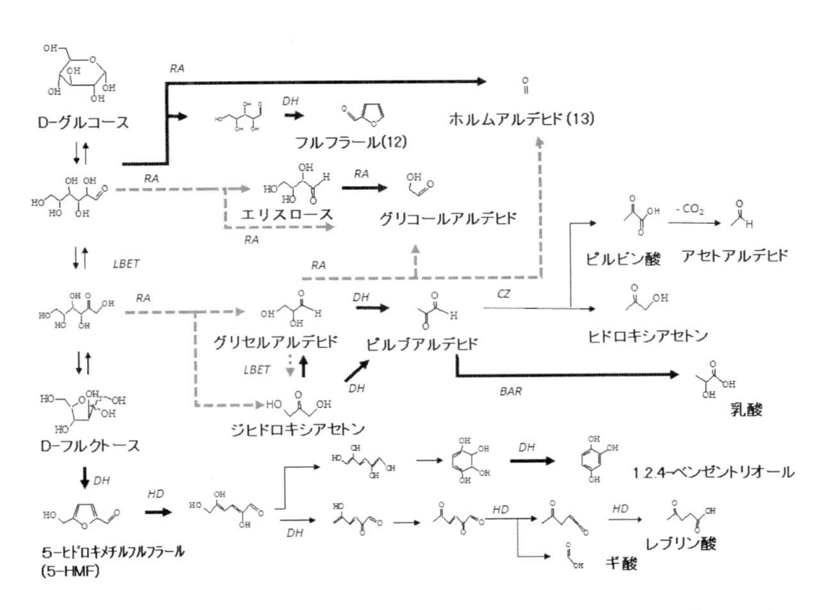

図２　高温高圧水（150-400℃，～100 MPa）における単糖（グルコース）の反応マップ

LBET：異性化反応，DH：脱水反応，HD：加水分解反応，BAR：ベンジル酸転位反応，RA：レトロアルドール反応，CZ：カニッツァロ反応，点線印：低水密度により促進，太線矢印：高水密度により促進する反応，（Reprinted with permission from ［8］. Copyrightc2007, Elsevier）

ラール，フルフラールなど化学原料として有用な化学物質を経て，フラン化合物はもとより，直鎖状化合物から芳香族化合物[7~11)]，さらには水素といった気体生成物まで様々な化合物へと変換されることを明らかにした[12~18)]。この過程で生成物の収率は，高温高圧水の圧力，温度（水密度）条件の設定により変化し，これはヒドロキシル基周りの水和構造が特異的に変化することで生じている可能性を見出した[7~10, 19~21)]。さらに，こうした反応制御の高度化にはどのような観点で添加物を選定するべきかといった添加物の選定指針についても知見を蓄えている[22~27)]。

(2) アルギン酸

藻類は水生生物資源であり，周囲を海で囲まれた我が国にとって戦略的に活用すべき循環資源であり，大きく大型と微細に区分される。大型藻類は胞子により繁殖する植物であり糖質を主とした成分からなる一方，微細藻類は，独立栄養もしくは従属栄養の別はあるにせよ，細胞分裂により倍加するものであり，植物的特徴の他，動物的要素もありタンパク質や脂質を蓄える特徴を有する。微細藻類については後述することとしここでは大型藻類に着目し，その有用成分の一つであるアルギン酸の変換に対する高温高圧水の有用性を論じる。

大型藻類は日本では古くから栽培され，のり，昆布，ワカメなど食品として利用されており，近年，酵素処理によるバイオエタノールや化学原料への変換も検討されている。アルギン酸は，大型藻類に最も多く含まれる炭素源（乾燥重量比は40%）であり，その化学構造（図1-b）は，2つのウロン酸（マンヌロン酸，グルロン酸）により構成される多糖（図3）で，保湿性，生体分解性，生体適合性，イオン交換性が優れていることから化粧品，医薬品に応用されている。ア

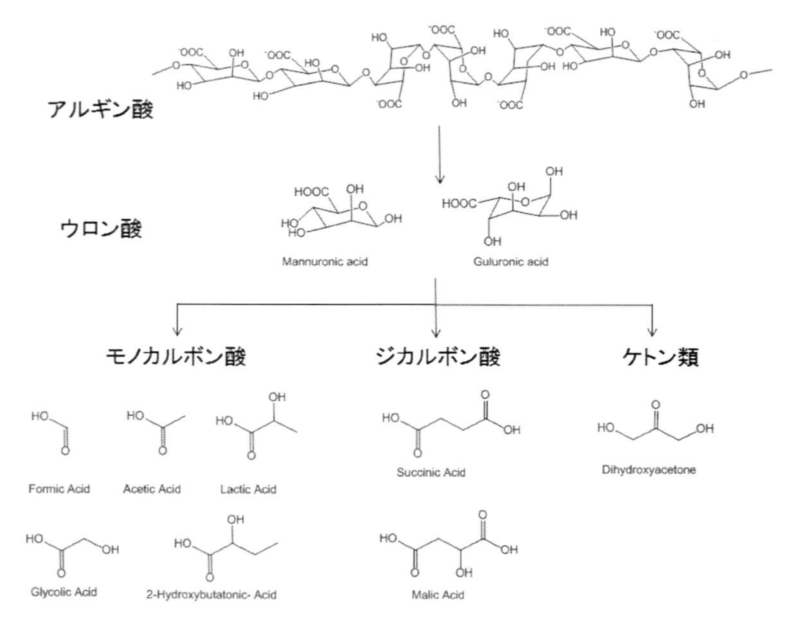

図3 超臨界水におけるアルギン酸の反応スキーム

(Reprinted with permission from [29]. Copyrightc2012, Elsevier)

ルギン酸は，セルロースと類似構造をとるが，構成単位が異なることとそれに起因する結合様式が異なることから，高温高圧水においてセルロースとは全く異なる成分へと変換される。例えば，セルロースは高温高圧水において不溶であるため，制御された低分子化は困難である一方，水溶性のアルギン酸の高温高圧水反応は短時間反応により，低分子アルギン酸，アルギン酸オリゴマーまでの分解制御が可能である[28]。また，200℃以下で長時間反応させてもセルロースの分解が困難であることとカルボキシ基が少ないことからほとんど有機酸は生成されないのに対し，アルギン酸からは多くの有機酸が生成できる[29]。アルギン酸から生成される有機酸の中にはジカルボン酸（コハク酸，リンゴ酸）など，化学原料として有用なものが多く含まれていることから有機酸の原料として期待される（図3）。

(3)　キチン質

キチン（図1-c）はセルロースに次いで2番目に賦存量の多い糖質である。セルロース同様，水素結合により結晶化しているために高温高圧水中でも溶解せず，そのために反応性が低い。この課題を解決すべく，機械的粉砕により結晶性を低下させることで，高温高圧水への溶解性が向上するか検討した[30]。その結果，結晶性低下により溶解性が高まり高温高圧水中に溶解可能であることを見出した（図4）。なお，キチンのモノマーユニットであるN-アセチルグルコサミン(GlcNac）は高温高圧水中にて迅速に反応し，医薬品中間体などとして有用なフラン化合物類へと変換することができる[31]。

(4)　脂質

脂質（トリグリセリド）のアルキル鎖の種類（炭素数や二重結合部位の位置やその数）は植物

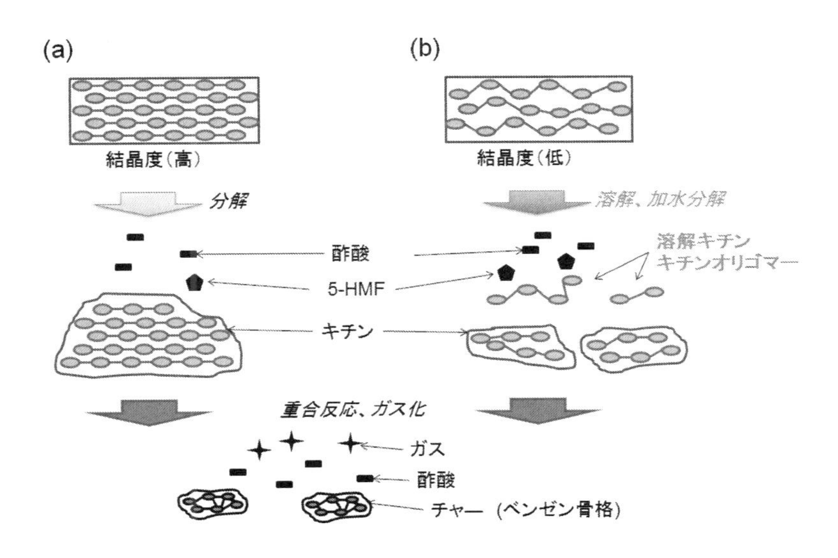

図4　キチンの高温高圧水処理の分解メカニズム

(a) 未処理キチン，(b) 機械的粉砕したキチン，(Reprinted with permission from [30]. Copyrightc2014, Elsevier)

種により変わるものの，おおよそC14～C20程度の炭素数のアルキル鎖からなる遊離脂肪酸とグリセリンの脱水縮合化合物である。高温高圧水中では脂質は遊離脂肪酸とグリセリンへと速やかに加水分解[32]される。この反応を利用して最近，Iso-conversionプロセス[33]と呼ばれる化石資源によらないバイオマス炭化水素（例えばバイオマス由来ジェット燃料）製造プロセスの実証が進められている[34]。当研究グループにおいても，脂質の加水分解後に生じる遊離脂肪酸ならびにグリセリンを高温高圧水中で反応させることで含酸素官能基を脱離させることができ，いずれも疎水性の高い炭化水素誘導体へと変換できることを見出している[35,36]。

(5)　リグニン

リグニンはリグノセルロースの構成成分として重要なバイオマス資源であるものの，糖質類に比べ構造や結合状態が木質バイオマスの種類や部位により大幅に異なることから，その有効利用は糖質類に比べて格段に難しい。そのため従来はパルプ産業において，セルロースをアルカリ蒸解により回収する際の副生成物として得られる黒液の燃料利用以外に有効に利用されてこなかった。ここで黒液に関する高温高圧水適用事例を一つ紹介すると，黒液を水素源とすべく超臨界水中での反応特性を調査した結果，セリア・ナノ粒子を添加した系において酸化還元性などを介して水素源となる可能性を確認した[37]。

リグニンの構造ならびにバイオマスリファイナリー構築の機運が高まるに連れ，芳香族化合物の原料としてその有用性[38]が認められ，セルロース回収を目的としたセルロース・ファースト・コンセプトから一転，リグニン・ファースト・コンセプトのプロセス開発にも力が注がれるようになった[39]。高温高圧水中でのリグニンの改質では，加水分解されたフェノールならびにアルデヒド類の重合を抑制することが，低分子化合物を回収することに有効である。このことについて，フェノールを共存させた高温高圧水中において，フェノールのキャッピング効果により重合物収率を低減可能であることを見出している[40]。

5. 1. 3　実バイオマス

(1)　微細藻類からのオイル生産

微細藻類は，他のバイオマス資源と比べて作地面積当たりのオイル生産量が多いことや，成長速度が速いとの特徴から第三世代バイオマスと目され，脂質利用において石油に代わる液体燃料の原料源として，また糖質やタンパク質利用において化学原料やサプリメント源として注目されている。前述の脂質を利用したIsoconversionの他，微細藻類を直接液体燃料へと変換するために微細藻類を高温高圧水で処理し，得られたバイオクルードから水素化してジェット燃料への変換する水熱液化（Hydrothermal liquefaction：HTL）法がある。さらに，オーランチオキトリウムやボトリオコッカスといった直接炭化水素を生成する特殊な微細藻類の発見にともない，生産される藻類オイルを対象としたプロジェクトがいくつか進められている。その中で，筆者らが関連したNETプロジェクト（東北復興次世代エネルギー研究開発機構）についてここで概観を紹介する[41]。NETプロジェクトは仙台市，筑波大，東北大で共同で仙台市南蒲生浄化センターにて，藻類培養技術と下水処理技術の融合を目指して行われたものである。本プロジェクトにおける検討の一つとして，下水汚泥の施肥性向上や脂質抽出残渣の肥料・飼料化処理，具体的には培養に適した栄養源（窒素，リン，糖）の回収に対し高温高圧水を用いた検討事例を以下に紹介する。

(2)　脱水汚泥の施肥向上（糖・アミノ酸，リンの回収）[42]

脱水汚泥は，窒素を多く含むタンパク質，セルロース，リンを多く含んでいるが，日本の下水処理場では最終的には焼却され，これに重油などを使用している。脱水汚泥を藻類培養の栄養源として利用するためにはタンパク質，セルロースを藻類が利用しやすいアミノ酸，リン酸，グルコースなどに変換する必要がある。高温高圧水中の加水分解により，脱水汚泥中のタンパク質，セルロースそれぞれはアミノ酸，グルコースへと分解される。ただしそれらが共存することでメイラード反応により互いが結合したアミノカルボニル化合物（メラノイジン）が生成し，これらは藻類の栄養源として利用されない。この課題を解決するために筆者らの研究グループでは，タンパク質とセルロースそれぞれの加水分解が進行する温度の違いに着目し，脱水汚泥を段階的に高温高圧水の温度を変えることでメイラード反応を回避し，窒素，リン，糖類の回収に成功した。具体的には，セルロースの加水分解が起きない200℃付近での高温高圧水処理により可溶化を進める（図5-a)。この時，タンパク質は加水分解されるためアミノ酸リッチな水溶液となる一方，リンが水溶化する（図5-b)。これらの過程を経て回収されたセルロースリッチな固体（図5-c）に対し従来法である酸加水分解プロセスを介することで糖が回収できる。高温高圧水回収液ならびに酸加水分解回収液を混合して適宜濃度調整することで，下水汚泥由来の窒素源，リン源，糖源が微細藻類の培養に有効であることを確認した。

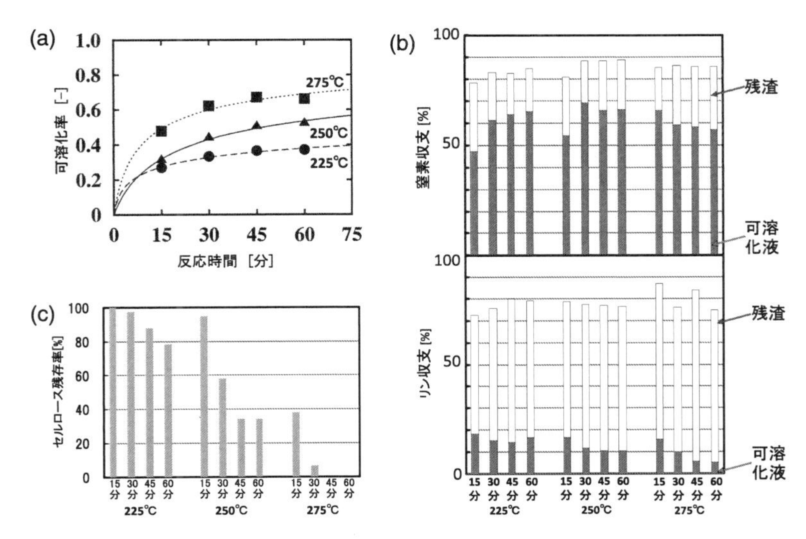

図5　脱水汚泥の高温高圧水処理

(a) 脱水汚泥の可溶化率の反応時間依存性，(b) 処理後の窒素およびリン収率，(c) 残渣中のセルロース残存率，(Reprinted with permission from［42]. Copyrightc2016, Elsevier)

(3) 微細藻類（脂質抽出残渣）からの窒素，リンの回収[43]

脂質を抽出した藻類残渣は，タンパク質，リン，多糖などを豊富に含んでいることから，高温高圧水によりそれぞれをアミノ酸，リン源，そして単糖類として変換できれば藻類培養の栄養源として利用することができる。この目論見に対し，200℃付近の高温高圧水での処理を検討したところ，アミノ酸ならびにリン酸を含んだ水溶液を得ることができ，その水溶液を適宜調整して栄養源として培地に加えたところ通常培地とそん色ない増殖性を示した。高温高圧水の処理温度を250℃とし，回収された水溶液を培地に栄養源として加えたところ，増殖が阻害される現象が確認された。これは，反応が過剰に進行することにより芳香族が生成したり，また糖とアミノ酸の間で生じるメイラード反応によりメラノイジンが生成したことにより，これらが増殖阻害因子となった可能性が示唆され，これらの生成しない200℃付近の高温高圧水処理が望ましいことが明らかとなった。本技術は，藻類による液体燃料生成プロセスにおいて脂質抽出残渣の処理に要するエネルギーの削減に貢献し，さらに下水処理場での脱水汚泥を藻類の栄養源とする技術としての転用も可能であり，事実その可能性も確認している[42]。さらに，高温高圧水は，既存の燃焼炉の廃熱利用が可能な温度であるため，下水処理施設へ汎用性の高い技術と考えている。

(4) 微細藻類 Chlorococcum littorale からの水素製造[15]

5.1.2（1）で述べたグルコースからの水素製造法の実バイオマスへの適用性を検討すべく，同条件（300℃での部分酸化）において微細藻類 Chlorococcum littorale から水素の製造可能性を評価した。グルコースやサトウキビバガスに比べ CO 収率はほぼ同量なのに対し，バガスと Chlorococcum littorale はいずれも水素収率が低かった。実バイオマスにはタンパク質などに起因する硫黄や窒素が含まれるため，このヘテロ原子が水素生成に悪影響を及ぼしている可能性が高く，その一つがメイラード反応に起因する可能性がある。上述のように，セルロースやタンパク質それぞれの加水分解温度には差異があるため，それぞれを効率よく低分子化する温度帯での処理を促すことで，メイラード反応の抑制が可能と考えられるため，そうした条件探索も含め，低温での水素製造を有意に進められる可能性がある。

5. 1. 4 結論・展望

本稿では，生物資源の有効利用に向けた方法論として高温高圧水技術について概観した。高温高圧水は反応場・分離場として有用であることを示した。バイオマスも第三世代になり，世代が増すごとにバイオマスの含水率や成分の複雑性も増している。本稿で示したように，第三世代バイオマスに対しても高温高圧水の適用性は高い。高温高圧水技術の更なる適用性の拡大や実プロセスの開発・普及に向けて今後，高温高圧水の溶媒特性と生物資源の構成物質の化学的，物理的特性，および添加物などを組み合わせた基礎研究に加え，LCA による評価なども含めた包括的な検討の重要性はますます高まるものと考える。

文　　献

1) 齋藤正三郎（編）："超臨界流体の科学と技術"，三共ビジネス（1996）
2) Akiya N., *et al.*: *Chemical Reviews*, **102**, 2725-2750（2002）
3) Savage P. E.: *Chemical Reviews*, **99**, 603-621（1999）
4) Adschiri T., *et al.*: *Green Chemistry*, **13**, 1380-1390（2011）
5) Watanabe M., *et al.*: *Chemical Reviews*, **104**, 5803-5821（2004）
6) Watanabe M., *et al.*, In Application of Hydrothermal Reactions to Biomass Conversion; *Fangming, J., Ed.*, 249-274（2014）.
7) Arai K., *et al.*: *Journal of Supercritical Fluids*, **47**, 628-636（2009）
8) Aida T. M., *et al.*: *Journal of Supercritical Fluids*, **40**, 381-388（2007）
9) Aida T. M., *et al.*: *Journal of Supercritical Fluids*, **42**, 110-119（2007）
10) Aida T. M., *et al.*: *Journal of Supercritical Fluids*, **55**, 208-216（2010）
11) Watanabe M., *et al.*: *Carbohydrate Research*, **340**, 1931-1939（2005）
12) Watanabe M., *et al.*: *Biomass & Bioenergy*, **22**, 405-410（2002）
13) Levy C., *et al.*: *International Journal of Applied Ceramic Technology*, **3**, 337-344(2006)
14) Watanabe M., *et al.*: Joint 21st Airapt and 45th Ehprg International Conference on High Pressure Science and Technology, **121**（2008）
15) 高橋麻耶子，*et al.*: 日本エネルギー学会誌，**87**, 706-712（2008）
16) 高橋麻耶子，大田昌樹，保科貴亮，渡邉賢，佐藤善之，猪股宏：日本エネルギー学会誌，**87**, 713-718（2008）
17) Watanabe M., *et al.*: *Journal of the Japan Petroleum Institute*, **55**, 219-228（2012）
18) 野中利之，服部秀雄："持続可能な社会実現のための単糖類の化学的変換（上）"，フロムシード株式会社（2012）
19) Ono T., *et al.*: *Fluid Phase Equilibria*, **302**, 55-59（2011）
20) Honma T., *et al.*: *Journal of Supercritical Fluids*, **90**, 1-7（2014）
21) Ono T., *et al.*: *Fluid Phase Equilibria*, **407**, 198-208（2016）
22) Kitajima H., *et al.*: *Catalysis Today*, **274**, 67-72（2016）
23) Watanabe M., *et al.*: *Carbohydrate Research*, **340**, 1925-1930（2005）
24) Watanabe M., *et al.*: *Applied Catalysis a-General*, **295**, 150-156（2005）
25) Qi X. H., *et al.*: *Green Chemistry*, **10**, 799-805（2008）
26) Qi X. H., *et al.*: *Catalysis Communications*, **9**, 2244-2249（2008）
27) Watanabe M., *et al.*: *Carbohydrate Research*, **341**, 2891-2900（2006）
28) Aida T. M., *et al.*: *Carbohydrate Polymers*, **80**, 296-302（2010）
29) Aida T. M., *et al.*: *Journal of Supercritical Fluids*, **65**, 39-44（2012）
30) Aida T. M., *et al.*: *Carbohydrate Polymers*, **106**, 172-178（2014）
31) Osada M., *et al.*: *Green Chemistry*, **15**, 2960-2966（2013）
32) Holliday R. L., *et al.*: *Industrial & Engineering Chemistry Research*, **36**, 932-935(1997)
33) Li L. X., *et al.*: *Energy & Fuels*, **24**, 1305-1315（2010）
34) euglena Co signed an EPC contract with Chiyoda Corporation for the pilot plant for

production of renewable jet and diesel fuels, http://www.euglena.jp/news/n20170210/
35) Watanabe M., *et al.*: *Energy Conversion and Management*, **47**, 3344-3350 (2006)
36) Watanabe M., *et al.*: *Bioresource Technology*, **98**, 1285-1290 (2007)
37) Boucard H., *et al.*: *Journal of Supercritical Fluids*, **105**, 66-76 (2015)
38) Tian X., *et al.*, In Production of Biofuels and Chemicals from Lignin; *Fang, Z., Smith, R. L., Eds.*, 3-34 (2016)
39) Ragauskas A. J., *et al.*: *Science*, **344**, 709-+ (2014)
40) Saisu M., *et al.*: *Energy & Fuels*, **17**, 922-928 (2003)
41) Next-generation Energies for Tohoku Recovery (NET) Project, http://net-tohoku.sakura.ne.jp/wp/task2_en
42) Aida T. M., *et al.*: *Algal Research-Biomass Biofuels and Bioproducts*, **18**, 61-68 (2016)
43) Aida T. M., *et al.*: *Bioresource Technology*, **228**, 186-192 (2017)

5. 2 超臨界水を用いたリグノセルロース系バイオマスのガス化

松村幸彦*

5. 2. 1 技術の位置づけ

バイオマスは再生可能な資源であり，持続可能な社会の実現に向けてその利用が求められている。しかしながらその発熱量は，最も高い木質系バイオマスでも 20 MJ/kg 程度であり，原油の半分しかない。また，固体資源であるためにそのハンドリングにも手間とコストがかかる。このため，バイオマスを使いやすい燃料の形にして利用することが一般的である。バイオマスを使いやすい燃料の形にすることを変換と呼ぶが，バイオマスの変換は粉砕，圧縮成形などを行う物理的変換，加熱によって炭や燃料油を得る熱化学的変換，微生物を用いてメタンガスやエタノールを得る生物化学的変換に分類することができる[1~3]。

どの変換技術を用いるかは，原料バイオマスの種類と目的とするバイオマス燃料の形態によって決められる。特に原料バイオマスは重要で，その含水率は変換技術を選択する上で重要である。乾燥系バイオマスは，物理的変換や熱化学的変換によって比較的容易に変換することができるのに対して，含水率が 80％を越える含水性バイオマスは，国内のバイオマス利用可能量の半分を占めると考えられているにも関わらず，その利用は容易ではない。下水汚泥，家畜排泄物，食品廃棄物などが対象となるが，これらは腐敗しやすく，臭気の問題もある。長期間の貯蔵ができない上に，加熱しても水分の蒸発に熱が使われてしまい，高効率な変換を行うことができない。このために，生物化学的変換，特にメタン発酵が用いられることが多い。

しかしながら，メタン発酵は微生物による処理であるために反応時間が長く 1～2 週間が必要となり，装置の大型化が避けられない。さらに，発酵残渣と有機物を多く含む排水が発生するためにこれらの処理にコストとエネルギーが必要となる。また，微生物に有害なアンモニアや他の化学物質が含まれる原料には適用が困難である。熱化学的に対象を選ばず，迅速に，また，高効率に変換を行うことが求められている。

そこで，加圧によって水の蒸発を抑制しながら加熱する水熱処理が提案されている。水が存在する系において一番簡単な加圧方法は，密閉容器内で加熱を行うことで，水の蒸気圧が自然にかかるので，加圧システムを導入しなくても加圧することが可能となる。この場合，温度を上げるほど圧力も高くなる。連続処理を行う場合には，それ以上の圧力を生成する高圧ポンプで原料を供給する必要がある。温度によってバイオマスが受ける変化も異なり，150～250℃程度で長時間処理して炭化物を得る水熱炭化，250～350℃程度で処理して油状生成物を得る直接液化（水熱液化），350～700℃程度で処理をして可燃性のガスを得る水熱ガス化に分類することができる。この水熱ガス化の中でも反応温度と圧力がどちらも水の臨界点を超えている超臨界水中で行われるものが超臨界水ガス化である。

---

* Yukihiko Matsumura　広島大学　大学院工学研究科　教授

上記を整理すると，超臨界水ガス化は，メタン発酵に代わって含水性のバイオマスを迅速，高効率にガス化する技術と位置づけることが可能である。これまでに多くの研究がなされており，総説も多い[4~6]。詳細は総説に譲り，ここでは，研究の経緯，反応工学的知見，プロセス工学的知見，装置設計的知見と今後の展望を概説する。

5. 2. 2 研究の経緯

超臨界水ガス化は，1970年代にグルコースが超臨界水中で完全にガス化することが確認された[7]ところから研究が始められたが，実際に多くの論文が発表されるようになったのは1990年代になってからである。パシフィックノースウェスト研究所[8~13]とハワイ大学[14~17]で主に研究が進められ，高温ほどガス化が進行すること，圧力の影響は大きくないこと，完全ガス化には触媒が必要であることなどの基本的な特性が確認された。また，各種のバイオマスのガス化も試みられ，基本的にはどのバイオマスでもガス化の対象とできること，ただし，ベンゼンやフェノールなど芳香環を有する化合物のガス化特性は低いことなどが確認された。

その後，日本やドイツにおいても研究が進められ，基本的な反応として，セルロース系物質はまず水溶性の物質となり，これがガス化とタール生成の並列反応を進行させること，タールは一度生成するとガス化することはなく，チャー化することなどが確認された[18]。触媒としては，貴金属，炭化物，アルカリなどが有効であることが確認され，貴金属では特にルテニウムが有効であるが，高価であるためにニッケルも用いられた。炭化物としては活性炭がグルコースについては有効であり，充填せずに懸濁させて供給することが提案された。アルカリはバイオマスの灰分から得られることも指摘されたが，その量は限定的で，回収が困難という問題を有している。

基礎的な反応に関する知見としては，各成分の超臨界水中での分解速度の測定や，反応速度定数の決定などが進められた他，みかけのガス化速度の定式化も行われた。さらに，成分間相互作用も確認され，グルコースとアミノ酸を同時に処理するとメイラード反応が進行して反応に影響を与えること[19]，リグニンの混合によって水素の生成が大きく抑制され，ガス化率が低減することなどが確認されている[20]。

パイロットプラントによる実証試験も進んでおり，パシフィックノースウェスト研究所には0.6 t/日，東広島の中国電力株式会社には1 t/日，ドイツのカールスルーエ研究所には2.4 t/日のプラントが設置，運転されている。実際の各種バイオマスを用いた実証運転が行われているが，これらの規模では放熱ロスなどが多く，実質的にエネルギーを得るには10 t/日の規模のプラントが必要と考えられる。また，エネルギー効率の観点から，原料有機物濃度は最低でも5%，できれば10～20%が望まれる。ただし，有機物濃度が高くなるほど高圧の反応器への連続供給は難しくなり，現実的には10%程度が適切と考えられる。

その後，中国，英国など他の国においても研究が進められており，関連の論文数は年々増加する傾向にある。しかしながら，その大部分は小型のバッチ式反応器で各種のバイオマスをガス化して可燃性のガスが得られることを確認したに留まり，触媒の影響，原料の種類，部分酸化の効果などが議論されるだけのものが多い。物質収支が取られている例も限られている。これは，特に途上国では高圧ポンプを用いた研究を進める技術も予算もなかったことが原因かと思われる。近年になってようやく連続式反応器を用いた検討が目に付くようになってきた。反応工学的なアプローチは十分になされているとは言えない状況である。

5. 2. 3　反応工学的知見

超臨界水は高温高圧であり，反応性に優れていることが特長であるが，一方で反応性が高いために反応制御は必ずしも容易ではない。再生可能資源であるバイオマスを高温高圧水で効率良く処理することは多く検討されている。炭化物，直接液化物，ガスなどの燃料を得ることは比較的容易であるが，特定の化学物質を高収率で得ることは難しい。特に，バイオマスを原料とした場合には，多様な成分のために，反応全体を完全に理解することはさらに困難である。それにも関わらず，総括としての反応速度の検討，大まかな反応の機構などについては一応の検討結果が得られている。

全体の反応機構としては，リグノセルロース系バイオマスの各種成分が高温高圧水に溶解することがまず知られている。セルロースを高温高圧水に溶解する観察[21)]や，ヘミセルロース，リグニン，セルロースの水熱成分分離などの検討[22)]からもこれは明らかであり，このことは超臨界水中での反応が均一反応で進行することを示唆する。

この水溶性物質が加水分解による低分子化と熱分解によるガス化を進行させるとともに，並行して重合反応によるタール生成とその重質化によるチャー生成を進行させることがセルロースを用いた実験で確認されている。さらに，グルコースを用いた研究では，タール生成反応はイオン反応であり，熱分解反応はラジカル反応と考えられる結果が得られている[23)]。バイオマス成分の溶解は250℃程度で進行するため，超臨界状態に移行するまでの時間が長ければイオン積の大きい状態でイオン反応が進行する。

このことは，昇温速度がガス化率を高める上で重要であることを示す。昇温速度が小さくてバイオマス成分の溶解と加水分解が進行した後，亜臨界状態での滞留時間が長いとタール生成が進行してしまい，超臨界温度に到達した時にガス化する物質が減少してしまう。逆に急速に昇温して一気に超臨界状態に到達すれば，タールの生成がなく完全なガス化を確認することができる。この特性は超臨界水反応器に特有のものであり，目的反応条件に到達するまでに通過する条件の制御が重要となる現象である。

グルコースの低分子化は，主にレトロアルドール縮合と考えられ，実際，セロビオース等を用いた反応ではレトロアルドール縮合の生成物が確認[24, 25)]されている。レトロアルドール縮合はイオン反応として知られており，この観点では亜臨界域で進行する反応はタール生成だけではなく，加水分解ならびにレトロアルドール縮合による低分子化も進んでいるものと考えられるが，ガス化率向上の観点からは，タール生成を抑制することが重要となる。

ただし，この知見はセルロースならびにその加水分解生成物であるグルコースに適用されるものの，リグニンには必ずしも適用されないことも確認されている。リグニンを原料とした研究では，逆に亜臨界域ではチャーは生成せず，超臨界状態でチャーが生成することが確認されている[26]。

高温での反応はラジカル反応と考えられる。高温高圧水ではイオン積が増加するために酸や塩基触媒を添加しなくてもこれらの触媒の添加効果が得られるということはよく聞かれる話であるが，これは亜臨界領域までであり，超臨界水ガス化で用いられる条件では水の状態は水蒸気に近く，イオンは不安定となって塩は析出する。化学平衡計算においても，水を理想気体の水蒸気として計算を行っても大きなずれにはならない。

反応速度に関する検討も進められており，鶏糞を用いた実験でみかけのガス化速度は原料濃度に関して１次反応で表されることが確認されている。また，活性炭触媒を懸濁した場合には，このみかけの反応速度定数が増加するが，その増加分は添加した活性炭触媒濃度に比例することも確認されている。活性炭触媒そのものも超臨界水中で徐々にガス化することは知られており[27]，その影響も考慮した反応速度式が提案され，実験結果をよく表すことも確認されている。

このように，超臨界水中のバイオマスのガス化は触媒によらない均一反応部分と触媒による不均一反応部分にわけて考えることができるが，均一反応については１次反応速度定数はバイオマスの種類によらず，ほぼ一定の値となることも確認されている。一方，活性炭触媒による不均一反応は原料によってその効果が異なり，グルコースやセルロース系のバイオマスについては極めて有効であるが，それ以外のバイオマスにはあまり効果がないことも確認されている。また，木材のようにリグニンが混入した場合にはガス化が大きく抑制されることも確認されている[3]。

なお，貴金属触媒は極めて高いガス化特性を示すが，その反応速度解析を行った例は見られない。実用に際しては急速に劣化が進行することが知られている。これに対して，貴金属を極めて高い表面積で分散させることによって亜臨界域においても高いガス化率を実現した例がある[28]。亜臨界条件での実用プロセスが運転されているが，ニッケルを用いているにも関わらず，触媒コストはまだかなり高価であると聞く。

5. 2. 4　プロセス工学的知見

プロセスが経済的に成立するにあたっては，生成物の分離精製の手間が少ないことが重要である。この観点では，超臨界水ガス化は可燃性ガスという単一生成物を得ることができる点が重要である。水熱炭化，直接液化とも，完全にバイオマスが炭や油に変換できるわけではなく，排水中には多くの未分解有機物が残存している。この未分解有機物の処理まで考慮した場合にプロセスの経済性が出せるかどうかは確認されていない。一方，超臨界水ガス化は条件が整えば100％に近いガス化率を得ることができ，排水中の全有機炭素も極めて低く抑えることができる。

一方，超臨界水ガス化については，高温高圧の反応条件を作るのにエネルギーが必要なので正味でエネルギーを得ることができないのではないかという誤解をよく聞く。超臨界水は確かに高温高圧条件であり，そのために必要な熱量は含有水分をすべて蒸発させるのに必要な熱量に匹敵する。しかしながら，超臨界水反応器の出口流れは高温であり，熱交換器を用いて熱回収を行うことが可能である。反応器出口流れの熱を回収して入口流れを加熱することによって，原理的には外部から熱を供給することなく，必要な高温状態を実現することができる。実際には，熱交換器の効率分しか熱を回収することはできないが，高温高圧状態であっても90％以上の効率での熱回収が容易にできることは確認されている。高圧状態をつくるための圧縮動力は追加で必要となるが，これは原料バイオマスの有するエネルギーの5～10％程度であるので，十分にエネルギー生産型のプロセスとすることができる[29, 30]。

ただし，原料濃度が極端に薄くなると，90％の効率で熱回収を行っても，熱交換器で失う熱量の方が原料の供給する熱量よりも大きくなってしまう。バイオマスの発熱量として20 MJ/kgを考えると，原料濃度が20％の時に超臨界水を作る熱量と原料の発熱量がほぼ等しくなる。上述のように熱交換器で10％，圧縮動力で10％のエネルギー損失を考えると，完全にガス化が進行してもエネルギー効率は80％となる。これらの観点から，現実的には5～10％の原料濃度が求められるというのが研究者間での共通の見方となっている。これよりも濃度が低い原料については，乾燥系バイオマスを混合するなどの調整が必要となる。

このエネルギー回収は，超臨界水を用いたエネルギープラントを考える上で重要であり，バッチ反応を行う場合には熱回収が困難であるために，どうしても連続運転を考慮する必要がある。もちろん，マテリアル生産が目的であり，経済的に高温高圧の状態とするためのエネルギーが問題にならないのであれば熱回収を考える必要はない。

ガス化プロセスについてよく知られていることに，ガス化反応は吸熱反応であるために，その分の熱を供給しなくてはならないという事実がある。乾燥系バイオマスに適用される高温ガス化では，部分酸化あるいは間接加熱が用いられ，空気による部分酸化の場合には生成ガスに混入する窒素のために生成ガスの発熱量が低下してしまう。超臨界水ガス化でも，吸熱反応であればこれを上記のエネルギー効率の計算に考慮する必要があるが，実際には反応熱はほぼ0となる。ガス化の反応熱は，原料の有する発熱量と生成ガスの有する発熱量の差で決定される。高温ガス化の場合には，水素や一酸化炭素が多く含まれるガスとなるために生成ガスの発熱量が高くなり，吸熱反応となるが，超臨界水ガス化の場合には水素とメタンと二酸化炭素が主成分のガスとなるために，生成ガスの発熱量はほぼ原料の発熱量と等しくなる。このガス組成は，水も含めて超臨界水ガス化反応器の中の温度圧力の下で，存在する元素についてのギブズ自由エネルギーを最小にする熱力学計算で決定することができる。結果として，低温，高圧，高濃度ほどメタンが多く生成し，高温，低圧，低濃度ほど水素が多く生成することがわかる。また，一酸化炭素は多量の水の存在のために水性ガスシフト反応で消費され，その含有量は極めて低くなる。無論，これは平衡論なので，反応時間が短い場合には一酸化炭素が数10％の濃度で生成ガスに含まれることもある。

この熱力学計算は無機物の挙動の予測にも有効であることが確認されている。バイオマス中には，窒素，硫黄，リン，カルシウムなどのヘテロ元素も含まれているが，熱力学的な安定性をギブズ自由エネルギー最小条件で決定することによって，これらのヘテロ元素がガス化反応の後，固相，液相，気相のいずれに移行するかも予測できることが実験的に確認されている[31]。

5. 2. 5 装置設計的知見

装置を設計するにあたっては，一般的な超臨界水プロセスと同様に加圧，加熱機構と冷却，減圧機構を有するしくみが作れればよい。ただし，完全なガス化を実現する上では，600℃程度の高温が望ましく，臨界点より少し高い程度の温度のプロセスと比較すると反応器材料の高温での降伏応力の低下に注意する必要がある。また，上記の通り，連続装置とする必要があるので，原料スラリーを高圧で供給する機構に工夫が必要となることが多い。

一般的には，原料供給にはピストンポンプが有効である。高圧用のピストンポンプにスラリーを1 MPa程度で充填し，ピストンの背後から高圧水を供給するか，ピストンそのものを動力で動かすことによって原料を25 MPaの反応器に供給する。もちろん，連続運転のためにはピストンポンプを2台用意しておいて交互に運転する必要がある。

熱交換器は加熱・冷却を熱回収の形で行うために必須である。高圧のために，通常のプレート式やシェル・アンド・チューブは利用できず，2重管熱交換器など，流体は単一の管を流れる機構を有する熱交換器が用いられる。それでも90％以上の熱回収ができることは超臨界水酸化の研究が盛んに行われた1990年代から知られている。

減圧機構としては，可能であれば背圧弁でも良いが，バイオマスの場合には灰分などガス化後も固体が残ることがあるので，背圧弁であればフィルタを上流に設置することが求められる。固体を含むスラリー流を減圧するには，キャピラリー管も用いられる。

超臨界水反応器については，常に腐食が問題となるという誤解も一部にある。これは，超臨界水酸化の研究が行われた時に，酸素が存在する酸化雰囲気下で腐食が進行し，低温ではチタン，高温ではインコネルなどの高価な材料が求められたためである。超臨界水ガス化については，酸素を供給しないため，還元的な雰囲気となるために通常のステンレス反応器でも腐食の問題は大きくない。東広島のパイロットプラントはステンレスで作られているが，大きな問題は生じていない。ただし，塩酸などの酸を流した場合，高濃度のアルカリを流した場合などにはステンレスの腐食が進むことは知られている。バイオマスを原料とする限りにおいては考えにくい条件ではあるが，注意は必要であろう。

また，実際のプロセスにおいてはどうしても反応器の閉塞は問題となる。完全なガス化が実現できれば閉塞の問題は生じないはずであるが，リグニン成分は急速昇温してもチャーを超臨界領域で生成させるし，タンパクや脂質成分は糖ほど容易には分解されない。活性炭触媒は固体のまま排出されるし，灰分はやはり超臨界水中で析出する。この析出物は主としてスラリーとして排出されるが，やはり長時間運転をすると反応器の閉塞が起きることが確認されている。

反応器の閉塞は，反応器ならびに熱交換器の圧力損失を測定することで確認できる。反応器内に固体成分が蓄積すると流路が狭くなって圧力損失が高くなる。これを確認したら，水に切り替えて運転を行ったり[32]，減圧をして空気を送って生成チャー成分を燃焼させたりして復旧することが必要となる。

5. 2. 6　今後の展望

超臨界水ガス化は，そのままではエネルギー利用することが困難な含水性バイオマスを効率良くガス化し，排水中の全有機炭素をほぼゼロとすることができるため，含水性バイオマスの次世代有効利用技術として大きな可能性を有している。原理も明確であり，反応工学的にもプロセス工学的にも一定の知見は得られている。今後，実証運転を積み重ねて実用化につなげていくことが求められる。

現在の一番の問題は経済性であり，特に超臨界水装置にかかるイニシャルコストの回収が通常のエネルギー利用では困難である。このプロセスを用いて廃棄物処理コストを削減すれば10年以内に投資回収を行うことが可能な例は多いが，2～3年での投資回収を実現するには，かなり高い廃棄物処理コストの原料を利用するか，超臨界水装置の価格が低下することが必要となる。当初は，ニッチ的に超臨界水ガス化プロセスが適用できる事例を見いだして商用運転例を増やし，装置コストの低減を図るのが重要と考えられる。

また，研究開発上のポイントについては別にまとめた原稿があるので参照されたい[33]。

文　　献

1）日本エネルギー学会編，バイオマスハンドブック第2版，オーム社（2009）
2）化学工学会・日本エネルギー学会共編，バイオマスプロセスハンドブック，オーム社（2012）
3）松村幸彦，環境バイオテクノロジー学会誌，**16**, 41（2016）
4）Y. Matsumura *et al.*, *Biomass Bioenergy*, **29**, 269（2005）
5）A. A. Peterson *et al.*, Energy Environ. Sci., **1**, 32（2008）
6）Y. Matsumura *et al.*, *J. Jpn. Petrol. Inst.*, **56**, 1（2013）
7）A. Sanjay, *et al.*, ASME Paper No.75-ENAs-21（1975）
8）L. J. Sealock *et al.*, *Ind. Eng. Chem. Res.*, **32**, 1535（1993）
9）D. C. Elliott *et al.*, Ind. Eng. Chem. Res., **32**, 1542（1993）
10）D. C. Elliott *et al.*, *Ind. Eng. Chem. Res.*, **33**, 558（1994）
11）D. C. Elliott *et al.*, *Ind. Eng. Chem. Res.*, **33**, 566（1994）
12）D. C. Elliott *et al.*, *Ind. Eng. Chem. Res.*, **38**, 879（1999）
13）D. C. Elliott *et al.*, *Ind. Eng. Chem. Res.*, **45**, 3776（2006）
14）D. Yu *et al.*, *Energy Fuels*, **7**, 574（1993）
15）X. Xu *et al.*, *Ind. Eng. Chem. Res.*, **35**, 2522（1996）
16）X. D. Xu, *M. J. Antal, Jr., Environ. Prog.*, **17**, 215（1998）
17）M. J. Antal, Jr. *et al.*, *Ind. Eng. Chem. Res.*, **39**, 4040（2000）
18）T. Minowa, Z. Fang, *J. Chem. Eng. Jpn.*, **31**, 488（1998）

19) A. Kruse *et al.*, *Ind. Eng. Chem. Res.* **46**, 87 (2007)
20) T. Yoshida *et al.*, *Biomass Bioenergy*, **26**, 71 (2004)
21) Y. Ogihara *et al.*, *Cellulose*, **12**, 595 (2005)
22) S. Kumagai *et al.*, *J. Jpn. Inst. Energy* **83**, 776 (2004)
23) Promdej, C. *et al.*, *J. Jpn. Inst. Energy*, **89**, 1179 (2010)
24) B. M. Kabyemela *et al.*, *Ind. Eng. Chem. Res.*, **36**, 1552 (1997)
25) B. M. Kabyemela *et al.*, *Ind. Eng. Chem. Res.* **37**, 357 (1998)
26) T. L.-K. Yong, Y. Matsumura, *Ind. Eng. Chem. Res.*, **52**, 5626 (2013)
27) Y. Matsumura *et al.*, *Carbon*, **35**, 819 (1997)
28) H. Nakagawa *et al.*, *Fuel*, **83**, 719 (2004)
29) A. Nakamura *et al.*, *J. Chem. Eng. Jpn.*, **41**, 433 (2008)
30) A. Nakamura *et al.*, *J. Chem. Eng. Jpn.*, **41**, 817 (2008)
31) T. Yanagida *et al.*, *J. Jpn. Inst. Energy*, **87**, 731 (2008)
32) H. Munetsuna *et al.*, *J. Jpn. Inst. Energy*, **89**, 1173 (2010)
33) M. J. Antal, Jr. *et al.*, *J. Jpn. Inst. Energy*, **93**, 684 (2014)

5. 3 キチン・アミノ糖の高温高圧水処理

長田光正*

5. 3. 1 はじめに

カニ殻などから抽出されるキチン，さらに，これらから作り出される各種アミノ糖類には，人体への好ましい生理機能や栄養機能が確認され，機能性食品素材として健康，医療，美容など様々な分野への活用が広がっている[1)]。国民の健康意識の高まりや増大する医療費を抑制するために機能性食品への期待は大きい。本稿では，図1に示す高温高圧水中を反応場として，カニ殻，そこから精製されたキチン，キチン2糖（$(GlcNAc)_2$，*NN'*-ジアセチルキトビオース），*N*-アセチルグルコサミン（GlcNAc）を処理した際の影響を述べる。

5. 3. 2 キチン系バイオマスと現在の利用方法と問題点

キチンは，カニ，エビなどの甲殻類や昆虫類の外骨格，イカの中骨などに含まれ，毎年1,000億トンも自然界で生産されており，セルロースに次いで地球上で2番目に多いバイオマス資源である。化学的にはグルコースのC-2位の水酸基がアセトアミド基に置換された*N*-アセチルグルコサミン単位が直鎖状に5,000個以上β-1,4結合した中性多糖である。近年，キチンに免疫賦活活性，創傷や火傷治癒など医用・生体適合材料，植物病防除剤などの可能性が示され用途開発が盛んに行われている。

キチンは自然界に単独では存在せず，カニ殻であればタンパク質や灰分とともに存在している。キチンの精製は，カニ殻をアルカリ処理による除タンパク，酸処理による脱灰，脱色処理することで行われており，結果として多量の廃液・廃棄物が発生している。キチンの利用を低環境

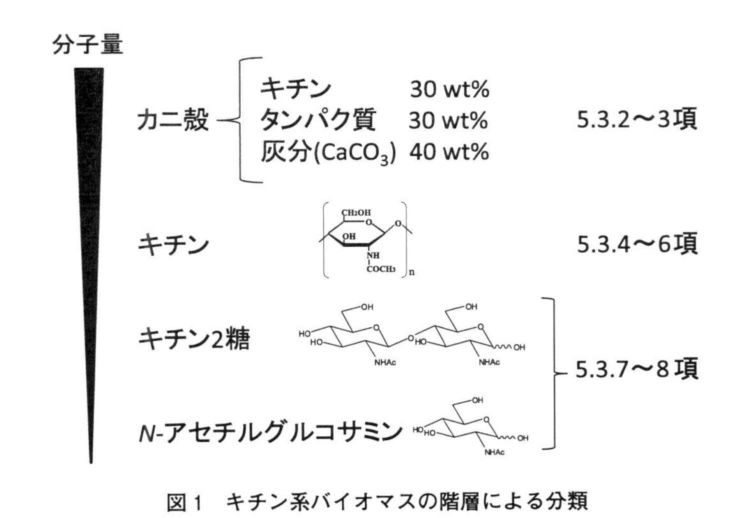

図1 キチン系バイオマスの階層による分類

* Mitsumasa Osada 信州大学 繊維学部 化学・材料学科 准教授

負荷化するためには，キチンを精製する前のカニ殻の段階から考えることが重要である。

5. 3. 3 カニ殻の高温高圧水処理[2~4)]

カニ殻を高温高圧水で処理し，その前後の性状の分析と酵素糖化を行った研究例を図2に示す。高温高圧水処理後，カニ殻中のタンパク質は加水分解され，低分子量のポリペプチドとなり，常温でも水に溶解する成分として回収できる。一方で，キチンと灰分の混合物が固体として残る。また長時間の高温高圧水処理は，キチンの分解も引き起こし，灰分のみが固体として残る。最適な反応条件である350℃，7分処理後のカニ殻の酵素糖化を行ったところ，キチン2糖（*NN'*-ジアセチルキトビオース）の収率は8%であった。（収率は，カニ殻に含まれるキチンの割合である30%が最大値である）。未処理のカニ殻の場合のキチン2糖収率は0%であり，全く酵素糖化が進行しなかった。これらの結果から，カニ殻の最適な高温高圧水処理は，酵素糖化を促進することがわかった。

5.3.4で後述するように，キチンの酵素糖化により，キチンのオリゴ糖を得る検討も行われている。その基質となるキチンは，現状では高純度に精製されたものであるが，最終目的が例えばキチンオリゴ糖であるならば，必ずしも精製キチンを経由する必要はないと考えている。生成物であるキチンオリゴ糖の精製は酵素糖化後に行い，高温高圧水処理は酵素糖化しやすいキチンを含む固体を得るための前処理，という捉え方もあり得る。

5. 3. 4 キチンからのアミノ糖類の現在の製造方法と問題点

現在実用化されている*N*-アセチルグルコサミンの製造法として，カニ殻などから精製したキチンを出発原料とし，強酸下で加水分解する方法がある。しかし，加水分解のための強酸に加え，中和のための強アルカリなどの劇物を大量に使用し，相当量の中和排水（高濃度塩溶液）が発生することが問題である。またこの方法では加水分解を制御できないため，*N*-アセチルグルコサミンは得られるが，キチン2糖などのキチンオリゴ糖を選択的に製造することは不可能である。

酸・アルカリを使用しない*N*-アセチルグルコサミンやキチン2糖など製造法として，キチナーゼ酵素を利用する方法がある。酵素によりキチンを加水分解できれば，劇物の使用や中和排

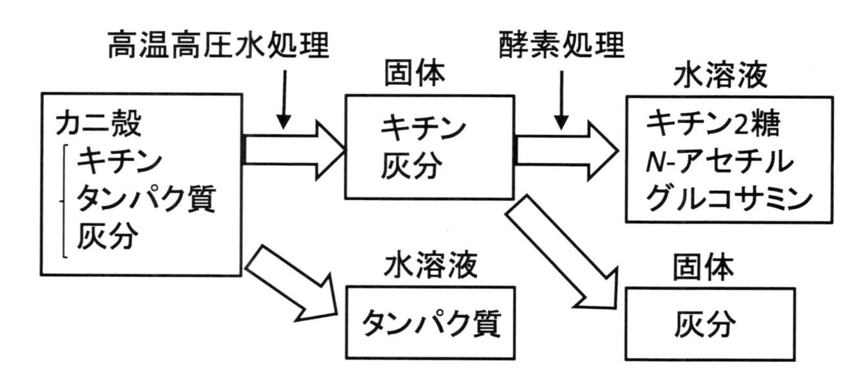

図2　カニ殻の高温高圧水処理と酵素糖化によるアミノ糖の生成

水の発生を抑えられる。しかし，カニ殻やそれから精製されたキチンは結晶構造が強固なため酵素糖化されにくく，これを回避するために，キチンを薬品で前処理してから酵素糖化する方法がある。この代表がキチンの濃塩酸処理と洗浄・固液分離を繰り返して調製するコロイダルキチンである。しかし，コロイダルキチンを工場レベルで調製することは極めて困難である。

5. 3. 5　キチンの高温高圧水処理[4~8]

このような中で，キチンを高温高圧水処理することで強酸や酵素を用いずに，キチン分子鎖中の β-1,4 結合を加水分解する検討も行われてきた。しかし，下記のように高温高圧水処理のみでキチンから *N*-アセチルグルコサミンやキチン２糖を得ることは不可能である。その理由を，これまでの研究例から明らかになってきた高温高圧水中でのキチンの反応を元に示す。

キチンの高温高圧水中での反応経路の模式図（図３）を示す。図３中の処理時間は400℃での例であり，反応温度が低い場合は処理時間は長くなる。またバッチ実験の結果を元にしているため，３分以内は昇温過程であることにも注意が必要である。

処理時間０～0.5分では，キチンの結晶構造や，キチン分子鎖そのものを構成している *N*-アセチルグルコサミン単位の化学構造は安定に存在している。そのため，バルクで見たキチンの粉末や固形物の形状やサイズは維持されている。しかし，キチン分子鎖の加水分解は進行するため，分子量の低下は起こる。

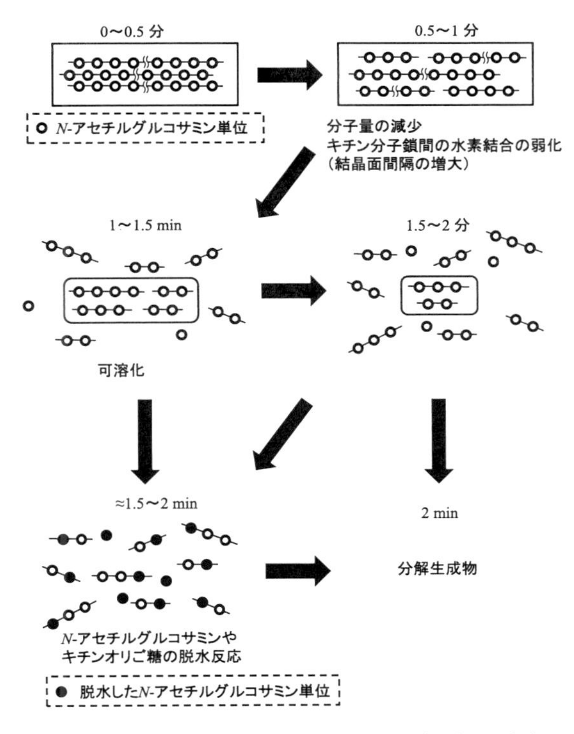

図３　高温高圧水中でのキチンの反応（温度400℃）

処理時間0.5～1分では，キチンの結晶構造は維持されるものの，キチン分子鎖間の結晶面間隔は大きくなる。これはキチン分子鎖間の水素結合が弱化していることを示しており，アミド基の露出も起こる。この間も，キチン分子鎖の加水分解による分子量の低下も進行する。またキチンのバルクとしての形状やサイズも維持されている。

処理時間1～1.5分では，キチン分子鎖の加水分解が続いた結果として，キチンの分子量が常温の水に溶解できるサイズにまで減少する。また低分子化されたキチンは，キチン固体の表面から脱離するため，バルクのキチンのサイズは減少する。

処理時間1.5～2分では，キチン分子鎖の加水分解がさらに進行し，バルクのキチンサイズはさらに減少する。市販されている1 mm以下のサイズのキチン粉末の場合は，この時点で粉末としての形状を維持しておらず，常温に戻した際の見かけ上は水に可溶な生成物と，常温の水に不溶な固体（チャー）の混合物が得られる。水不溶の固体の生成の理由は，(1) バルクのキチン固体の一部が水可溶な分子量になる途中で，脱水反応などが進行し，炭化が進行したこと，(2) 低分子化された水可溶なサイズのキチン分子や分解物の重合，などが挙げられる。処理時間2分以降は，生成する水不溶の固体量が増大する傾向がある。これら水不溶の固体の生成は，キチンに限らず，固体のバイオマスを高温高圧水中で処理した際に見られる。

また上記のすべての処理時間において，キチン分子鎖の加水分解により，キチンのオリゴ糖や*N*-アセチルグルコサミンの生成は，確認できない。これは5.3.8で述べる通り，キチンのオリゴ糖の還元末端側の脱水反応や，*N*-アセチルグルコサミンの脱水反応が，200℃以下の比較的低温で，1分以内で進行してしまうためである。つまりこれらの脱水反応は，キチン分子を構成しているβ-1,4結合の加水分解よりも低温短時間で進行するため，キチンの高温高圧水処理のみで，*N*-アセチルグルコサミン単位の化学構造を維持したオリゴ糖などを得ることは不可能である。これは同じ多糖類であるセルロースとキチンの大きな違いであり，キチンがアセトアミド基を有しているため脱水反応が進行しやすいことが原因である。キチンから*N*-アセチルグルコサミン単位の化学構造を維持したオリゴ糖などを得るには，後述する酵素処理などとの組み合わせが必要になる。

5. 3. 6 高温高圧水前処理によるキチンの酵素糖化の促進[6, 7]

キチンの高温高圧水処理を前処理にとどめ，その後，酵素糖化を行うことでキチン2糖のみを選択的に得る検討も行われている。酵素糖化の前処理として高温高圧水処理を捉えた場合，最適条件は図3の処理時間0.5～1分の，キチンを構成している*N*-アセチルグルコサミン単位の化学構造や結晶構造は維持されているが，キチン分子鎖間の水素結合が弱化される時点でとどめることが重要となる。なぜならキチンの酵素糖化に用いるキチナーゼはいくつか種類はあるが，概ね次の要素が加水分解の促進に繋がるためである。(1) キチン分子鎖間の水素結合が弱化することにより，キチナーゼが基質であるキチンを認識するために重要な置換基であるアセトアミド基が露出される，(2) 水素結合の弱化により，キチナーゼがキチン分子鎖1本1本をバルクキチン固体から剥がしやすくなる，(3) 水素結合の弱化で，キチン分子鎖間に水分子が入り込みやすくなり，バルクキチンの親水性が増し，水中での糖化反応の際にキチナーゼがキチン表面にアクセスしやすくなる，(4) *N*-アセチルグルコサミン単位の化学構造が一部でも壊れてしまうと，キチナーゼが基質をキチンとして認識できなくなるため，脱水反応などが進行しない時点にとどめる。

図４にキチンを酵素糖化処理した結果を示す。未処理のキチンでは，キチン２糖収率は5%と低かったが，高温高圧水処理（400℃，1 min）することにより37%と増大した。別途，高温高圧水処理の温度，時間を変えた実験も行い，400℃，1 minが最適であることを確認した。次に反応場に水が無い状態（400℃，1 min）でキチンを処理したところ，炭化したキチンが得られ，48h酵素反応を行ってもキチン２糖は得られなかったことから，高温高圧水が必要であることがわかった。ボールミル粉砕処理（10 min）のみでは収率は40%程度であった。さらに高温高圧水処理（1 min）後に粉砕処理（10 min）を加えることで，キチン２糖収率は90%以上と大幅に増大した。

以上，キチンの高温高圧水処理を前処理にとどめ，その後，酵素糖化を行うことでキチン２糖のみが選択的に得られる。また酵素糖化の前処理としてボールミルなどの粉砕処理の組み合わせも有効である。

5. 3. 7 *N*-アセチルグルコサミンおよびキチン２糖の変換反応の従来法と問題点[9, 10)]

既往の研究において*N*-アセチルグルコサミンやキチン２糖をホウ酸塩水溶液中で100℃，２時間処理することにより，付加価値が高く医薬品原料として有用なアセトアミド基を有する化合物を合成できることが報告されている。しかし，この研究例では触媒であるホウ酸と生成物との分離精製が必要であることが，医薬品原料として用いる場合は問題である。しかし既往の研究中では，100℃以下の純水中（無触媒下）では*N*-アセチルグルコサミンやキチン２糖は安定に存在し，特に変換反応は進行しないと報告されている。

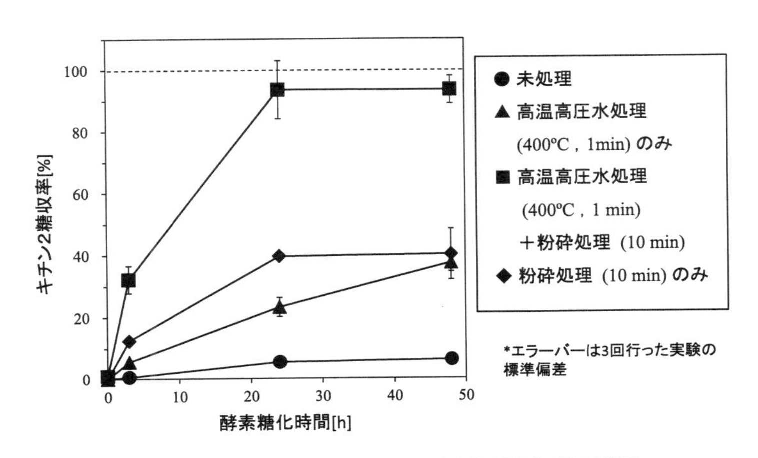

図４　キチンの酵素糖化におよぼす各種前処理の影響

5. 3. 8 *N*-アセチルグルコサミンおよびキチン2糖の高温高圧水中での変換反応[11, 12]

酸触媒を用いずに高温高圧水中で*N*-アセチルグルコサミンの変換反応を行い，その反応挙動を調べた。実験装置として，送液ポンプ，予熱部，反応部，冷却管，および背圧弁で構成されている流通式反応装置を用いた。実験は，試料の3 wt% *N*-アセチルグルコサミン水溶液をポンプで流し，圧力25 MPa，反応温度120～220℃で行った。反応は，試料と予熱部で加熱された高温高圧水を混合させることで行った。また水の流量を変えることにより，反応管内の滞在時間（反応時間）を変えた。生成物は活性炭-セライトカラムで分離精製した後，LC-MSで分子量を調べ，NMRにより構造を決定した。

本実験で得られた生成物とその反応経路を図5に示す。得られた生成物は*N*-アセチルグルコサミンの立体異性体である*N*-アセチルマンノサミンと，水1分子が脱水したChromogen Ⅰとその構造異性体である2-acetamido-3,6anhydro-2-deoxy-D-glucofuranose（化合物1）と2-acetamido-3,6anhydro-2-deoxy-D-mannofuranose（化合物2），およびさらに水1分子が脱水したChromogen Ⅲであった。

図6に生成物収率におよぼす温度の影響を示す。反応温度150℃以下では*N*-アセチルグルコサミンはほとんど反応しなかった。160℃以上で*N*-アセチルグルコサミンの脱水反応が進行し，180℃でChromogen Ⅰ収率は極大を示した。170℃以上でChromogen Ⅲの生成が見られ，その収率は温度とともに増大した。別途行った温度一定条件下における経時変化を調べた結果より，高温高圧水中での反応経路は図5に示すものであることもわかった。

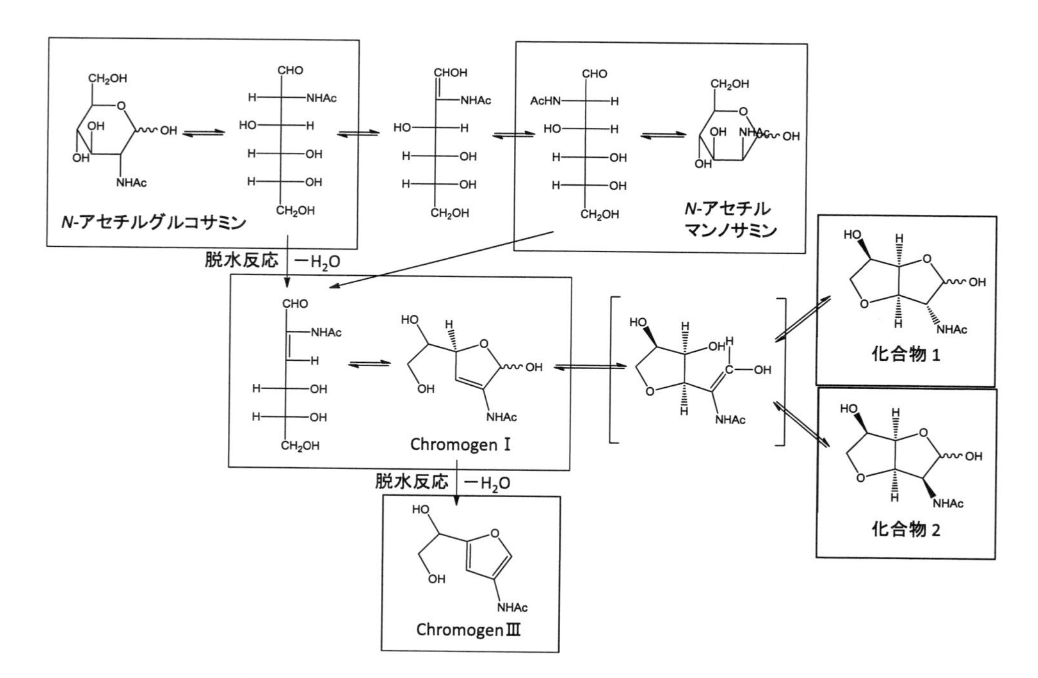

図5　高温高圧水中での*N*-アセチルグルコサミンの反応経路

またキチン２糖についても，上記の図６と同じ条件で検討したところ，図７に示す反応経路で，4-O-b-2-acetamido-2-deoxy-D-glucopyranosyl 2-acetamido-2,3-dideoxydidehydro-glucopyranose（GND）が最大23％で得られることがわかった。

高温高圧水中，無触媒下で*N*-アセチルグルコサミンやキチン２糖の脱水反応が進行した理由は，本実験条件下（160～200℃付近）での水のイオン積（$K_w = [H^+][OH^-]$）の増大にある。常温常圧下では，$K_w = 1.0 \times 10^{-14}$ $mol^2\ kg^{-2}$ であるが，飽和蒸気圧以上（例えば25 MPa）で液体状態の水を維持した際のK_wは温度300℃付近までは増大し，180℃では5.2×10^{-12} $mol^2\ kg^{-2}$，220℃では8.4×10^{-12} $mol^2\ kg^{-2}$となる。これは水分子の解離（$H_2O \leftrightarrows H^+ + OH^-$）が吸熱反応であり，高温ほど平衡定数が大きくなるためである。結果として，高温高圧水中では常温と比較してH^+とOH^-の濃度が高くなり，無触媒下でも酸塩基触媒反応が進行し，

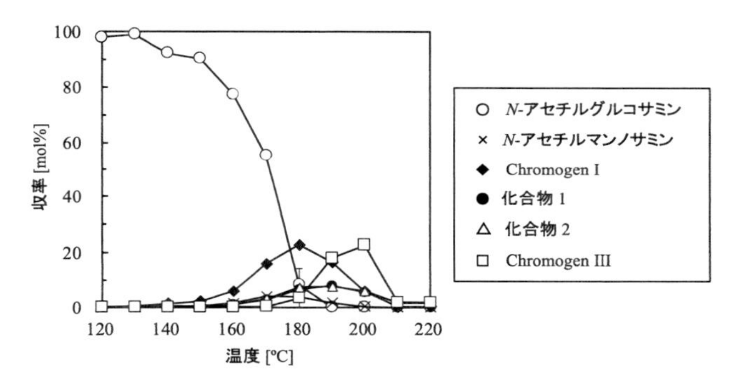

図６　*N*-アセチルグルコサミン変換反応におよぼす温度の影響
（反応時間 32～39 秒，圧力 25 MPa）

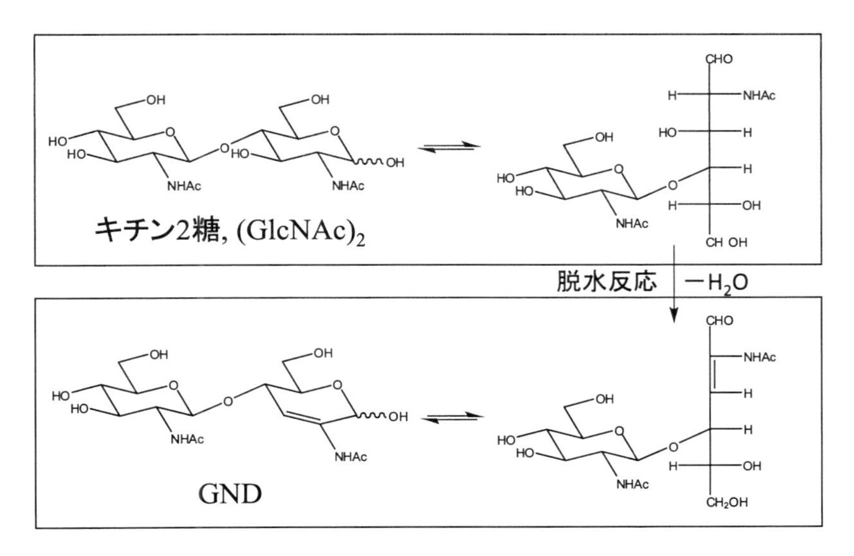

図７　高温高圧水中でのキチン２糖の反応経路

N-アセチルグルコサミンやキチン２糖の脱水反応も起こったと考えている。

今回の検討を通して，*N*-アセチルグルコサミンの脱水反応および脱水後の閉環の形態が，報告例の多いグルコースと異なることがわかった。グルコースの場合は，脱水反応が３箇所（H-2とOH-3，OH-4とH-5，そしてOH-2とOH-5間と言われている）でほぼ同時に起こり，C-2とC5の間で閉環し，5-ヒドロシキメチルフルフラール（5-HMF）が生成することが知られている[7]。これに対し，*N*-アセチルグルコサミンの場合は１箇所（H-2とOH-3）のみで脱水反応が進行し，C-1とC-4の間で閉環し，Chromogen Ⅰを生成した。この違いは*N*-アセチルグルコサミンのC-2にあるアセトアミド基の電子吸引性により，H-2が脱離しやすいことに起因すると考えている。

キチン２糖についても還元末端側の*N*-アセチルグルコサミン単位が開環し，H-2とOH-3で脱水反応が進行し，閉環することでGNDが得られる。これはグルコースの２糖であるセロビオースでは見られない反応経路であり，アセトアミド基の電子吸引性に由来する。

これらの結果は，糖を構成する置換基の種類や位置が，脱水反応の形式に大きな影響を与えることを示唆している。しかし，これらグルコース以外の糖（水酸基以外の置換基をもつ糖）の変換反応については，今回のように高温高圧水を反応場とした場合に限らず，100℃以下の水中や触媒存在下でも検討例が少ないのが現状である。*N*-アセチルグルコサミンなどのアミノ糖はグルコースと同様に自然界に豊富に存在することから，化学的に変換してさらに高付加価値な機能性素材を得るための基礎的研究が，今後さらに求められる。

以上より，高温高圧水（180～220℃）を反応場とすることで酸・アルカリ触媒を使わずに各種*N*-アセチルグルコサミン誘導体やキチン２糖の誘導体を極めて短時間（10～40秒）で合成できる。

5. 3. 9　おわりに

キチンは自然界での賦存量が多いバイオマスでありながら，セルロースと比較して研究が進んでいない資源である。しかし，アセトアミド基を有すため，水酸基だけで構成されるグルコースなどの糖とは違った生体親和性が見られる。このキチンの化学的特徴を活かした変換方法の一つとして高温高圧水の利用を紹介した。高温高圧水をバイオマス変換の反応場とすることは，一般に高額な装置コストにより実用化が難しいことも指摘されているが，キチン系バイオマスに適用した場合には，生成物の付加価値が高いために実用化の可能性も高い。また今回紹介した生成物であるキチン２糖などのキチンオリゴ糖，また*N*-アセチルグルコサミンやキチン２糖の由来の誘導体の機能性は十分明らかになっていないため，今後，機能性評価と用途開発を様々な分野の研究者や技術者が協力して進めていくことも重要である。

文　　献

1) 平野茂博監修："キチン・キトサンの開発と応用", シーエムシー出版 (2004)
2) Quitain, A. T. *et al.*, *Industrial & Engineering Chemistry Research*, **40**, 5885-5888 (2001)
3) Nakamura, H. *et al.*, *Proceedings of International Symposium on Eco Topia Science*, 260 (2007)
4) Osada, M.*et al.*, *Carbohydrate Polymers*, **134**, 718-725 (2015)
5) Sakanishi, K. *et al.*, *Industrial & Engineering Chemistry Research*, **38**, 2177-2181 (1999)
6) Osada, M. *et al.*, *Carbohydrate Polymers*, **88**, 308-312 (2012)
7) Osada, M. *et al.*, *Carbohydrate Polymers*, **92**, 1573-1578 (2013)
8) Aida, T. M. *et al.*, *Carbohydrate Polymers*, **106**, 172-178 (2014)
9) Ogata, M. *et al.*, *Carbohydrate Research*, **345**, 230-234 (2010)
10) Ogata, M. *et al.*, *Bioscience, Biotechnology, & Biochemistry*, **76**, 1362-1366 (2012)
11) Osada, M. *et al.*, *Green Chemistry*, **15**, 2960-2966 (2013)
12) Osada, M. *et al.*, *RSC Advance*, **4**, 33651-33657 (2014)

第2章　無機材料合成技術

1　ナノ粒子合成の基礎

高見誠一*

ナノ粒子とは直径が1～100 nm程度の粒子であり，シリカやニッケル，二酸化チタン，アルミナ，酸化亜鉛，酸化鉄の各ナノ粒子が，フィラーや化粧品，顔料などとして～100 ton/year以上のスケールで利用されている[1)]。これに加え，様々な無機ナノ粒子を触媒や光学材料，電極などに利用する試みが進められており，多岐にわたる合成手法が研究されている。その1つに超臨界流体の特徴を活用した無機ナノ粒子の合成があり，本節ではその基礎について概説する。

粒子の合成方法は，原料を粉砕して粒子とするトップダウン法と，イオンや分子などの前駆体から粒子を析出させるボトムアップ法に大別できる。しかし，トップダウン法ではサイズの小さなナノ粒子を合成することは困難であり，ボトムアップ法が主に用いられている。ボトムアップ法により粒子を生成する過程において，原子や分子など粒子を構成する要素が集まり非常に小さな固体，つまり初期核を形成する過程を核発生過程と呼ぶ。この核発生過程には，固体が存在しない状況で初期核が形成される均一核発生と，既存の固体表面上に初期核が形成される不均一核発生がある。古典的核生成理論では，均一核発生において初期核の形成に伴う自由エネルギー変化ΔGは，式1のように構成要素の凝集エネルギーと初期核の界面エネルギーの和として表される[2)]。

$$\Delta G = -\frac{4\pi}{3}\frac{kT\ln S}{\upsilon_1}r^3 + 4\pi\sigma r^2 \qquad \text{(式 1)}$$

ここでk，T，S，υ_1，σ，rはそれぞれボルツマン定数，絶対温度，過飽和度，粒子中で構成要素1個の占める体積，界面エネルギー，初期核の半径である。この自由エネルギー変化は図1のように初期核半径に依存しており，過飽和度$S>1$のとき$r=r^*$で最大値ΔG^*を有し，均一核発生に対するエネルギー障壁となる。

溶液から粒子を析出させる際，初期核を構成する要素となる原子や分子は絶えず凝集と溶解を繰り返している。凝集により形成された初期核の半径がr^*よりも大きい場合，初期核がさらに大きくなることで系の自由エネルギーはより安定になる。すなわち初期核の成長が続いて生じる。一方，r^*よりも小さな初期核が形成されると，初期核は溶解することで原子や分子に戻る方がエネルギー的に有利となる。従って，このr^*は形成された初期核の安定性を判断する指標

* Seiichi Takami　名古屋大学　大学院工学研究科　教授

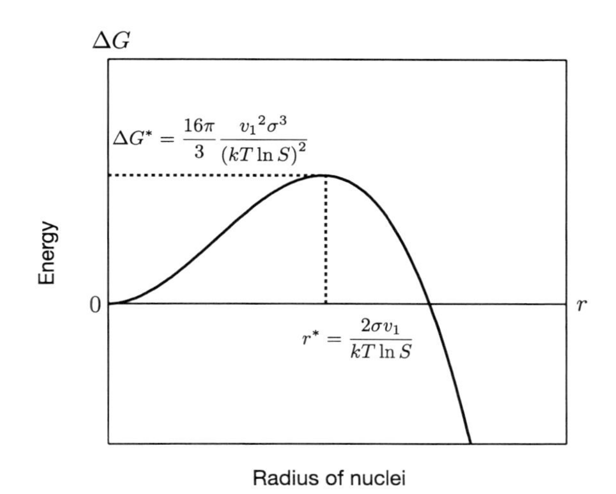

図1　均一核発生における初期核半径と自由エネルギー変化の関係

となり，これを臨界核半径と呼んでいる。臨界核半径は，生成されうる粒子半径の最小値の目安を与えるものだが，図1中のr^*よりわかるように過飽和度を高く，界面エネルギーを小さくすれば臨界核半径は小さくなる。サイズの小さなナノ粒子を合成するには，これらに留意すれば良いことになる。

過飽和度とは，溶液中に存在する粒子構成要素の濃度Cを飽和溶解度C_0で割ったものであり，過飽和度が1より大きいと粒子が生成する。大きな過飽和度を実現して小さなナノ粒子を合成するには，CないしC_0を制御すれば良いことになる。一方，界面エネルギーは，用いる溶媒とナノ粒子の組み合わせにより決まるが，一般的な固体の表面エネルギーと同様に，表面に第3成分を吸着させることで制御することも可能である。

溶媒中に溶解している分子を析出させてナノ粒子を生成する場合，溶解度の大きな溶媒や温度圧力条件を用いれば粒子構成要素の濃度Cは大きくできる。ここからC_0が小さくなる逆の条件に持っていくことができれば，大きな過飽和度を実現できる。また，ナノ粒子が化学反応により生成される場合，反応速度を粒子生成速度よりも十分に大きくすればCは大きくなろう。このように，自由エネルギーの観点からナノ粒子を合成する反応操作の設計が可能となるが，これに加えて核成長の抑制という観点も重要である。実際の粒子合成過程においては，核発生と並行して，溶媒中に存在する粒子構成要素が既存の初期核上に析出する核成長が進行する。より小さなナノ粒子を合成するためには，この核成長を抑制する必要がある。ここで，飽和溶解度C_0が一定の条件で，粒子構成要素が徐々に供給される場合と，急速に供給される場合を考える（図2）。粒子構成要素が徐々に供給される場合，供給された粒子構成要素は初期核の形成に消費されると共に，既に存在する初期核の成長にも使われる。一方，粒子構成要素が急速に供給される場合，その時点で初期核は存在せず，多くが初期核成長に消費され，結果として粒子の成長は抑制される。

以上のように自由エネルギー及び速度の観点からナノ粒子合成へのアプローチを議論したが，それに適した合成環境を実現できる溶媒の１つが超臨界流体である。図３〜６に定温下における二酸化炭素，水及び窒素の分子密度・自己拡散係数・粘性係数・熱伝導率を示す[3~11]。

図３は，超臨界流体の分子密度は気体から液体に相当する範囲で圧力により連続的に変化することを示している。これに伴い，図４〜６のように自己拡散係数・粘性係数・熱伝導度などの物性も連続的に変化するが，臨界点（水：374℃，22.1 MPa，二酸化炭素：31.1℃，7.4 MPa）近傍では小さな圧力・温度の制御で大きく物性値が変化する。また，分子密度が大きく変わることは，溶解度も大きく変化することを意味している。これは，圧力の急激な操作によるナノ粒子

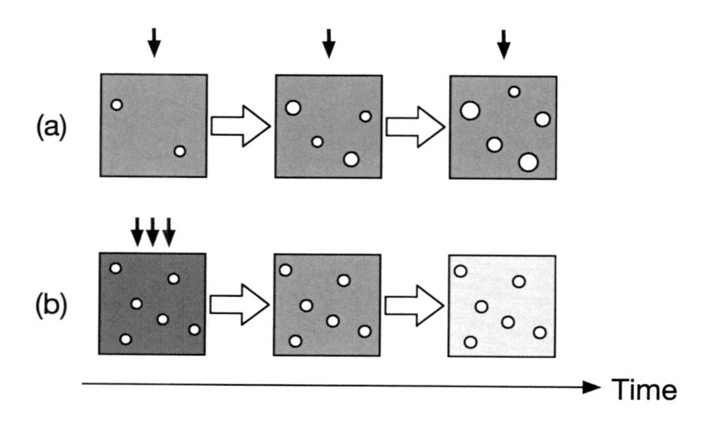

図２　(a) 徐々に粒子構成要素が供給される場合，(b) 一気に粒子構成要素が供給される場合，における初期核の生成，成長過程の模式図

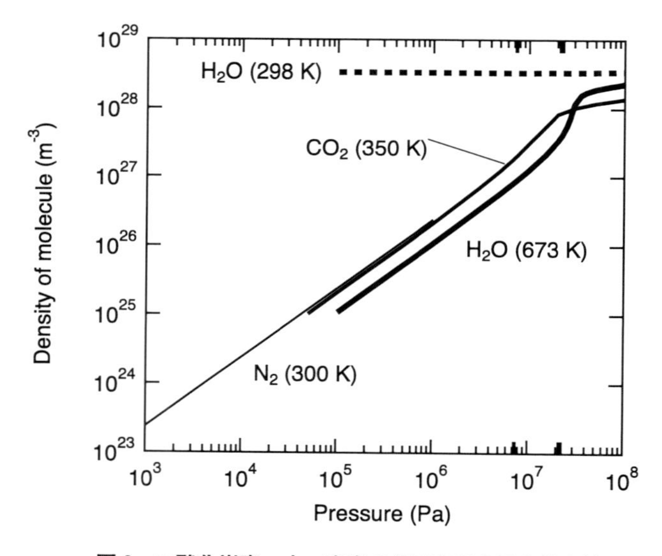

図３　二酸化炭素，水，窒素の分子密度の圧力依存性

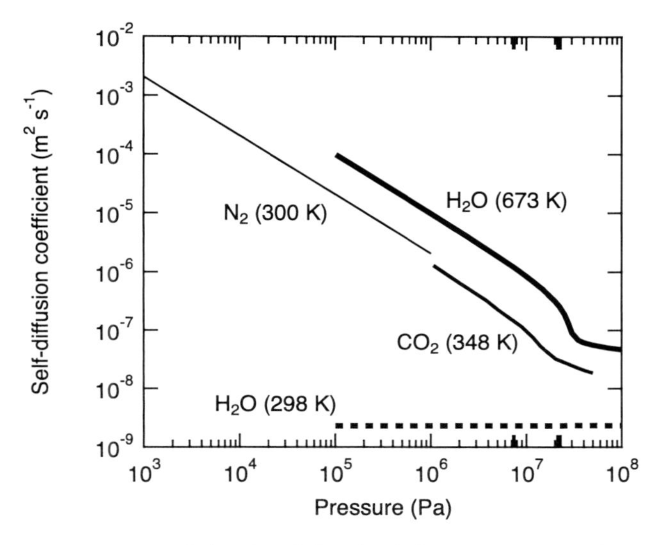

図４　二酸化炭素，水，窒素の自己拡散係数の圧力依存性

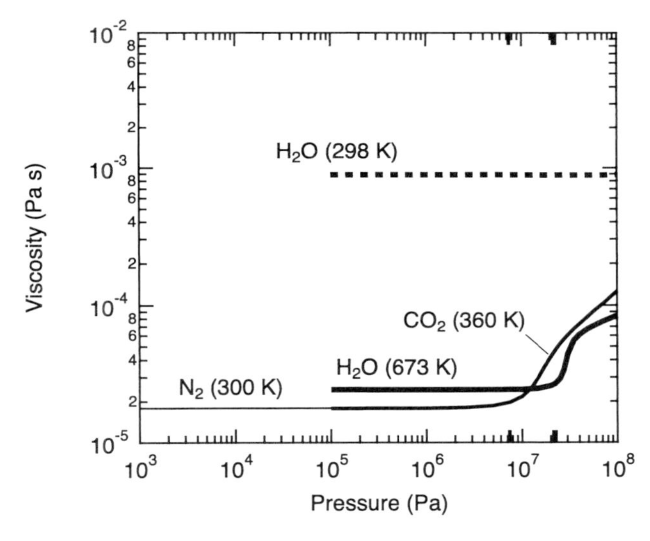

図５　二酸化炭素，水，窒素の粘性係数の圧力依存性

生成プロセスが可能であることを示している。続いて，溶媒を混合して化学反応を進行させる，ないし溶解度を減少させることによるナノ粒子の合成という観点からこれらの物性を見てみよう。超臨界流体は液体である常温の水よりも自己拡散係数は1～2桁大きく，粘性係数は1～2桁ほど小さい。従って，反応溶液の迅速な混合と，それに伴う急速な固相析出，小さな粒子の生成が期待できる。さらに，超臨界水を反応溶媒として用いる場合，温度が比較的高いこと，誘電率が大きく変化することもナノ粒子合成には好都合である。水の臨界点は374℃であるため，超

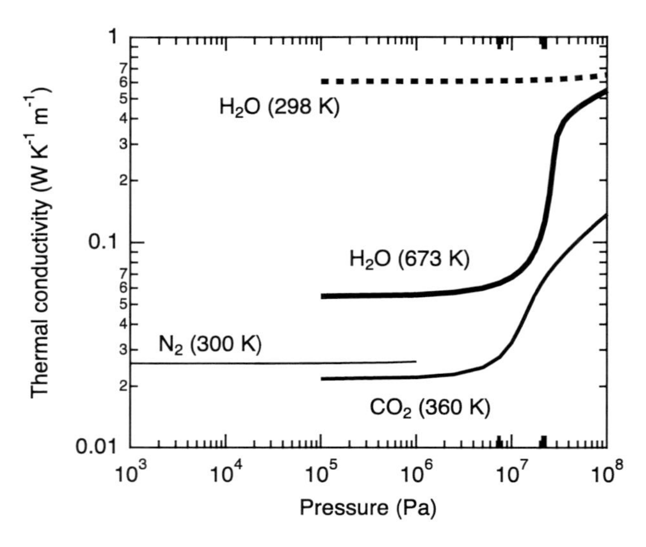

図 6　二酸化炭素，水，窒素の熱伝導率の圧力依存性

臨界水中での吸熱反応は室温と比べて速く，高い過飽和度を実現可能である。また，室温における水の誘電率は 78 程度であるが，温度の上昇と共に減少し，400℃では圧力にもよるが 10 以下の数値をとる。この値は極性有機溶媒と同程度であり，イオンへの解離により溶解する化学種の溶解度は減少し，過飽和度の上昇をもたらすことが可能である。この特徴を活用した様々なナノ粒子合成が行われている。一方，誘電率の変化も含めた超臨界水の反応場としての特徴により，多彩な材料の合成も可能である。超臨界水は「密度の高い水蒸気」に近い存在であり，気体とよく混合する。従って，酸素や水素分子を導入して酸化・還元を行い，金属種の価数を変化させたナノ粒子も合成できる。さらに，誘電率が小さいことから超臨界水は有機溶媒ともよく混合し，有機分子の共存による界面エネルギーの低下や有機分子で表面を修飾したナノ粒子の合成も可能となる。このように，反応溶媒としての特徴も含め，超臨界流体はナノ粒子合成に適した溶媒であり，金属，酸化物，硫化物さらには有機分子ナノ粒子など多岐にわたるナノ粒子の合成が活発に進められている。

文　　献

1)　厚生労働省　ナノマテリアルの安全対策に関する検討会報告書，http://www.nihs.go.jp/mhlw/chemical/nano/nanoindex.html

2)　粉体工学会編，粉体工学叢書　第 2 巻　粉体の生成，p.72，日刊工業新聞社（2005）

3）荒井康彦監修，超臨界流体の全て，テクノシステム（2002）
4）水熱科学ハンドブック編集委員会編，水熱科学ハンドブック，技報堂出版（1997）
5）日本熱物性学会編，新編　熱物性ハンドブック，養賢堂（1990）
6）V. Vesovic, W. A. Wakeham, G. A. Olchowy, J. V. Sengers, J. T. R. Watson and J. Millat, *J. Phys. Chem. Ref. Data*, **763**, 19（1990）
7）K. R. Harris and L. A. Woolf, *J. Chem. Soc., Faraday Trans. Part 1*, **76**, 377（1980）
8）P. Etesse, J. A. Zega, R. Kobayashi, *J. Chem. Phys.*, **97**, 2022（1992）
9）R. Span and W. Wanger, *J. Phys. Chem. Ref. Data*, **25**, 1509（1996）
10）W. Wagner and U. Overhoff, ThermoFluids, Springer.
11）高見 誠一，南 公隆，北條 大介，有田 稔彦，阿尻 雅文，真空，**52**，550（2009）

2　無機ナノ粒子のフロー合成

陶　究*

2. 1　はじめに

金属，水酸化物，酸化物，塩といった無機物のナノ粒子は，化学的・熱的・機械的安定性に優れるものが多く，極めて広い分野での利用が期待され，様々な合成法が提案されている。その中でも，東北大学の阿尻教授らが1992年に提案した「超臨界水を反応場とした無機ナノ粒子のフロー合成法」は，原理的に粒径，組成，形態，構造を制御したナノ粒子を連続製造できることから，産業化までを見据えた場合の優位性が極めて高い[1)]。そのため，提案後，急速に世界中へ広まり，各国で研究開発が進められ，一部は既に実用化している[2)]。本稿では，材料としての適応範囲が広い酸化物に焦点を絞り，実際に合成を行うにあたり理解しておくべき，超臨界条件を含む水溶液系の物性と水熱合成反応，フロー合成のための装置設計，粒子生成機構と粒径制御指針について解説する。また，その他の無機ナノ粒子の合成事例についても紹介する。

2. 2　水溶液系の物性

2. 2. 1　水の密度と誘電率

水の密度は，臨界圧力（22.1 MPa）以上において，定圧下では温度上昇にともない常温付近の高密度状態から臨界温度（374℃）以上の低密度状態まで相転位（相分離）なく連続して減少する。特に臨界圧力付近の定圧下では，密度は臨界温度近傍で温度上昇にともない急激に減少する。この密度（水濃度，水の分子間距離）の変化に対応して，誘電率も温度上昇にともない連続して減少する。そのため，常温で極性溶媒である水も，超臨界条件では無極性溶媒と同様の性質を示す。また，臨界温度以上の定温下では，圧力操作により密度や誘電率は大幅に変化し，高圧ほど高くなる。

2. 2. 2　電離平衡[3)]

水や弱酸・弱アルカリといった弱電解質の電離は吸熱反応であるものが多く，その場合，常温から300℃程度までの亜臨界条件では電離定数は定圧下で温度上昇にともない一度緩やかに増加する。一方で，強酸・強アルカリといった強電解質の電離は発熱反応であるものが多く，その場合，電離定数は定圧下で温度上昇にともない緩やかに減少する。その後，臨界温度以上の超臨界条件では急激な密度や誘電率の低下に起因して，電離により生成するイオンが水和安定化され難くなるため，いずれの電離定数も急激に減少する。この電離定数の減少は，密度や誘電率の傾向と同様に，臨界圧力付近の定圧下においてより顕著になる。よって，超臨界水中ではHClやNaOHといった強電解質であっても，大半がHClやNaOHの分子（会合体）として存在するために弱電解質のような性質を示し，酸やアルカリとしての機能は著しく低下する。

---

*　Kiwamu Sue　（国研）産業技術総合研究所　化学プロセス研究部門

2. 2. 3　溶解度・相平衡

塩の溶解度は，定圧下では温度上昇とともに臨界温度付近で急激に減少し，超臨界水中では，亜臨界水中と比較して数桁も低い値となる[4)]。これは，電離定数と同様に，密度や誘電率の減少により溶解により生成するイオンが水和安定化され難くなることに起因する。なお，定温下では，溶解度は高圧ほど高くなる。また，純水の臨界温度を超えた条件であっても，温度，圧力，塩濃度によって固液二相，固気二相，気液二相などの状態となるため，相状態をふまえたプロセスの設計が重要となる[4)]。

無極性ガスや有機物の溶解度は，超臨界水が低誘電率場であるため亜臨界水中に比較して増加する。なお，炭化水素系では，炭素数や炭化水素の臨界点に応じて臨界軌跡や相挙動が大きく異なる[4)]。また，超臨界水中では均一相を形成しても，冷却・減圧過程で気液または液液分離する場合が多いため，常温常圧から高温高圧までの全体の相平衡を把握した上でのプロセス設計が重要となる[4)]。

酸化物（水酸化物）の溶解度は，超臨界条件に限定すると塩，無極性ガス，有機物と比較してデータが僅少である。これは，高温高圧の過酷環境に耐えうる装置開発が困難であることに加えて，溶解度が極めて低いことに起因する。一方で，亜臨界条件の300℃までの温度範囲では膨大なデータが体系化されて，計算のためのソフトウェアが市販されている[5)]。純水中における各種酸化物溶解度の温度依存性（計算値）を図１に示す。溶解度は温度上昇にともない若干増加する系が多いが，増減は最大で２桁程度である。また，金属の価数が多い酸化物ほど溶解度が低くなる傾向がある。超臨界水中での溶解度についてはSiO_2，CuO，PbOなどが報告されている[6~8)]。いずれの系でも定圧下で温度上昇とともに溶解度は増加し，その後，臨界温度付近から500℃付近までに急激に減少するが，増減は最大で２桁程度であり，塩の溶解度に比較して変化

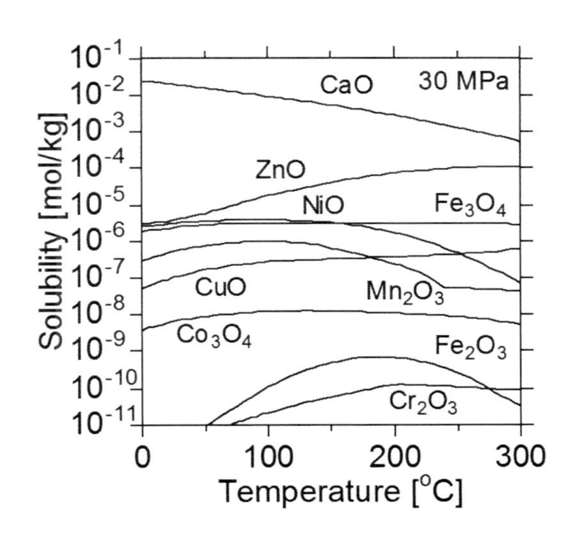

図１　純水中における各種酸化物の溶解度の温度依存性

が少ない。

酸化物（水酸化物）の溶解反応は，複数の反応が関与する。酸化銅（CuO）を例に挙げると，以下の5種が関与するとされており，溶解度はCu種（Cu^{2+}，$CuOH^{+}$，$Cu(OH)_2^{0}$，$Cu(OH)_3^{-}$，$Cu(OH)_4^{2-}$）の総濃度として定義される。

$$CuO + 2H^{+} = Cu^{2+} + H_2O \quad (R1)$$
$$CuO + H^{+} = CuOH^{+} \quad (R2)$$
$$CuO + H_2O = Cu(OH)_2^{0} \quad (R3)$$
$$CuO + 2H_2O = Cu(OH)_3^{-} + H^{+} \quad (R4)$$
$$CuO + 3H_2O = Cu(OH)_4^{2-} + 2H^{+} \quad (R5)$$

これらの反応から明らかなように，酸化物の溶解度はH^{+}濃度の影響を大きく受け，酸性条件では（R1）および（R2）の反応が，アルカリ性条件では（R4）および（R5）の反応が支配的になる。また，純水中ではイオンを含まない（R3）の反応が支配的となる。そのため，密度や誘電率の変化の影響を受けにくく，純水中での臨界温度近傍における溶解度の変化は，塩に比べて緩やかになる。純水中，および，酸としてHCl，アルカリとしてNaOHを使用した場合のCuOの溶解度の温度依存性（計算値）を図2に実線で示す。HClやNaOHの濃度によって，溶解度が6桁程度変化することがわかる。一方で，超臨界を含む300℃以上の条件については，現状ではデータが僅少なため溶解度の傾向は明言できないが，誘電率や電離反応の傾向から温度依存性は次のように推測できる。2.2.2で述べたとおり，低圧下の超臨界水中では酸やアルカリの電離定数は極めて低くなり，HClやNaOH水溶液であっても酸やアルカリとしての機能が著しく低下する。これは，極めて低い誘電率の条件であれば，酸やアルカリの共存下であっても純水と同

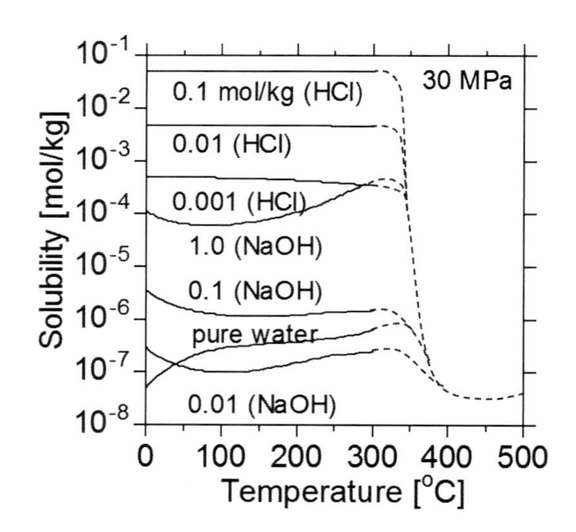

図2　純水中およびHCl・NaOH水溶液中でのCuO溶解度の温度依存性

程度の溶解度を示す可能性が高いことを意味している。この場合に想定される溶解度の温度依存性を図2中に破線で示す。HCl濃度0.1 mol/kgの水溶液の環境では，温度操作により溶解度を10^{-2} mol/kgから10^{-7} mol/kgまで5桁程度も低下できる。なお，HClやNaOHの共存環境では，以下に示すような低誘電率場特有の会合（錯形成）反応の進行も予想される。そのため，より正確な溶解度の把握にはこれらの平衡定数や反応により生成する塩の溶解度の把握が不可欠である[9,10]。

$$Cu^{2+} + Cl^{-} = CuCl^{+} \quad \text{(R6)}$$

$$Cu^{2+} + 2Cl^{-} = CuCl_2^{0} \quad \text{(R7)}$$

$$Cu(OH)_3^{-} + Na^{+} = NaCu(OH)_3^{0} \quad \text{(R8)}$$

2. 2. 4　イオンの関与する反応の平衡定数の相関および推算[3]

超臨界条件を含む水中における電離反応などのイオンの関与する反応の平衡定数の相関には，複雑な温度圧力依存性を温度と水密度の関数として記述した経験式が提案されている[11]。また，適用範囲を限定することで推算式としても利用できる[12]。一方で，温度圧力変化にともなうイオンの溶媒和自由エネルギーの変化をBornの理論に基づき誘電率の関数として組込んだ推算式も提案されている。低水密度条件（<0.35 g/cm^3）を除く1000℃，500 MPaまでの条件で推算が可能である。SUPCRT92というプログラムで計算でき，オンライン利用できるインターフェースが公開されている[13,14]。また，低水密度条件の推算精度を改良した推算式も提案されている[15]。なお，推算式については，亜臨界水中の膨大なデータに加えて，超臨界水中で報告されているNaClなどの電離定数といった限られたデータに基づいて開発および検証されているため，利用する際はこの点について留意する必要がある。

2. 3　酸化物ナノ粒子の合成

2. 3. 1　水熱合成反応

酸化物の水熱合成反応は，主に水溶液中の原料金属塩の加水分解による水酸化物生成反応と，水酸化物の脱水縮合による結晶化反応により構成される。一例として，$CuCl_2$水溶液からCuOを合成する場合，簡単には，各反応は以下のように記述できる。

$$Cu^{2+} + 2Cl^{-} + H_2O = Cu(OH)_2^{0} + 2HCl^{0} \quad \text{(R9)}$$

$$Cu(OH)_2^{0} + 2HCl^{0} = CuO + 2HCl^{0} + H_2O \quad \text{(R10)}$$

2.2で述べたとおり超臨界水中の特に臨界圧力付近の低圧条件では水密度やHClなどの酸の電離定数が極めて低くなり，大半がHCl^0といった会合状態で存在する。そのため，CuOなどの酸化物の溶解度を低く制御しつつ，低密度下で高速に脱水縮合反応を進行させることができる。つまり，ナノ粒子合成に不可欠な高い過飽和比の条件を設定でき，高結晶性のナノ粒子が生成する。また，温度圧力の操作により，共存する酸や水の電離定数，関連する溶解反応の平衡定数，さらには溶解しているイオン種の濃度と分布を制御できるため，核生成だけでなく成長過程も正確に制御でき，形態制御も可能である。なお，原料である金属イオンやCl^-などの配位子の種類によっては，加水分解反応を確実に進行させるため，さらに，溶解度を確実に低下させるため，NaOHなどのアルカリを添加する必要がある。ただし，(R9) および (R10) の反応系にNaOHを添加する場合，温度圧力条件によっては，超臨界水中において目的とするCuOだけでなくNa^+とCl^-の会合によりNaClが析出する。そのため，均質なナノ粒子を得るためには溶解度や相平衡を考慮した原料金属塩やアルカリの選択も重要となる。

また，複数の金属種からなる複合酸化物の合成についても考え方は同様である。$CuCl_2$ + $ZnCl_2$ + $FeCl_3$溶液から$Cu_{0.5}Zn_{0.5}Fe_2O_4$を合成する場合，簡単には，各反応は以下のように記述できる。

$$0.5Cu^{2+} + 0.5Zn^{2+} + 2Fe^{3+} + 8Cl^- + 8H_2O = Cu_{0.5}Zn_{0.5}Fe_2(OH)_8{}^0 + 8HCl^0 \quad (R11)$$

$$Cu_{0.5}Zn_{0.5}Fe_2(OH)_8{}^0 + 8HCl^0 = Cu_{0.5}Zn_{0.5}Fe_2O_4 + 8HCl^0 + 4H_2O \quad (R12)$$

このような系では，Fe_2O_3やCuOが個別に生成することを回避するため，NaOHなどのアルカリを添加して加水分解反応や溶解度を制御し，含まれる全ての金属イオンからなる$Cu_{0.5}Zn_{0.5}Fe_2(OH)_8{}^0$といった水酸化物形成条件の設定が重要となる。

2. 3. 2　反応装置と昇温・混合過程の制御

回分式装置では，反応温度に加熱した容器の壁面を介した伝熱により内部の溶液が加熱されて反応が開始される。そのため，図3aに示したように，内壁面に接した溶液は比較的速く加熱されるものの，溶液全体としては広い温度分布をとりながら緩やかに加熱され反応温度に到達する。降温時も同様である。特に，昇温過程で装置内の原料溶液が長い時間に渡って亜臨界条件に晒されるため，超臨界水中で高速に進行する水熱合成反応だけを選択的に進行させて，均質なナノ粒子を得ることは不可能である。

この課題解決のため提案されたのが，流通式装置を用いるフロー合成法である[1,2]。装置の概略図を図4に示す。高圧ポンプを用いて常温の原料溶液（金属塩水溶液）を供給し，別ラインから高圧ポンプで供給した加熱水とT字型の継手内で混合することにより昇温する方法である。図3bに示したように，流通式装置では回分式装置と比較して昇温時間を短縮できる。アルカリ水溶液との混合が必要な場合は，常温で原料溶液とアルカリ水溶液を混合した後に加熱水と混合する方法（図4b）や，加熱水とアルカリ水溶液を混合した後に原料溶液と混合する方法（図4c）が用いられる。また，急速冷却して反応を瞬時に停止したり，回収時の凝集を抑制したりするために反応後に直接冷却水や修飾剤溶液を混合することもある（図4d）。通常は，混合部Aの中心から間接冷却器入口（直接冷却水と混合する場合は混合部Dの中心）までを反応器として，所望の平均滞留時間の設定に必要な配管径や配管長を，質量流量，反応温度および圧力における水密度から算出する場合が多い。この流通式装置の利用により，回分式装置では不可能であった結晶性の高いナノ粒子の連続製造が達成できる。一方で，本法を用いても，広い粒径分布

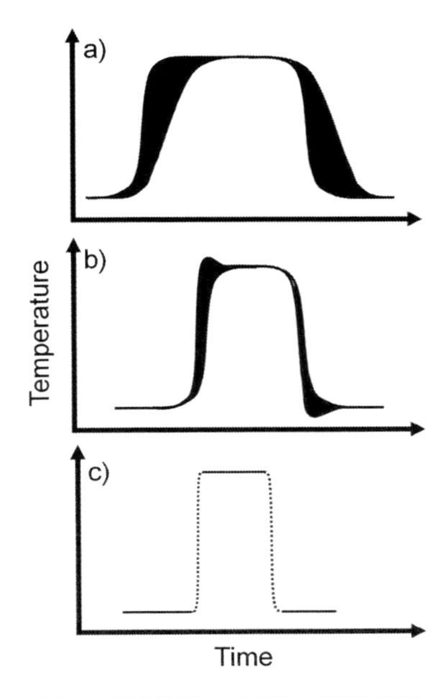

図３　反応装置内の昇温・降温履歴
a）回分式装置，b）流通式装置，c）理想の温度履歴

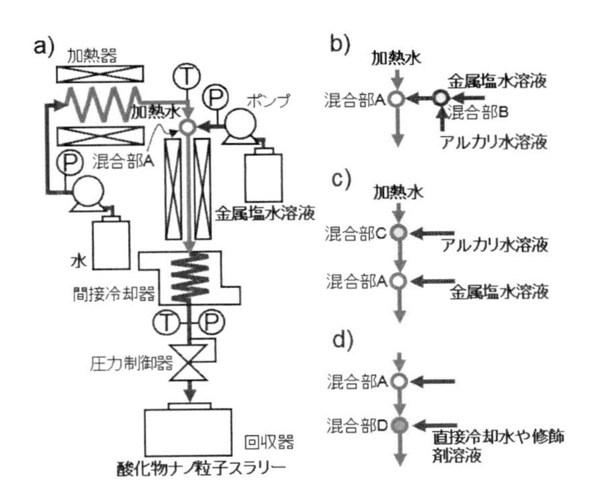

図４　無機ナノ粒子のフロー合成のために提案された流通式装置

や多峰分布のナノ粒子が生成する合成系も見られる。粒径の分布は，核生成および成長過程に分布があることを意味する。複合酸化物の場合には組成（構造）分布に直結する場合が多いため，解決が不可欠である。溶解度や相平衡の把握と制御が不十分なだけでなく，昇温・混合過程の把握と制御が不十分なことが原因の場合も多い。具体的には，以下の２つが挙げられる。なお，解決方法については後述する。

(1)　混合律速条件での合成

均質な粒子が得られない場合の多くは混合部内および混合直後の配管内の流れが層流もしくは層流から乱流への遷移域であることが多い。原料溶液は低温，高密度，高粘度の流体，加熱水は高温，低密度，低粘度の流体であることから，レイノルズ数が低すぎると２液の混合が迅速に完結せず，理想的な急速昇温が達成されていない状態で反応が進行してしまう。

(2)　不均質核生成の併発

溶液からの粒子生成には均質核生成と不均質核生成の２つの過程が存在する。装置内壁面などに誘起されて起こるものが不均質核生成であり，壁面の影響を受けずに起こるものが均質核生成である。なお，不均質核生成は均質核生成より低い過飽和比で進行する。図５に混合部の数値流体力学解析の結果の一例を示す。Ｔ字型混合部では，混合完結までの間，原料溶液の一部が流路内壁面に沿って加熱されつつ流れる。混合が完結してから（温度分布が解消して反応温度に到達してから）均質核生成すれば問題はなく，均質なナノ粒子が製造できる。しかし，図５のような場合では，常温の原料溶液が混合部に対して鉛直下向き方向に流入し，水平方向の右向きに流入する加熱水により，流路右側の内壁面に押しつけられるようにして混合が進行する。また，Ｔ字型混合部および周辺の配管が金属製のため，加熱水からの金属壁面を介した伝熱により，混合前の流路を流れる原料溶液のうち流路内壁面に接触している部分は300℃付近まで加熱される。そのため，特に原料濃度が高い系やアルカリ水溶液との混合により水酸化物が生成して流体粘度が高くなる系などの場合は，均質核生成に加えて，混合前，混合部内および混合後の流路内壁面で不均質核生成が併発する場合が多い。均質な粒子が合成できないだけでなく，合成時の圧力変動，さらには，流路閉塞にも繋がるため安全面からも抑制や回避が必要である。

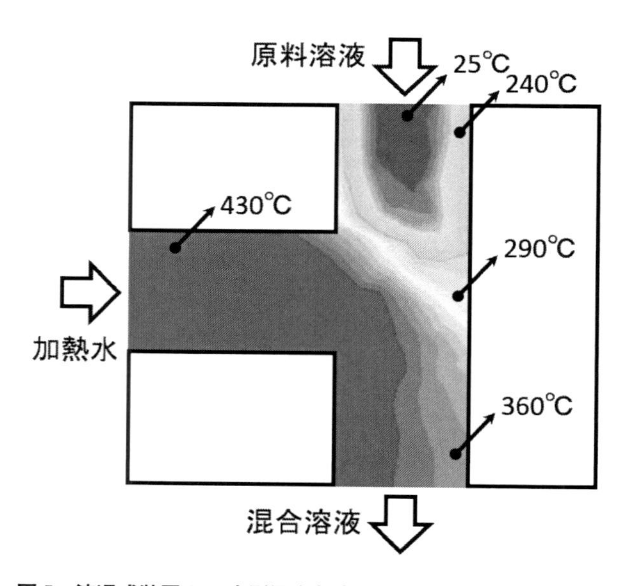

図５　流通式装置のＴ字型混合部内の数値流体力学解析の一例

2. 3. 3　混合律速条件と反応律速条件

多くの合成が報告されている400℃，30 MPaの条件において，混合部および混合部直後に接続される配管の内径と流量を変化させた場合の，合成した酸化物ナノ粒子の平均粒径と流路内のレイノルズ数（*Re*）の関係が報告されている[16, 17]。硝酸塩水溶液を原料としたAlOOH，NiO，CeO_2，Co_3O_4，Fe_2O_3，ZrO_2の合成系が対象である。金属種によって平均粒径は異なるものの層流域から乱流域へ*Re*の増加とともに平均粒径は減少し，5×10^4以上の高*Re*側では平均粒径はほぼ一定値をとる。これは，混合部および直後の配管内の*Re*を5×10^4以上の乱流場にすることで混合過程の影響を受けない反応律速の条件が設定できることを示している。このことは，均質な酸化物ナノ粒子が得られることだけでなく，正確な反応（粒子生成）機構の解析を行う上でも重要である。この*Re*の条件は層流から乱流へ遷移するときの臨界レイノルズ数より1桁以上大きい。これは，乱流場であっても流動状態が均質化するまでの遷移域が生じ，それが合成される粒子の粒径や分布に影響を及ぼすことを示している。なお，CeO_2の合成系では360℃および380℃でも同様の検討が報告されており，*Re*がそれぞれ8×10^3および2×10^4以上の高*Re*側では平均粒径はほぼ一定値となり反応律速となる[18]。温度低下とともに反応律速となる*Re*のしきい値が小さくなるのは，原料溶液と加熱水の密度差や粘度差が小さくなることに加えて，反応速度が遅くなるためと考えられる。なお，反応律速条件を把握する手段として，ダムケラー数（*Da*）を用いた検討も進められている[18]。

高*Re*側の合成条件として，400℃，30 MPa，原料溶液および加熱水の流量がそれぞれ20 g/minおよび80 g/min，流路内径が300 μmの場合を考えると，*Re*は10^5程度となる。混合部の数値流体力学解析によって，混合部の中心から混合後の配管方向の温度分布を計算すると，混合中心から10 mm程度の位置で，流路内の最高温度と最低温度がほぼ等しくなる。低温側の温度履歴に基づいて昇温時間を算出すると10^{-3} s以下となる[19]。解析に純水の物性値を用いるため金属塩を含む実際の反応系とは多少異なると考えられるが，ミリ秒の単位で反応を追随できることになり，詳細な粒子生成機構を解析する上でも有効である。

反応律速条件での検討は，目的とする生成物を確実に得るためにも重要である。例えば，$Al(NO_3)_3$を原料とした場合，400℃，30 MPaにおいて，低*Re*条件では昇温途中でAlOOHが生成し，その後成長して数十～数百 nmのAlOOHナノ粒子が生成する[20]。一方で，高*Re*条件では10 nm以下のAl_2O_3ナノ粒子が生成する[21, 22]。また，$Ni(NO_3)_2$と$Fe(NO_3)_3$の混合水溶液を原料とした場合，低*Re*条件ではFe_2O_3が，高*Re*条件では$NiFe_2O_4$が生成する[23]。これらの結果は，低*Re*の混合律速条件において，原料溶液が昇温の過程で超臨界水中と比べて溶解度が高く，反応速度が遅い亜臨界条件を経由することに起因する。

2. 3. 4　混合部の構造最適化

酸化物ナノ粒子のフロー合成において，粒径が小さく均質なナノ粒子をより安定して合成するための混合部の構造最適化の検討事例を紹介する。混合の促進には，2.3.3で述べたように，高*Re*条件を設定するために混合部内および直後の配管内の流路内径を小さくすることが有効である。しかし，*Re* の増加は圧力損失の増加と直結するため，プロセス設計上極力回避する必要がある。その解決手段として旋回流を利用する方法が提案されている[24, 25]。この混合部は，中心軸上に流入する原料溶液に対して２流路に分割された加熱水が中心軸から所定距離だけ偏心された位置に流入することにより，混合部内で旋回流を生じる構造を備えている。$Ni(NO_3)_2$ を原料とした NiO 合成系での検討により，T 字型混合部を用いた場合と比較して混合が促進されて，低 *Re* 条件でも反応律速条件となることが確認されている[26]。

不均質核生成の回避には，2.3.2 で述べたように，「①混合点（混合部中心）後の流路の内壁面での核生成」と「②加熱水供給部からの壁面を介した伝熱による混合点前の原料溶液供給流路の内壁面での核生成」を抑制する構造が必要となる。①については，混合部の中心軸上を鉛直下向き方向に流入する原料溶液に対して，４つの流路に分割された加熱水が水平の周囲四方から，原料溶液を覆うように流入する方法などが提案されている[27～29]。$Zn(NO_3)_2$ と $Fe(NO_3)_3$ の混合水溶液を原料とした $ZnFe_2O_4$ 合成系では，粒径分布が，T 字型混合部を用いた場合の 8～30 nm から，4～16 nm へと狭くなる[28]。また，$Fe(NO_3)_3$ を原料とした Fe_2O_3 合成系では，高原料濃度条件での粒径分布が，T 字型混合部を用いた場合には 10 nm と 70 nm 付近にピークをもつ二峰分布になるのに対し，10 nm 付近にのみピークをもつ単峰分布の粒子が生成し，合成時の圧力変動や圧力上昇が抑制できる[29]。②については，原料供給流路の内径を小さくして流速を増加させる，原料溶液流路部分に間接冷却水を流通させる，原料供給配管を二重管として外部に直接冷却水を流通させるといった方法が提案されており，平均粒径の減少，粒径分布のシャープ化，合成時の圧力変動や圧力上昇の抑制の効果が報告されている[30～32]。

また，図 4b に示したように常温で原料溶液とアルカリ水溶液とを混合する場合には，高密度で高粘度の二流体混合を加熱水との混合前に完結させる必要がある。層流条件での混合となるため，簡単には混合後の配管として内径数百 μm 程度の細管を用いることで混合を促進できる。その他，縮流を利用したり，個々の流体を微小な流体セグメントに分割してから混合することにより拡散距離を短くしたりして，混合を促進する方法も有効である[31, 33]。原料溶液とアルカリ水溶液との混合により水酸化物などの沈殿を生成するような系では，この常温での混合過程の把握と制御も重要である。

2. 3. 5 耐食性装置の開発

流通式装置の高温高圧部の配管や継手などには，SUS316 といった鉄基合金や NCF625 といったニッケル基合金が用いられることが多い。しかし，強酸，強アルカリ，塩化物の水溶液を使用する場合も多く，温度，圧力，濃度によっては，流路内壁の全面腐食，流れ加速型腐食，孔食などにより，装置劣化や生成物の純度低下が生じる。一方で，チタンやタンタルなどは耐食性の高い材料として広く知られているが，高温強度が低いためそのままでは使用できない。解決策として，外側は高温高度をもつ鉄基合金やニッケル基合金，内側の接液部は高耐食性をもつチタンやタンタルとした二重構造の配管や継手などが開発されている[34, 35]。

2. 3. 6　粒子生成機構の把握と粒径制御

粒子の生成機構の把握とそれに基づく粒径制御のためには，2.3.3 で述べたように反応律速条件での検討が不可欠である。混合律速条件で合成すると，反応律速条件の場合と比較して，昇温過程で溶解度が高くて脱水縮合反応速度の遅い条件を長い時間かけて通過するため，粒子の生成速度や生成機構が異なり，目的生成物合成のための支配因子の判断が困難となる。以下に，反応律速条件において，一種の金属および二種の金属からなる酸化物の合成系を対象とし，反応時間（平均滞留時間），アルカリ濃度などを操作変数として，原料の転化率（生成物の収率），生成物の粒径，生成物の結晶構造や組成との関係について検討した事例を紹介する。

まず，一種の金属からなる酸化物の合成について紹介する。$Fe(NO_3)_3$，$Ni(NO_3)_2$，$Cu(NO_3)_2$ の水溶液を原料とした場合，400℃，30 MPa での反応により，それぞれ Fe_2O_3，NiO，CuO が生成する[19]。Fe_2O_3 合成の場合，反応初期の平均滞留時間 $\tau = 0.002$ s で転化率（粒子収率）は 98％となり，粒子生成反応の大半が極めて短い時間で完結する。なお，転化率は $\tau = 2.0$ s で 99％とわずかに増加する。平均粒径は $\tau = 0.13$ s で 4 nm であり，その後，緩やかに増加して $\tau = 2.0$ s で 7 nm となる。一方で，CuO 合成の場合，$\tau = 0.002$ s では転化率が 0％であり，反応は進行しない。転化率は $\tau = 0.13$ s で 6％，$\tau = 0.26$ s で 26％と増加し，その後は緩やかに増加して $\tau = 2.0$ s で 43％となる。平均粒径は $\tau = 0.13$ s で 24 nm であり，$\tau = 2.0$ s で 34 nm まで増加する。NiO 合成の場合は，転化率および平均粒径とも Fe_2O_3 と CuO の間の挙動を示す。いずれの合成系でも $\tau = 1.0$ s 以上で転化率および平均粒径がほぼ一定となる。$Al(NO_3)_3$，$ZrO(NO_3)_2$ を原料とした Al_2O_3（実際は AlOOH との混相だが便宜上 Al_2O_3 と表記），ZrO_2 合成の結果をふまえて整理すると，400℃，30 MPa，$\tau = 1.0$ s の条件で，ZrO_2，Fe_2O_3，Al_2O_3，NiO，CuO の順に転化率は減少し，ナノ粒子の平均粒径は増加する[36]。この順序で溶解度が増加することから，溶解度の増加にともなう過飽和比の低下が原因と考えられる。また，この関係に基づき，アルカリ水溶液を加えて溶解度を低下させて過飽和比を高くすることで，平均粒径が 10 nm 以下の酸化物ナノ粒子が合成できる。これは，反応場の硝酸塩濃度が 10^{-2} mol/kg の場合，溶解度が 10^{-6} mol/kg 以下の条件に相当する[36]。なお，溶解度については，2.2.3 で述べたような酸化物の溶解反応および共存する HNO_3 の電離反応などの平衡定数の文献値や推算値（2.2.4）を用い，電荷収支式，物質収支式，活量係数式などの非線形連立方程式を解くことで計算できる。

次に，二種の金属からなる複合酸化物の合成について紹介する。$Fe(NO_3)_3$ と $Ni(NO_3)_2$ の混合水溶液（溶液中の Ni/Fe 物質量比＝0.5）を原料として $NiFe_2O_4$ を合成する場合[23]，400℃，30 MPa での反応において，反応初期の平均滞留時間 $\tau = 0.002$ s における Fe 転化率は 97％であり，時間の経過とともにわずかに増加し $\tau = 2.0$ s で 99％となる。一方で，$\tau = 0.002$ s における Ni 転化率は 0％であり，時間の経過とともに顕著に増加して，$\tau = 2.0$ s で 62％となる。Fe と Ni の転化率の差は上述した溶解度の差として説明できる。この転化率の経時変化だけをみると，Fe_2O_3 と NiO が別々に生成していることが懸念される。しかし，生成物には，一種の金属からなる酸化物の合成で検討した際の生成物であるFe_2O_3（菱面体晶系）や NiO は含まれず，常に立方晶系の単一相を維持しつつ，経時変化（Ni 転化率の増加）とともに格子定数がFe_2O_3の値から$NiFe_2O_4$の値まで変化する。また，粒径分布は単峰であり，平均粒径は$\tau=0.13$ s の 7.5 nm から$\tau=2.0$ s の 9.2 nm まで増加する。これらを考慮すると，Ni^{2+}の共存により核生成時の結晶構造が菱面体晶系ではなく$NiFe_2O_4$のNi^{2+}サイトが欠陥した立方晶系のFe_2O_3となり，その後，表面の溶解再析出過程を経て生成核が成長する際にNi^{2+}および微細な（結晶性の低い）Fe_2O_3が取り込まれたと考えられる。Fe と Ni の転化率の差は溶解度の差に起因するため，アルカリ水溶液を添加して NiO の溶解度を低下させることで，Ni 転化率を増加させて化学量論組成に近い$NiFe_2O_4$を合成できる。同様の現象は，$BaZrO_3$の合成でも確認されている[37]。

水溶性の原料が利用できない場合や共存イオンを極力減らしたい場合などは，酸化物ゾル（水酸化物）が原料として利用される。$Ca(NO_3)_2$とTiO_2ゾルの混合水溶液（溶液中の Ca/Ti 物質量比＝1.0）を原料とした場合，400℃，30 MPa での反応において，アルカリ（KOH）水溶液を用いないとTiO_2のみがそのまま生成するが，KOH 濃度の増加および平均滞留時間の増加とともに生成物はTiO_2から$CaTiO_3$ナノ粒子へと変化する[38]。また，KOH 濃度の増加とともに，生成物中のTiO_2の粒径は減少し，$CaTiO_3$ナノ粒子の粒径は増加する。このような系ではTiO_2の溶解が律速となり，KOH 共存下の反応場でTiO_2が一度溶解した後，$CaTiO_3$の均質核生成および成長が進行する。なお，回分式装置を用いた同様の系での合成では固体原料であるTiO_2粒子表面での不均質核生成により複合酸化物が生成する経路も報告されているが，流通式装置を用いた合成では起りにくい。これは，*Re* が高く拡散係数が大きい反応場において，固体原料の表面で溶解した金属イオンが速やかに流体中に移動し複合酸化物の均質核生成が進行するためと考えられる。

ここまで，合成後の回収物の分析に基づく粒子生成機構の検討について紹介してきたが，より直接的に，X 線などを用いたその場測定も検討されている[39, 40]。冷却，減圧，乾燥過程の影響を受けず，反応場における粒径（結晶子径）や格子定数といったナノ粒子に関する情報を直接解析できる点は魅力的である。一方で，原料溶液と加熱水の混合効率，粒子生成速度（核生成・成長速度），粒径分布などを推算するための数値流体力学解析に基づくモデルの開発なども進められている[41]。実験に加えて，計測と計算の両面からも粒子生成機構の把握とそれに基づく粒子設計を可能とする技術開発が進められており，今後の進展が期待される。

2. 4 酸化物以外のナノ粒子合成への展開

超臨界水中の低誘電率場は水素と均一相を形成するために還元反応場としても機能し，Ni や Cu といった金属のナノ粒子を合成できる[42, 43]。なお，冷却減圧後に水と水素が分離するため，粒子回収時の酸化の抑制が不可欠である。また，低誘電率場ではイオンの会合速度も極めて速くなり，塩などの会合体の溶解度も低くなるため，$LiFePO_4$や$Ca_{10}(PO_4)_6(OH)_2$などのリン酸などを含む塩や，金属イオンと有機配位子からなる有機金属構造体（MOF）などのナノ粒子合成場としても注目され，積極的に研究開発が進められている[44~46]。

2.5　おわりに

超臨界水を反応場とした無機ナノ粒子のフロー合成法について解説した。本法では，複数の金属からなる $Ca_{0.6}Sr_{0.4}TiO_3:Pr$[35]や $K_{1-x}Na_xNb_{1-y}Ta_yO_3$[47]といった酸化物をはじめとして様々な無機ナノ粒子の連続製造が可能である。さらに，溶媒にアルコールなどを利用すれば，製造可能な材料の範囲はさらに拡大する。製品の開発期間や材料の探索時間の短縮のための，ベンチスケールやパイロットスケールを目指した装置のスケールアップ[48,49]やハイスループット・スクリーニング[50,51]に関する研究開発も継続的に進められており，本法による無機ナノ粒子製造のための基盤技術は確立しつつある。一方で，確固たる産業競争力を長期間維持できる技術の確立には，「ナノ粒子」を製造するだけでなく，所望の粒径，結晶構造，組成を持つ「単分散のナノ粒子」を製造する技術の確立も必要と考えている。そのためには，混合部などのさらなる構造最適化に加えて，超臨界水溶液系の各種物性の把握（測定）や予測（推算）方法の確立が不可欠である。本法をナノ粒子産業を牽引する日本独自の尖った技術として成熟させるべく，著者も微力ながら貢献できれば幸いである。

文　　献

1) T. Adschiri *et al.*, *J. Amer. Ceram. Soc.*, **75**, 1019 (1992)
2) 阿尻雅文，粉砕＝The micromeritics, 60, 24 (2017)
3) 化学工学会超臨界流体部会編，超臨界流体入門，丸善 (2008)
4) 陶究，下山祐介，分離技術，41, 41 (2011)
5) OLI Analyzer 3.1 (OLI system, Inc.), https://www.olisystems.com/oli-studio-analyzers-scalechem
6) G. C. Kennedy, *Econ. Geology*, **45**, 629 (1950)
7) K. Sue *et al.*, *J. Chem. Eng. Data* **44**, 1422 (1999)
8) S. E. Ziemniak *et al.*, *J. Soln. Chem.* **21**, 745 (1992)
9) D. J. Wesolowski *et al.*, *Geochim. Cosmochim. Acta*, **62**, 971 (1998)
10) J. V. Walther, *Geochim. Cosmochim. Acta*, **65**, 2843 (2001)
11) W. L. Marshall and E. U. Franck, *J. Phys. Chem. Ref. Data*, **10**, 295 (1981)
12) G. M. Anderson *et al.*, *Geochim. Cosmochim. Acta*, **55**, 1769 (1991)
13) J. W. Johnson *et al.*, *Comput. Geosci.*, **18**, 899 (1992)
14) E. L. Shock, Arizona State University, http://geopig.asu.edu/?q=tools
15) K. Sue *et al.*, *Ind. Eng. Chem. Res.*, **41**, 3298 (2002)
16) 陶究，川﨑慎一朗，高圧力の科学と技術，**22**, 113 (2012)

17) S.-I. Kawasaki *et al.*, *J. Supercrit. Fluids*, **54**, 96 (2010)
18) N. Aoki *et al.*, *J. Supercrit. Fluids*, **110**, 161 (2016)
19) K. Sue *et al.*, *Chem. Eng. J.*, **166**, 947 (2011)
20) Y. Hakuta *et al.*, *Mater. Chem. Phys.*, **93**, 466 (2005)
21) K. Sue *et al.*, *Green Chem.*, **8**, 634 (2006)
22) T. Sato *et al.*, *Chem. Lett.*, **37**, 242 (2008)
23) T. Sato *et al.*, *Ind. Eng. Chem. Res.*, **47**, 1855 (2008)
24) Y. Wakashima *et al.*, *J. Chem. Eng. J.*, **40**, 622 (2007)
25) S.-I. Kawasaki *et al.*, *J. Oleo. Sci.*, **59**, 557 (2010)
26) S.-I. Kawasaki *et al.*, *AIP Conf. Proc.*, **1699**, 020001 (2015)
27) K. Mae *et al.*, *J. Chem. Eng. J.*, **40**, 1101 (2007)
28) 佐藤敏幸，マイクロスペースを利用した高温高圧水中における金属酸化物ナノ粒子の連続反応晶析，日本大学博士論文 (2008)
29) K. Sue *et al.*, *Ind. Eng. Chem. Res.*, **49**, 8841 (2010)
30) K. Sue *et al.*, *Green Chem.*, **5**, 659 (2003)
31) 陶究，化学工学，**77**, 275 (2013)
32) 陶究ほか，高温高圧流体混合装置，特許 2011-135348
33) V. Hessel *et al.*, *Chem. Eng. Sci.*, **60**, 2479 (2005)
34) 飯島清ほか，配管用継手，特許 2006-309898
35) K. Sue *et al.*, *Chem. Eng. J.*, **239**, 360 (2014)
36) K. Sue *et al.*, *Green Chem.*, **8**, 634 (2000)
37) A. Yoko *et al.*, *J. Nanopart. Res.*, **26**, 2330 (2014)
38) K. Sue *et al.*, *Ind. Eng. Chem. Res.*, **55**, 7628 (2016)
39) M. Bremholm, *et al.*, *J. Supercrit. Fluids*, **44**, 385 (2008)
40) A. Yoko *et al.*, *J. Supercrit. Fluids*, **107**, 746 (2016)
41) L. Zhou *et al.*, *Ind. Eng. Chem. Res.*, **53**, 481 (2014)
42) S. Kubota *et al.*, *J. Supercrit. Fluids*, **86**, 33 (2014)
43) K. Sue *et al.*, *Chem. Lett.*, **38**, 1018 (2009)
44) S.-A. Hong *et al.*, *J. Supercrit. Fluids*, **73**, 70 (2013)
45) A. A. Chaudhry *et al.*, *Chem. Comm.*, 2286 (2006)
46) P. A. Bayliss *et al.*, *Green Chem.*, **16**, 3796 (2014)
47) K. Okada *et al.*, *J. Supercrit. Fluids*, **123**, 101 (2017)
48) R. I. Gruar *et al.*, *Ind. Eng. Chem. Res.*, **52**, 5270 (2013)
49) P. W. Dunne *et al.*, *Chem. Eng. J.*, **289**, 433 (2016)
50) P. Marchand *et al.*, *ACS Comb. Sci.*, **28**, 130 (2016)
51) D. P. Howard *et al.*, *ACS Comb. Sci.*, **19**, 239 (2017)

3　カルコゲナイド系材料

笘居高明*

3. 1　はじめに

カルコゲナイドとは，電気陰性度の高い16族のカルコゲン（酸素（O），硫黄（S），セレン（Se），テルル（Te），等）と電気陰性度の低い元素から成る化合物のことであり，一般的には酸化物を除いた，硫化物，セレン化物，テルル化物を指す。代表的な合成対象材料としては，硫化カドミウム（CdS），セレン化カドミウム（CdSe），テルル化カドミウム（CdTe），硫化亜鉛（ZnS），セレン化亜鉛（ZnSe）といったⅡ-Ⅵ族化合物半導体や，CuInS，$CuInSe_2$といったⅠ-Ⅲ-Ⅵ族化合物半導体が挙げられる。これら半導体材料系はいずれも直接遷移型半導体であり光吸収が強いことから，光触媒，光センサーなどの光機能性材料として利用され，中でもバンドギャップが1.0〜1.5 eVのカルコゲナイド半導体（SnS，Cu_2S，FeS_2，CdTe, $CuInS_2$, $Cu(In,Ga)Se_2$，Cu_2ZnSnS_4など）は太陽電池の光吸収層材料として有用である。

光触媒，蛍光・発光素子，イメージング，塗布型太陽電池用インクなどの応用に向けては，液相法による微粒子合成が盛んに行われている。この中の水熱法，ソルボサーマル法において，溶媒の臨界点以上まで含めた高温高圧領域での合成が検討されている[1〜3]。

一方，太陽電池応用など薄膜形状が求められる応用も数多く存在するが，超臨界流体を利用したカルコゲナイド薄膜作製に関しては，これまで余り検討されてこなかった。近年，筆者らは，超臨界流体を利用した新しいカルコゲナイド半導体薄膜の作製法を提案しており，本稿では，それを中心に紹介していく[4〜8]。

3. 2　超臨界流体カルコゲン化法

3. 2. 1　超臨界流体カルコゲン化法の概要

カルコゲナイド半導体は，光吸収係数が大きいため，例えば太陽電池に利用した際，結晶シリコン系太陽電池と比較して薄膜化が可能であり，原料使用量を大幅に低減できる。また，同族元素との固溶体を形成することによりバンドギャップの制御も可能である。CIGS系太陽電池では，$CuInSe_2$（バンドギャップ：〜1.0 eV）と$CuGaSe_2$（バンドギャップ：1.6〜1.7 eV）の固溶体$Cu(In,Ga)Se_2$のInとGaの比を調整することでバンドギャップを最適値に近づけている。また，$Cu(In,Ga)Se_2$のIn/GaをZnとSnで置き換えた$Cu_2ZnSn(S,Se)_4$系では，SとSeの比を調整することで，バンドギャップを制御する方策が一般的である。

さて，現在市販されているCIGS系太陽電池の光吸収層である$Cu(In,Ga)Se_2$薄膜は，セレン化法／硫化法で作製されている。セレン化法／硫化法では，金属前駆体膜を400〜550℃のH_2SeまたはH_2Sガス中で加熱し，解離したカルコゲン元素と前駆体膜を反応させて，カルコゲ

＊　Takaaki Tomai　東北大学　多元物質科学研究所　准教授

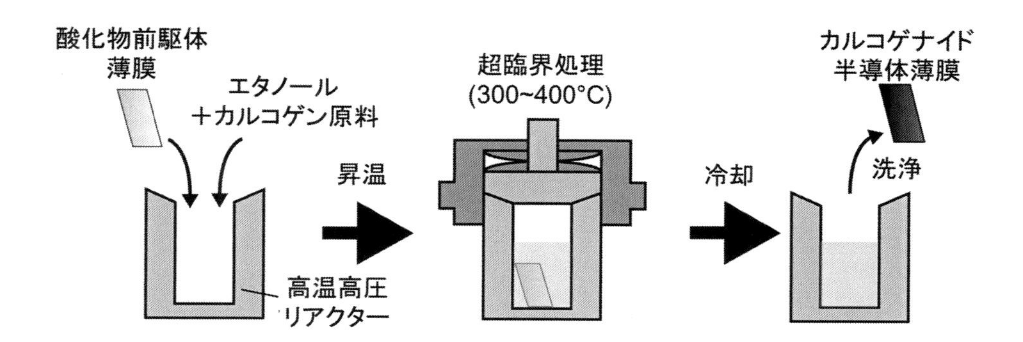

図１　超臨界流体カルコゲン化法によるカルコゲナイド半導体薄膜作製プロセスの概略図

ナイド薄膜を得る。ここで，H_2Se，H_2S ガスは高毒性であり，安全性確保のために相応の製造・廃棄設備投資が必要となる。その代替として，セレン，硫黄蒸気を利用しようという試みも検討されているが，反応に十分な蒸気圧を得るために500℃以上の高温が必要となる。

このような背景の下，我々の研究グループでは，高温条件を適用することなく安全・安価な物質を用いたカルコゲン化プロセスが実現できないかと考え，超臨界エタノール（臨界温度：241℃，臨界圧力：6.14 MPa）を利用したカルコゲナイド半導体薄膜の作製法を提案した。超臨界流体は，固相反応に十分な高温反応場でありながら，液体並みの高密度を有するため，低蒸気圧原料であっても，“溶解”により反応場への高濃度供給が可能となる。

これまでに我々は，カルコゲン原料として，常温で液体や固体であり暴露リスクの低いカルコゲン原料を超臨界エタノールに溶解させて反応場に供給し，金属酸化物薄膜のセレン化・硫化によるカルコゲン半導体薄膜の作製を実現してきた。本手法では，スパッタリング法や塗布法などにより作製した酸化物前駆体薄膜を，高温高圧リアクター中で，カルコゲン原料とエタノールと共に300～400℃で一定時間加熱することで，カルコゲナイド半導体薄膜を作製する。プロセス概略図を図１に示す。

3. 2. 2　超臨界エタノールの役割

スピンコート法により作製したCu-Inの前駆体薄膜（元素比 Cu：In：O＝2：2：1）を，常温常圧で液体であるジエチルセレンと共に，超臨界エタノール中で処理し得られた薄膜のXRDパターンを図２に示す。ここでエタノール密度は，エタノールの臨界密度 $\rho_c = 0.276$ g/cm^3 を基準とし，0～2 ρ_c まで変化させている。

最下段に示す前駆体薄膜由来のピークが，$\rho = \rho_c$，2 ρ_c の高密度エタノール雰囲気での処理において消失し，$CuInSe_2$ のカルコパイライト構造由来のピークが現れている。この時，酸素の膜中残存量は，EDXの検出限界以下であり，前駆体膜の還元とセレン化が完了していることが示された。一方，低密度エタノール雰囲気では，熱処理後も，前駆体薄膜由来のピークが残り，セレン化が十分に進行していない。さらにエタノールが共存しない雰囲気（$\rho = 0$）では，余剰セレンが表面に堆積している様子が見て取れる。これらのことから，本プロセスにおいてエタノールは，その高い溶解力による余剰セレンの除去と，セレン化反応の促進において重要な役割を担うことが示唆される。

エタノールは高温条件では還元性を示すことが知られている[9,10]。我々の実験においても，300℃，１時間，リアクター中でエタノールを加熱したところ，一部が自己反応し，アセトアルデヒド，酢酸エチル，ジエチルエーテル，エチレン等の生成が見られた。これらの生成反応では，水素，水の発生を伴う（図３）。超臨界エタノールによる前駆体中酸素物の還元が，セレン化反応を促進する要因の一つであると考えている。

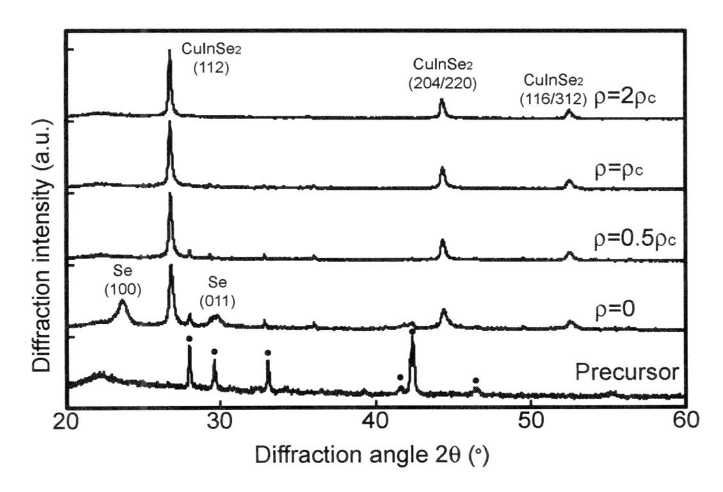

図２　超臨界エタノール中セレン化プロセスに得られた $CuInSe_2$ 薄膜の XRD パターン（エタノール密度依存性@300℃）[4]

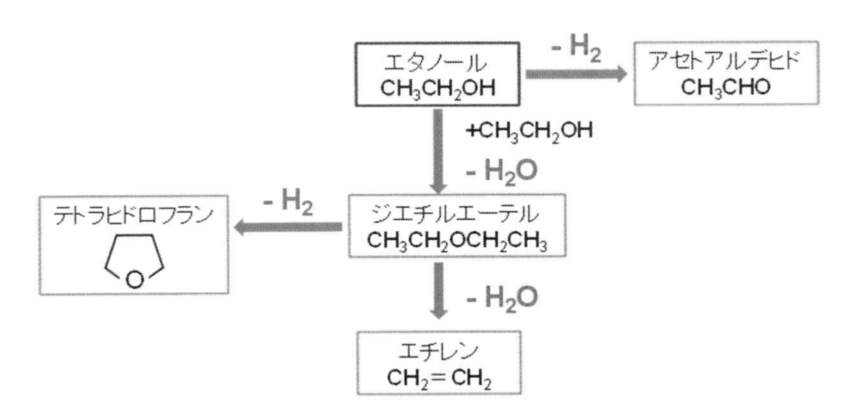

図３　水素，水の発生を伴う高温エタノールの自己反応

3. 2. 3 カルコゲン原料の選択肢の拡張

表1に我々がこれまでに超臨界エタノール中セレン化・硫化プロセスにおいて利用可能であることを確認しているカルコゲン原料を示す。セレンや硫黄単体に関しては，常温のエタノールには溶解しないが，超臨界エタノールには溶解する（図4）。この溶解力を利用することで，暴露リスクの低い液体や固体状態のカルコゲン・カルコゲン化合物を原料としても，カルコゲンを高濃度に反応場に供給し，カルコゲン化反応を促進できる。

さらに前述の超臨界エタノールの還元性を利用することで，酸化物前駆体のみならず，カルコゲン酸化物を原料として適用することも可能となる。スピンコート法により作成したCu-Inの酸化物薄膜とCu-Zn-Snの酸化物薄膜を前駆体とし，二酸化セレンを溶解させた超臨界エタノール中でセレン化することで得られた$CuInSe_2$薄膜と$Cu_2ZnSnSe_4$薄膜のSEM像とXRDパターンを図5，6に示す。どちらの薄膜においても，セレン化後に，緻密性の良好な多結晶膜が形成されていることがSEM像から確認できる。XRDパターンから，これらの薄膜は，$CuInSe_2$のカルコパイライト構造と$Cu_2ZnSnSe_4$のケステライト構造を有することがそれぞれ確認されている。EDX分析結果からどちらの薄膜においても酸素原子は検出されておらず，超臨界エタノールにより二酸化セレンが還元され，反応に利用されたことが示唆される。

このように超臨界エタノールの溶解力を利用することで，蒸気圧に縛られないカルコゲン原料

表1　超臨界エタノール中セレン化・硫化プロセスにおいて利用可能なカルコゲン原料

	セレン（単体）	二酸化セレン	ジエチルセレン	硫黄（単体）
状態（20℃）	固体	固体	液体	固体
蒸気圧［Pa］（20℃）	0.1	0.13	3000	～0.001
常温エタノールへの溶解性	×	○	○	×
超臨界エタノールへの溶解性	○	○	○	○

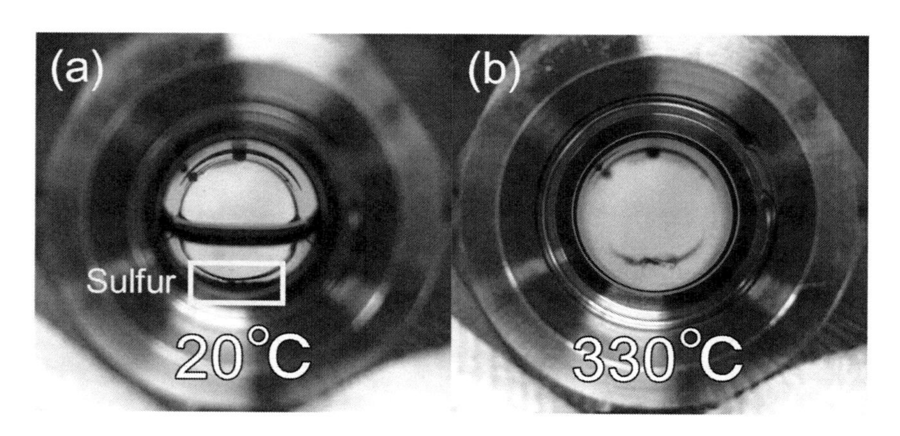

図4　(a)常温エタノールと (b)超臨界エタノール中における硫黄の挙動[7]
常温では溶解せずに沈殿しているが，超臨界エタノール中では溶解し黄色を呈する

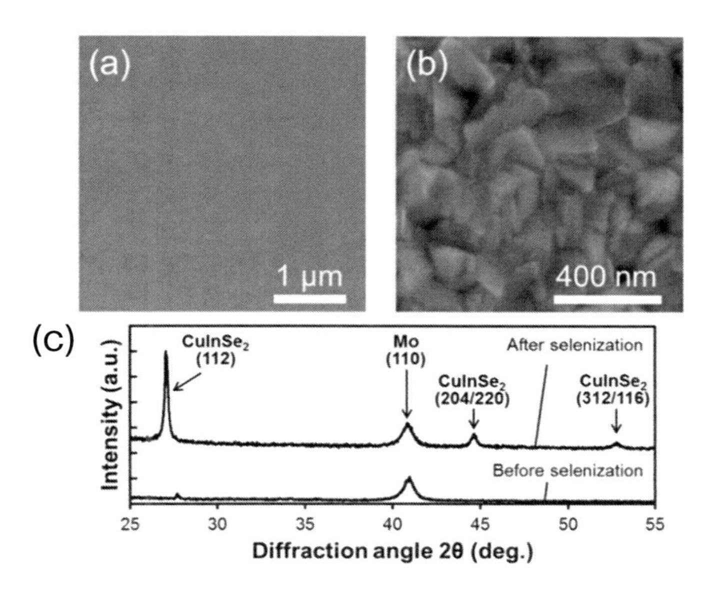

図５　Cu-In 酸化物前駆体薄膜の SEM 像(a)，SeO_2 を原料として超臨界流体セレン化プロセスで得られた $CuInSe_2$ 薄膜の SEM 像(b)，及びそれらの XRD パターン(c)[6)]

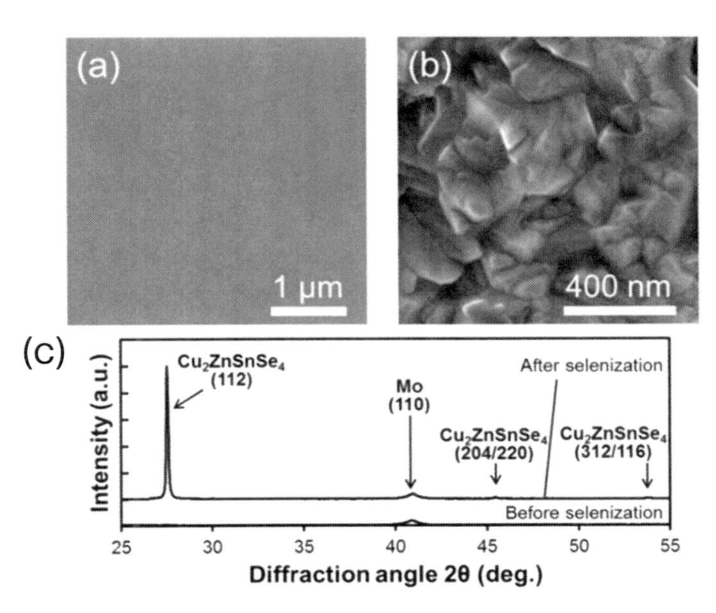

図６　Cu-Zn-Sn 酸化物前駆体薄膜の SEM 像(a)，SeO_2 を原料として超臨界流体セレン化プロセスで得られた $Cu_2ZnSnSe_4$ 薄膜の SEM 像(b)，及びそれらの XRD パターン(c)[6)]

の選択が可能となり，さらに還元力を利用すれば，これまで薄膜のセレン化プロセスにおけるカルコゲン原料として検討されてこなかった，安全・安価な酸化物原料の適用も可能となる。

3. 2. 4 カルコゲン比制御によるバンドギャップ制御

カルコゲナイド半導体は，結晶構造が同一でカルコゲン元素のみが異なる半導体との間で固溶体を形成し，固溶体中のカルコゲン比を調整することで，バンドギャップの制御が可能となる。$Cu_2ZnSn(S,Se)_4$系では，S/Se比を制御することで，$Cu_2ZnSnSe_4$のバンドギャップ：1.0 eVからCu_2ZnSnS_4のバンドギャップ：1.5 eVの範囲で，バンドギャップを任意に調整できる。

本手法においては，セレン原料，硫黄原料を同時にリアクターに投入し，原料比を適切に設定することで，カルコゲナイド半導体中S/Se組成を制御することが可能である。ここでは，二酸化セレンと硫黄単体を同時に使用し，Cu-Zn-Sn酸化物薄膜の同時セレン化・硫化により$Cu_2ZnSn(S,Se)_4$薄膜を作製した結果を紹介する。

図7に超臨界エタノール中400℃，25分の処理条件下で作製された，S/Se比の異なる$Cu_2ZnSn(S,Se)_4$薄膜のXRDパターンを示す。単一相のケステライト構造のピークパターンのみが確認され，さらにS/Se比の変化に対応したケステライト（112）面の格子面間隔の変化が見られる。

図8には$Cu_2ZnSn(S_{1-x}Se_x)_4$薄膜の透過特性測定結果から算出した光吸収係数Aを元に$(Ah\upsilon)^2$の$h\upsilon$依存性をプロットした結果を示す。直接遷移型半導体の場合，$(Ah\upsilon)^2$と$h\upsilon$は吸収が立ち上がった部分で比例関係を示し，これを$(Ah\upsilon)^2=0$まで外挿した時の$h\upsilon$の値をバンドギャップとみなせる。$Cu_2ZnSnSe_4$（x＝1）およびCu_2ZnSnS_4（x＝0）薄膜のバンドギャップは，既報値と概ね一致しており，さらに，膜中のS/Se比の変化に伴って，バンドギャップ値が連続的にシフトしていることが分かる。

以上の結果から，本手法によりS/Se比が任意に制御された$Cu_2ZnSn(S,Se)_4$完全固溶体の形成が可能であり，S/Se比の調整によるバンドギャップ制御が可能であることが確認された。加

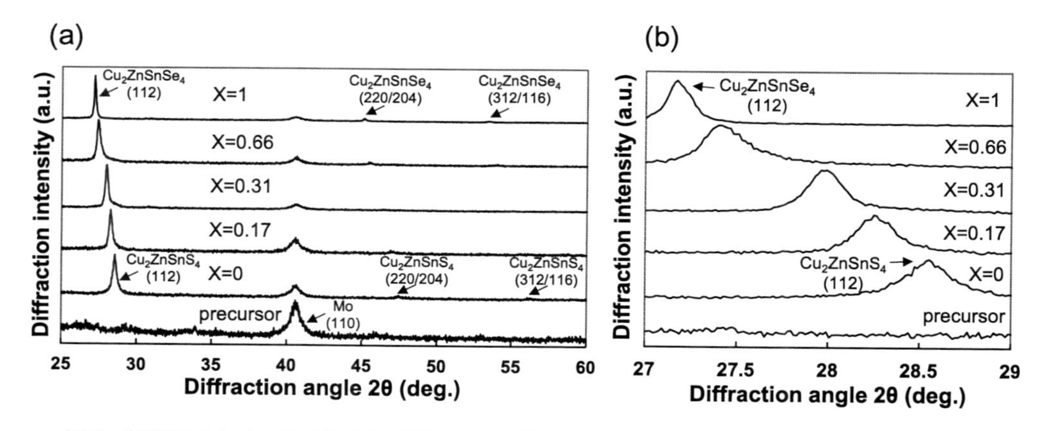

図7　超臨界エタノール中における同時セレン化・硫化プロセスにて得られたS/Se比の異なる$Cu_2ZnSn(S_{1-x}Se_x)_4$薄膜のXRDパターン（(a)広域，(b)(112) ピーク近傍）[7]

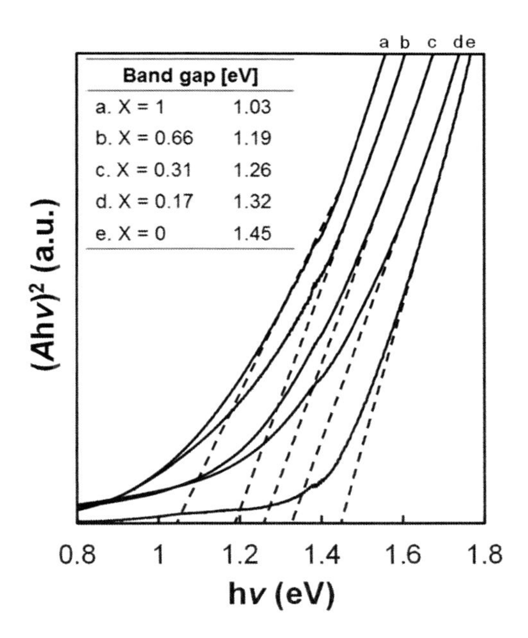

図８　超臨界エタノール中における同時セレン化・硫化プロセスにて得られたS/Se比の異なる $Cu_2ZnSn(S_{1-x}Se_x)_4$ 薄膜の光学特性[7]

えて，我々は，本手法で作製したカルコゲナイド半導体が光導電性を示すことも確認しており，超臨界エタノールを利用したカルコゲン化手法が，光機能性薄膜作製に有効であることを示している。

3. 3　おわりに

本稿では，超臨界流体を用いたカルコゲン材料合成手法として，特に光機能性薄膜作製に向けた超臨界流体カルコゲン化手法について紹介してきた。カルコゲン化プロセスにおける超臨界流体雰囲気適用の優位性は，カルコゲン化に必要な高温と高い原料供給（溶解）力を両立できる点にある。この高い溶解力により，従来検討されてこなかった，もしくは，高温プロセスを必要とした，カルコゲン原料の適用が可能となる。加えて，エタノールを超臨界媒質として採用し，その還元性を併用することで，前駆体のみならずカルコゲン原料に関しても，酸化物を原料選択肢に加えることができる。これらのことは，より安全性の高く環境負荷の小さい原料を利用したプロセスの構築が可能であることを意味しており，将来的なカルコゲナイド半導体膜作製プロセスの低コスト化に繋がると期待される。また，本手法は薄膜系に限らず，酸化物微粒子からカルコゲナイド微粒子への変換プロセスについても適用可能であり，本稿で示した知見が，将来的に様々な材料系に於いて活用されることを願って本稿の結びとさせていただく。

文　献

1) S.K. Pahari, T. Adschiri, A.B. Panda, *J. Mater. Chem*, **21**, 10377-10383 (2011)
2) Y. Huo, X. Yang, J. Zhu, H. Li, *Appl. Catal*, **106**, 69-75 (B 2011)
3) J. Zhong, Y. Zhang, C. Hu, R. Hou, H. Yin, H. Li, Y. Huo, *J. Mater. Chem*, **2**, 19641-19647 (A 2014)
4) T. Tomai, D. Rangappa, I. Honma, *ACS Appl. Mater. Interfaces*, **3**, 3268-3271 (2011)
5) T. Tomai, M. Yanaka, I. Honma, *J. Supercrit. Fluids*, **83**, 41-46 (2013)
6) T. Tomai, Y. Nakayasu, M. Yanaka, I. Honma, *J. Supercrit. Fluids*, **101**, 48-53 (2015)
7) Y. Nakayasu, T. Tomai, N. Oka, I. Honma, *Appl. Phys. Express*, **8**, 021201 (2015)
8) Y. Nakayasu, T. Tomai, N. Oka, K. Shojiki, S. Kuboya, R. Katayama, L. Sang, M. Sumiya, I. Honma, *Thin Solid Films*, **638**, 244-250 (2017)
9) A. Cabañas, X. Shan, J.J. Watkins, *Chem. Mater*, **15**, 2910-2916 (2003)
10) N. Iwasa, N. Takezawa, *Bull. Chem. Soc. Jpn*, **64**, 2619-2623 (1991)

4　表面修飾ナノ粒子

田口　実*

4.1　表面修飾ナノ粒子

無機（金属酸化物等）ナノ粒子表面へ有機分子が化学修飾された「有機-無機複合ナノ粒子」は，有機分子の機能を無機ナノ材料の物理化学的な優れた特性へ組み合わせられるため，様々な材料分野への応用が期待されている[1)]。この有機表面修飾分子は無機ナノ粒子の結晶表面と相互作用することによりその粒子径や形状を制御し，結果として物理化学特性が調整される。特に無機ナノ粒子の触媒特性は表出した結晶面（形状）と粒子径に強く依存するため，粒子径を小さくすることや形状を制御することは機能向上のための重要な要素である。加えて，ナノ粒子表面への有機分子の化学修飾は，結晶構造や電子状態というナノ粒子結晶それ自体の特性にまで及ぶことが明らかになってきている。つまり無機ナノ粒子の物理化学特性は，その粒子径や形状だけでなく有機分子による表面修飾によっても調整される。一方有機修飾分子は，無機ナノ粒子の熱安定性や溶媒への分散・安定性を向上させる。例えば，最表面に親水性官能基を表出させれば水へ，疎水性官能基であれば有機溶媒へそれぞれ分散させられる。一般的に表面エネルギーが高いナノ粒子は凝集し易く，二次粒子になると容易に再分散させられない。そこでナノ粒子表面に適当な有機分子が存在することにより溶媒への親和性を向上させ，かつナノ粒子間に斥力を生じさせ安定的に分散させられる。この溶媒親和性や分散性は，ナノ粒子の応用・材料化への進展には非常に重要な要素である。また，修飾された有機分子においてカルボキシル基（-COOH）やアミン基（$-NH_2$）等の官能基を表出できれば，それら官能基を起点とし，化学結合を介して別の有機分子あるいは有機-無機複合材料とさらに複合や重合することが可能になる。従って，最終的な希望・用途に応じて適当な表面修飾分子を選定すれば，多種多様の材料を創製することができる。このように，有機-無機複合ナノ粒子には様々な効果，新しい機能，応用性を秘めているため，学術分野だけでなく材料分野や産業界への波及効果がある。

4.2　超臨界水を利用した *in-situ* 表面修飾法

有機-無機複合ナノ粒子を合成する一つの手法として，超臨界水を利用した水熱条件下における *in-situ* 表面修飾法がある[2)]。「*in-situ* 表面修飾法」とは，金属酸化物前駆体（金属塩）と有機表面修飾分子を水熱反応場に共存させ，その同一反応場において金属塩の結晶化とその結晶表面金属（イオン）へ有機分子を化学修飾させる方法である。この原理は，常温常圧から臨界点（臨界温度 374℃，臨界圧力 22.1 MPa）近傍にかけて，水の特性が著しく変化する特性を巧く利用している[3)]。特に，水の比誘電率は昇温昇圧とともに次第に減少（～10 程度）し，臨界点近傍における水は有機溶媒のように振る舞うため，その反応場内では有機分子は均一に溶解・分散

---

*　Minori Taguchi　中央大学　理工学部　助教

する。一方昇温昇圧に伴う比誘電率の低下は，金属塩が過飽和状態となり金属酸化物の核形成及び結晶成長が進む。これらの現象が，同反応系内で逐次的に進行するため *in-situ* 表面修飾法と呼ばれている。そして，この時金属酸化物結晶面と有機分子が相互作用することで結晶成長過程が変調され，結果として粒子径や形状が制御される（図 1)。金属酸化物の粒子径や形状といった結晶性は金属の種類に強く依存するが，有機表面修飾分子の有無・種類や金属塩とその比率を制御することで結晶性の制御は可能である。これまでに，超臨界水を利用した *in-situ* 表面修飾法により，様々な有機分子や高分子で修飾した有機-無機複合ナノ粒子（CeO_2[4~9]，ZrO_2[10,11]，TiO_2[12]，$CoAl_2O_4$[13]，Co_3O_4[14]）が作製されている。筆者らの研究を通じて，カルボキシル基（-COOH）を有する分子が有機表面修飾分子として相応しいことも分かってきた。-COOH は，表面金属イオンへ二座配位して結合することが確認されている。加えて，-COOH をもつ有機分子は多種多様であり系統的実験にも都合が良い。本稿では，本手法（回分反応）を利用して作製した CeO_2[6~9]の実験条件と生成物の評価方法について注意事項を含めて解説する。これら生成物（金属酸化物ナノ粒子）の物性・機能や用途については，筆者らの成果や他の文献を参考にされたい[8,9,15,16]。

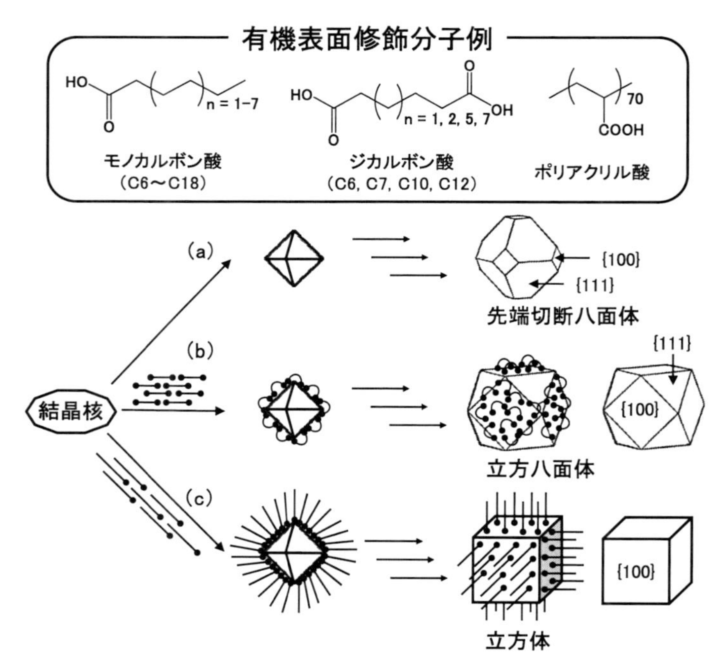

図 1　カルボキシル基を持つ有機表面修飾分子と超臨界水を利用した *in-situ* 表面修飾法による有機修飾分子と CeO_2 ナノ粒子の結晶化概念図

(a) 有機修飾分子が無い場合，(b) ポリアクリル酸及び短炭素鎖長のジカルボン酸（C6 と C7）を修飾した場合，(c) オレイン酸含むモノカルボン酸や長炭素鎖長のジカルボン酸（C10 と C12）を修飾した場合。

4. 3　表面修飾ナノ粒子合成実験

ステンレス鋼耐熱耐圧回分反応器（内容量 10 mL）へ，CeO_2 の前駆体である水酸化セリウム（Ce $(OH)_4$），-COOH 基を有する有機表面修飾分子（図1），蒸留水を封入する。ただし，塩酸塩，硝酸塩，硫酸塩といった金属塩を直接封入すると（それら仕込み濃度にも依るが），ステンレス鋼を腐食させる場合があるので注意する。特にハロゲン系試薬（Cl イオン等）は少量でも腐食させる。従って，もしこれら金属塩を使用する場合は低濃度条件にするか，あるいは塩基性試薬（例えば KOH や NaOH）によって予め中和し，水酸化物塩としてから封入するといい。筆者らは金属酸化物前駆体と有機表面修飾分子はモル濃度比で 1（任意である）となるように条件設定しているが，この濃度比を制御すると最終生成物（表面修飾金属酸化物ナノ粒子）の結晶性や表面修飾状態に影響を与える。本稿では，図1に示すモノカルボン酸において特に炭素数が C6，C12，C18 の結果を示す。表記として，C6-CeO_2，C12-CeO_2，C18-CeO_2 とする。そして，有機表面修飾分子を添加しない条件の生成物を未修飾 CeO_2 とする。

回分反応（ステンレス鋼反応器）における内圧は，反応器容量に対する蒸溜水の重量（体積）と反応温度によって一義的に決まる。例えば，上記反応器（10 mL）へ 5 g（5 mL）の蒸留水を封入すると反応器に対する水の容積密度は 0.5 g/mL となる。これを 400℃で反応させた場合，内部圧力は 38 MPa 程度になる。従って，臨界点近傍にかけて圧力が急激に上昇するので反応器の耐圧性能を必ず確認する。ただし，前駆体や有機表面修飾分子等が共存しているので，実際の内部圧力は多少変動することを注意されたい。

この反応器を電気炉へ設置する。反応条件は 400℃（臨界点以上の温度），～30 分である。この反応器を水浴に沈めることで反応を停止し，生成物は水あるいはメタノールに分散し，遠心分離を行い，生成物を沈殿させる処理を繰り返し，未反応前駆体や有機表面修飾分子を除去する。そして，真空乾燥させ固体生成物を得る。超臨界水を利用するメリットは高速反応であるが，汎用の電気炉を利用して上記反応器及び温度条件では 30 分の反応時間が必要であった。例えば，溶融塩浴やサンドバス等を利用すれば急速に目的温度に達するため，反応時間も短縮（上記反応器であれば～10 分程度に）することができる。

粉末 X 線回折法（XRD）により生成物（金属酸化物）の結晶構造（結晶相，格子定数，結晶子径等）を同定した。（走査）透過型電子顕微鏡（TEM や STEM）により実際の粒子径や形状を観測した。生成物中の有機表面修飾分子の存在及び結合状態は赤外分光法（FT-IR）により，修飾量・修飾率は熱重量分析（TGA）によってそれぞれ評価した。また，修飾率・修飾量についてはCHN 元素分析も有効である。これは水熱法で結晶化する生成物には，後に説明するが化学吸着水が存在する。この分の重量を無視して有機表面修飾分子のみを分析できるためである。

4. 4　表面修飾金属酸化物ナノ粒子の評価

4. 4. 1　金属酸化物ナノ粒子の結晶構造

図2に生成物の XRD パターンを示す。図2最下部には，計算ソフトにより算出した立方晶

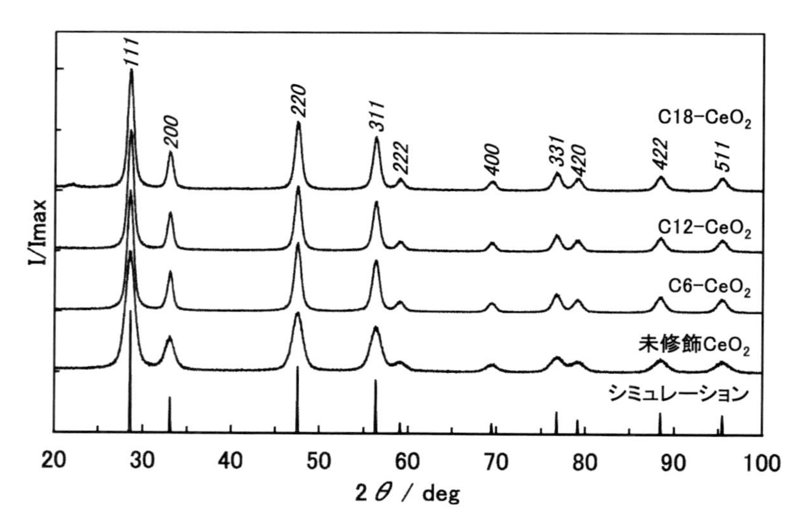

図2　生成物のXRDパターンと計算により算出した CeO_2 バルク結晶（格子定数 0.54112 nm，結晶子径 100 nm）のシミュレーションパターン

（$Fm\bar{3}m$）バルク CeO_2 結晶（格子定数 0.54112 nm，結晶子径 100 nm）のXRDパターンを示す。すべての生成物は立方晶バルク CeO_2 と同様の回折パターンである。しかしバルク結晶のXRDパターンピークと比較すると，生成物のそのピーク幅が広がっていることから，結晶子径が小さいことが推測できる。加えて生成物のピーク位置は若干低角側へシフトしていることから，格子定数が広がっていることも同時に推測できる。得られたXRDパターンから算出した格子定数（0.5415～0.5419 nm）と結晶子径（6.2～10.1 nm）は確かに推測通りの結果となっている。また，XRDパターンのピーク強度比も重要な情報を提供する。CeO_2 の場合，*111* 及び *200* に帰属されるピークはそれぞれ｛111｝及び｛001｝の結晶面と等価と考えられる。つまり，生成物の結晶面表出度合いをこの強度比は反映することになる。そこで，このピーク強度比（*111/200*）を計算すると，未修飾 CeO_2 やバルク結晶と比較して，有機表面修飾分子を添加して合成した CeO_2 のそれは明らかに異なり，主に｛001｝面が表出していることを示唆する結果を示した（*200* のピーク強度が未修飾 CeO_2 やバルク結晶のそれよりも強い）[8]。この結果は，有機表面修飾分子が結晶面と相互作用していることを強く示唆するものである。

実際の粒子径や形状はTEMやSTEM等の電子顕微鏡で観測する。図3に生成物のSTEM像を示す。すべての CeO_2 生成物は5～15 nm程度の粒子を示している。この粒子径とXRDから算出した結晶子径はおおよそ一致していることから，単結晶ナノ粒子が生成していることになる。未修飾 CeO_2 はナノサイズ粒子であることは確認できるが，全体的に凝集して形状（既往の研究[6]から先端切断八面体形状と同定）が不鮮明であった。一方有機表面修飾分子を添加した CeO_2 生成物は分散している様子が観測でき，その形状は有機表面修飾分子に寄らず立方体をしている。つまり｛001｝面が主に表出していることを意味し，XRDピーク強度比から推測した表出結晶面と特に矛盾ない結果となり，CeO_2 結晶面と有機表面修飾分子が相互作用していることを

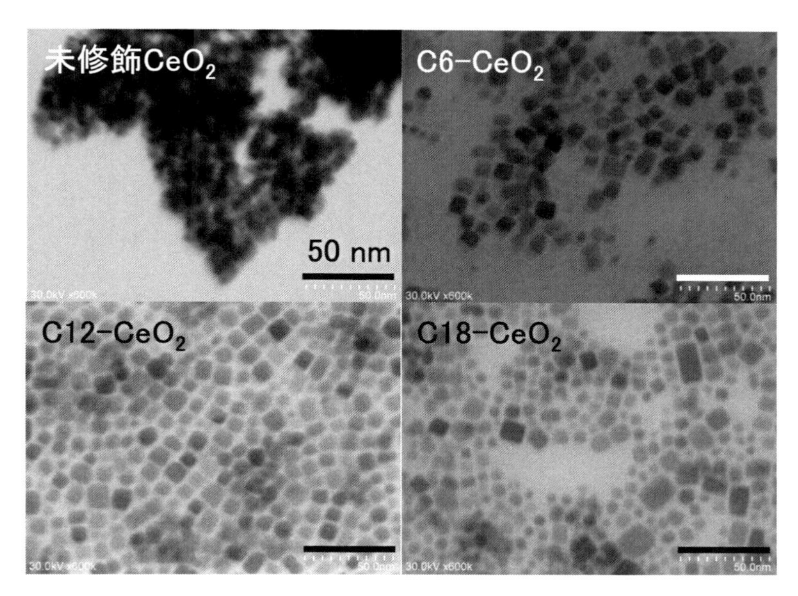

図3　生成物のSTEM像
Scale bar＝50 nm

とがわかる。つまり｛001｝面と相互作用し，その結晶面の成長を抑制していることになる。ここで，STEM像で観測された凝集や分散であるが，以前にも述べたようにナノ粒子は一般的に表面エネルギーが高いため凝集する。その表面を有機分子等で被覆することにより，凝集を抑制し高い分散性を付与することができる。この原理を鑑みると，未修飾 CeO_2 は凝集していたが，有機表面修飾分子を添加して作製した CeO_2 ナノ粒子は分散している様子が観測できた。従って，有機表面修飾 CeO_2 ナノ粒子が作製できていることがこれらの結果からもうかがえる。

4．4．2　表面修飾と修飾率の評価

生成物中における有機表面修飾分子の構造や結合状態の評価には，FT-IRが有効である。図4に生成物のFT-IRスペクトルを示す。未修飾 CeO_2 には有機分子に由来するバンドは観測されないが，3400と1600 cm^{-1} 付近に水（H_2O）あるいは水酸基（-OH）に由来する幅広いバンドが観測される。これは，水熱法で作製している点と前駆体（Ce $(OH)_4$）に由来すると考える。未修飾 CeO_2 表面あるいは結晶内には，H_2O や -OH が化学吸着している。有機表面修飾分子を添加して作製した CeO_2 生成物には，モノカルボン酸に由来するバンドが観測される。本稿ではC18-CeO_2 を例として説明する。吸収は小さいが2960 cm^{-1} 付近にアルキル鎖におけるメチル基（$-CH_3$）に帰属されるバンドが観測できる。2900，2850，1450 cm^{-1} 付近には，アルキル鎖のメチレン（$-CH_2-$）に帰属できるバンドが観測される。加えて，1530と1400 cm^{-1} 付近にはカルボキシレートアニオン（$-COO^-$）に帰属されるバンドが観測される。1700 cm^{-1} 付近に現れる遊離のカルボキシル基（-COOH）が観測されていないことから，未反応のモノカルボン酸（あるいは -COOH の状態で生成物中には存在しない）は洗浄により除去できている。

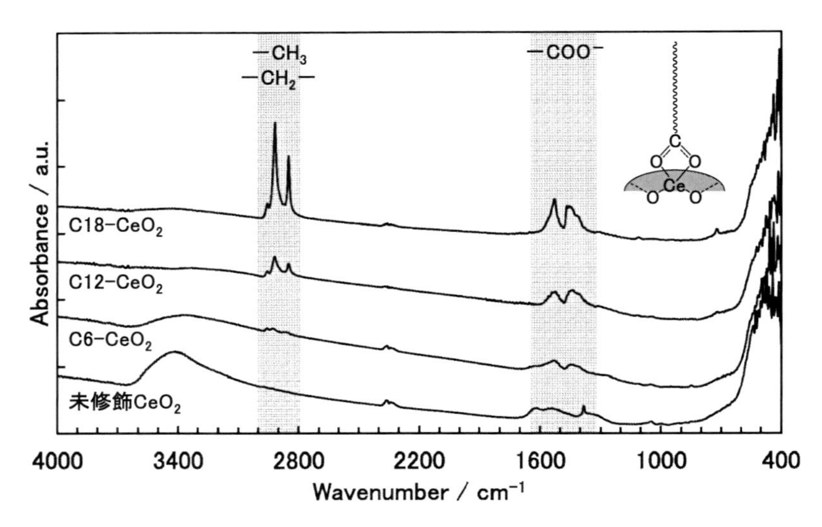

図4　生成物のFT-IRスペクトルと（挿入図）モノカルボン酸配位結合図

-COO$^-$の観測は，CeO_2表面Ceイオンとの配位結合（化学修飾）を指示する（図4挿入図）。以上C18-CeO_2で観測される官能基の吸収バンドは，他の生成物におけるモノカルボン酸有機表面修飾分子でも同様に観測されている。しかし，C6等炭素鎖長が短い場合の生成物には，H_2O（あるいは-OH）の吸収バンドも見られた。ここまでの評価によって，超臨界水を利用した*in-situ*表面修飾法により，簡便かつ短時間で有機表面修飾金属酸化物（CeO_2）ナノ粒子が合成できていることが確認できる。

FT-IRスペクトルにおける吸収バンド強度は，測定試料中におけるその分子密度を反映するため，修飾量の多寡もFT-IRの結果から定性的ではあるが予測可能である。C6等炭素鎖長が短い修飾分子のバンド強度はC18の炭素鎖が長い修飾分子よりも弱いことから，修飾量が少ないことが示唆される。この修飾量を定量的に評価するためにTGA及びCHN元素分析をする。図5に生成物のTGAの結果を示す。表面修飾CeO_2ナノ粒子は，200〜700℃の範囲で重量減（5〜28%）が観測された。この温度領域での重量減は，CeO_2ナノ粒子表面にモノカルボン酸が物理吸着ではなく化学結合（修飾）していること指示するものであり，この重量減こそが表面修飾量に相当する。そして有機表面修飾分子の炭素鎖長が長いほど，その重量減が大きくなっていることから，炭素鎖長が長いほど密度高く表面修飾されていることになる。表面修飾量はCeO_2ナノ粒子の単位表面積（1 nm^2）あたり，炭素鎖長がC6〜C12では2.4〜3.0分子，C14〜C18では6.4〜6.7分子程度修飾されている。表面修飾率は前者が35〜44%，後者が93〜98%でありFT-IRから推測された結果と矛盾ない。ここで注意すべきことは，上述したように生成物によっては化学吸着水が含まれる。この吸着分の重量減を補正する場合，純粋に炭素量だけを算出できるCHN元素分析が有効になる。補正した結果，TGAから算出した結果から0.5分子/nm^{2}程度少なくなる。これらの結果をまとめると，炭素鎖長が短い場合（〜C12）表面修飾量は少なくな

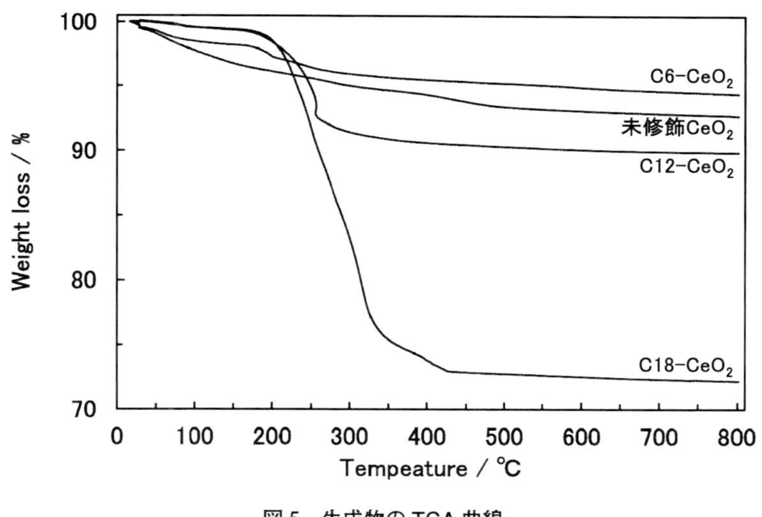

図5　生成物のTGA曲線

り，対照的に長い場合（C14～）はほぼ100%修飾される。この修飾量の差異や多寡は以下の要因を考えている。分子構造の観点から炭素鎖による疎水性相互作用や親水部位（-COO⁻）による静電的反発である。一般的に，両親媒性分子（本稿で使用したモノカルボン酸等同一分子内に疎水基と親水基がある分子）では，疎水性を示す炭素鎖は分子間で疎水性相互作用（引力）が働き，その鎖長が長いほどその相互作用も強くなる[17]。反対に親水部位は電荷を有する場合がほとんどで，その電荷による斥力が生じる[17]。炭素鎖が短い場合は，その疎水性相互作用（引力）よりも親水部位の電荷による斥力のほうが優位に働くと考えられる。また，一般的に沸点融点やそれに伴う（特に水への）溶解度といった物性値は分子に依存するため，昇温昇圧過程及び臨界点近傍における水媒体（流体）への有機表面修飾分子の溶解過程は分子に依って異なる。この有機表面修飾分子の溶解は，金属酸化物の晶析過程と逐次的に引き起こされるため反応系内は複雑である。以上のように，分子間相互作用や溶解度の差異により表面修飾量の差異や多寡が引き起こされたと考えている。金属酸化物の晶析と有機分子の表面修飾を詳細に理解するためには，ナノ粒子合成温度領域におけるそれぞれの溶解度を明らかにする必要がある。加えて，*in-situ* 分光法や *in-situ* 放射光X線回折を利用した晶析過程の観測がこの原理を解明する有効な手法と考える。

4. 4. 3　有機表面修飾分子と結晶化

筆者らがこれまでに利用した有機表面修飾分子と CeO_2 ナノ粒子の結晶化を図1に示した。未修飾 CeO_2 の場合は，上述したように主に｛111｝面が表出した先端切断八面体を形成する[6]。ポリアクリル酸や短炭素鎖長のジカルボン酸（C6，C7）を利用すると立方八面体が形成される[6,7]。本稿で紹介したモノカルボン酸（オレイン酸含む）を利用すると立方体が形成する[8]。このように CeO_2 ナノ粒子の形状は，有機表面修飾分子によって制御できる。また，粒子径は6～20 nm程度で制御できる。以上のように，超臨界水を利用した *in-situ* 表面修飾法は，簡便かつ迅速に表面修飾金属酸化物（CeO_2）ナノ粒子を合成できる。

4. 5　その他の金属酸化物とまとめ

ZrO_2[10, 11]とCo酸化物もまた超臨界水を利用した*in-situ*表面修飾法により合成した。CeO_2と異なり，ZrO_2には複数の結晶相（単斜晶，正方晶，立方晶等）があり，Co酸化物もまた複数の化学量論組成（CoOやCo_3O_4等）の結晶相が存在する。原則的に物性や機能は結晶相に強く依存することから，合成の段階で結晶相を制御する必要がある。ZrO_2前駆体は300～500℃で結晶化し，前駆体と温度を制御することにより10～40 nmのナノ粒子が得られ，同時に単斜晶と正方晶の生成物中における体積比率をも制御できる[10]。さらに有機表面修飾分子を利用すると粒子径を制御できる（10～20 nm）ことを見出している[11]。Co酸化物については，前駆体，温度，有機表面修飾分子の組み合わせを変えることでCoイオンの価数が制御され，結果的にCoOとCo_3O_4の結晶相制御にも成功しているが，有機表面修飾やその量に関してはCeO_2やZrO_2と同様の結果は得られていない。

超臨界水を利用した*in-situ*表面修飾法によれば，有機表面修飾金属酸化物ナノ粒子を簡単に得ることができる。しかしながら，目的の金属酸化物とその結晶性（結晶相，粒子径，形状等）を多彩に制御するためには，前駆体，温度，有機表面修飾分子の組み合わせを巧みに制御する必要がある。特に，前駆体の溶解度が結晶化及び結晶性制御の鍵になる。溶解度は温度やpHに強く依存するが，強酸や強塩基で調整するよりも，化学修飾の如何に関わらず，有機分子がもつ酸・塩基特性や酸化還元機能を利用するといい場合がある。目的生成物（表面修飾金属酸化物ナノ粒子）を得るためには，上記のように一つずつ条件探索をする必要がある。

文　　献

1）ナノ粒子の表面修飾と分析評価技術—各種特性を向上するためのナノ粒子表面関連技術とその評価—，株式会社情報機構出版（2016）
2）T. Adschiri, *Chem. Lett.*, **36**, 1188（2007）
3）超臨界流体入門　化学工学会超臨界流体部会編，丸善（2008）
4）J. Zhang *et al.*, *Nano. Lett.*, **11**, 361（2011）
5）J. Zhang *et al.*, *Phys. Rev. B*, **84**, 045411（2011）
6）M. Taguchi *et al.*, *Cryst. Growth Des.*, **9**, 5297（2009）
7）M. Taguchi *et al.*, *CrystEngComm*, **13**, 5297（2011）
8）M. Taguchi *et al.*, *RSC Adv.*, **4**, 49605（2014）
9）田口実，ケミカルエンジニヤリング，**62**, 129（2017）
10）M. Taguchi *et al.*, *CrystEngComm*, **14**, 2132（2012）

11）M. Taguchi *et al.*, *CrystEngComm*, **14**, 2117（2012）
12）T. Mousavand *et al.*, *J. Nanopart. Res.*, **9**, 1067（2007）
13）D. Rangappa *et al.*, *J. Am. Chem. Soc.*, **129**, 11061（2007）
14）T. Mousavand *et al.*, *Phys. Rev. B*, **79**, 144411（2009）
15）M. Taguchi *et al.*, *Catal. Commun.*, **84**, 93（2016）
16）田口実，ケミカルエンジニヤリング，**62**, 13（2017）
17）J. N. Israelachivili, 分子間力と表面力（近藤保，大島広行訳），朝倉書店（1997）

【第4編　超臨界流体を溶媒とした加工技術】

第1章　エアロゲル

依田　智*

1　はじめに

内部に空隙を含む固体（多孔質体）の性質は，空隙の割合や大きさ，形状，さらにはその分布などよって大きく変化する。多孔質化により，比表面積の増大とそれに伴う物質の吸着保持性の増大，断熱性，電気的絶縁性，吸音性，遮音性の向上，耐衝撃性や緩衝性の向上などが見られるようになる。極端に空隙の割合が大きい低密度の固体では，それらの性質が顕著となり，緻密な固体とは大きく違った材料としての性質を持つに至る。このような材料はエアロゲル(Aerogel)と総称される。エアロゲルの作製には超臨界状態を含む高圧下での相平衡の操作が深く関係する。本章では超臨界流体技術によるエアロゲルの作成法を中心に解説する。

2　エアロゲルの概要

エアロゲルは1931年に米国スタンフォード大学のKistler教授によって作製され，命名された[1)]。Kistler教授はエタノールを用いた超臨界乾燥（後述）の手法により，シリカ，チタニア，アルミナ，卵白などの希薄な湿潤ゲル体を収縮することなく乾燥させることに成功し，極めて低密度な乾燥ゲル体を得ている。その後しばらく研究の低迷期が続くが，高性能断熱材としてシリカのエアロゲル（シリカエアロゲル）が注目され，1980年代半ばより研究が大きく進展した[2～4)]。エアロゲルという言葉がシリカエアロゲルと同義で用いられることも多いが，あくまでエアロゲルと総称される材料の一例であることには注意されたい。

シリカエアロゲルの外観を写真1に，微細構造の模式図と走査型電子顕微鏡（SEM）で観察した実際の構造を図1に示す。シリカエアロゲルは数nmの一次粒子とそれらが凝集した二次粒子，さらに二次粒子が空隙を空けて凝集（樹枝状凝集）した構造を持ち，数10 nmレベルの細孔を多く有する。この構造ではシリカ骨格の伝導伝熱が少ないことに加え，空気中の主な気体分子の平均自由行程より細孔径が小さいため，気体分子の運動が阻害され，空気による対流伝熱と伝導伝熱も抑制される。このためシリカエアロゲルはあらゆる材料の中で最も小さな熱伝導率(0.01 W/m･K台）を示す。加えて光透過性を合わせ持つこと，環境調和性が高いこと等から，窓用の断熱材または真空を用いない高性能断熱材として注目され，開発が進展した。製造コスト

＊　Satoshi Yoda　（国研）産業技術総合研究所　化学プロセス研究部門　階層的構造材料プロセスグループ　グループ長

写真１　シリカエアロゲルの外観

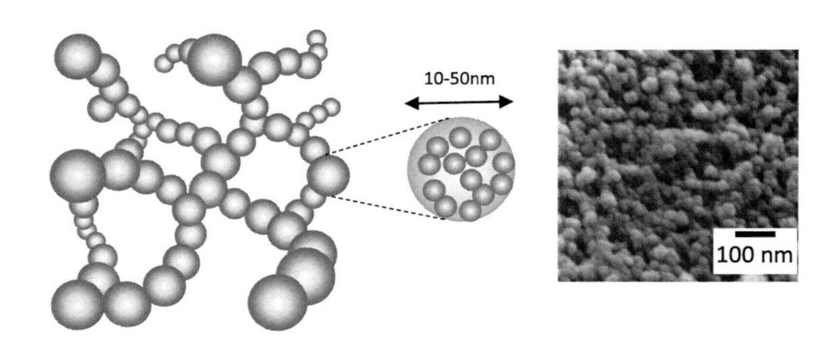

図１　シリカエアロゲルの微細構造（模式図およびSEM像）

や機械的強度の問題があり，幅広く普及しているとは言いがたいが，粉末を不織布等と複合化した材料が上市されており[5)]，またペレットとして二重ガラスの内側に充填するなどの展開もある。徐々に実用材料としての地位を確立しつつあると言えよう。

シリカ以外の無機エアロゲルでは極端な低密度のゲルを作製しにくく，通常の乾燥ゲルや他の多孔質材料との差別化が難しい。実用化例としては熱硬化性ポリマーの熱処理により得られたカーボンエアロゲルをキャパシタに用いた例[6)]がある。最近の研究はシリカと他の有機系材料との複合エアロゲル，ポリマー系のエアロゲルなどが中心である。研究開発例については他の文献[3, 7)]を参照されたい。

3　超臨界流体のどのような性質を利用するのか

湿潤状態の多孔質体を乾燥する過程においては，溶媒の蒸発に伴って細孔等の内部に気液界面が生じ，この界面に起因した応力によりゲルは収縮する。図２のように円筒状の細孔をモデルとして考えると，気液界面には接線方向に向かって応力が生じる。この毛管力と言われる応力Ｐは，溶媒の表面張力をγ，溶媒と細孔壁の接触角をθ，細孔径をrとして次のような式で表され

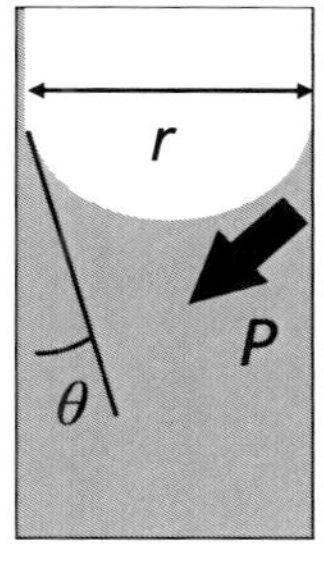

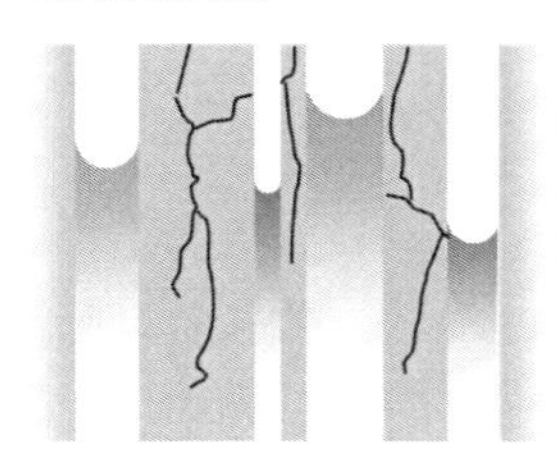

図2　ゲルの乾燥時にかかる応力（模式図）

る[8)]。

$$P = 2\gamma\cos\theta / r \tag{1}$$

この応力は収縮の原因となるとともに，構造が柔軟性に乏しい場合には，全体の表面層と内部，あるいは異なる半径を持つ細孔と細孔の間の応力差により，亀裂も生じる原因になる。

乾燥時の応力を低減する方法は各種提案されているが，低密度で強度が小さいゲルを収縮せず乾燥するためには，気相，液相の界面が生じる条件を避けることが抜本的な対策となる。界面の形成を避ける手法としては凍結乾燥と超臨界乾燥がある。図3に乾燥の過程を相図を使って示す。凍結乾燥では液相から固相に転移する際の体積変化によりゲルがダメージを受けやすく，また固相から気相への転移（昇華）による乾燥の速度が遅いことが問題である。一方超臨界乾燥では，液相から超臨界状態，超臨界状態から気相への変化は連続的でゲルへのダメージはなく，かつ拡散性がよいため乾燥速度が大きいという利点がある。研究例を見ても一般に凍結乾燥よりも低密度なゲル体が得られている。

4　どのような原理で材料を作製するのか

4.1　単成分系の超臨界乾燥

最も単純な手法はゲルに含まれる溶媒の超臨界状態を利用する方法である。図4にこの操作と相図の関係を示す。内部に溶媒を含む湿潤ゲルをその溶媒とともに圧力容器に封入し（図4

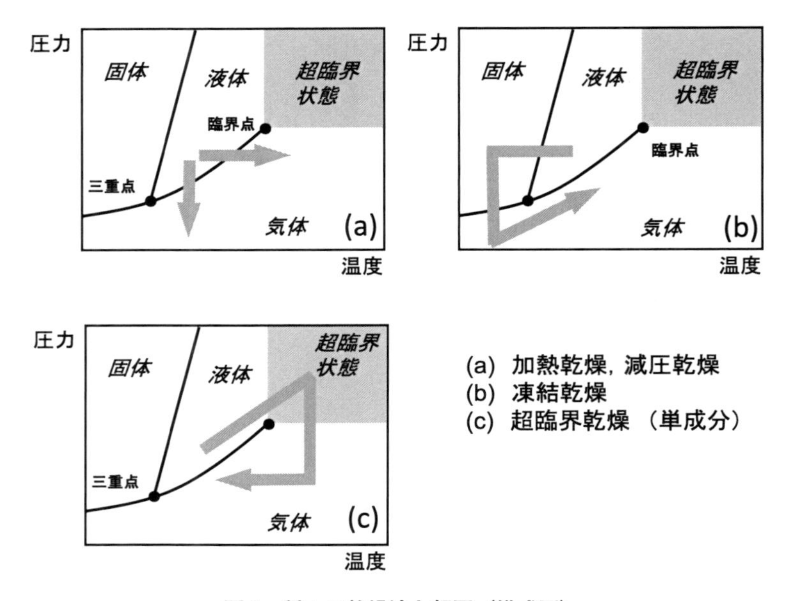

図3　種々の乾燥法と相図（模式図）

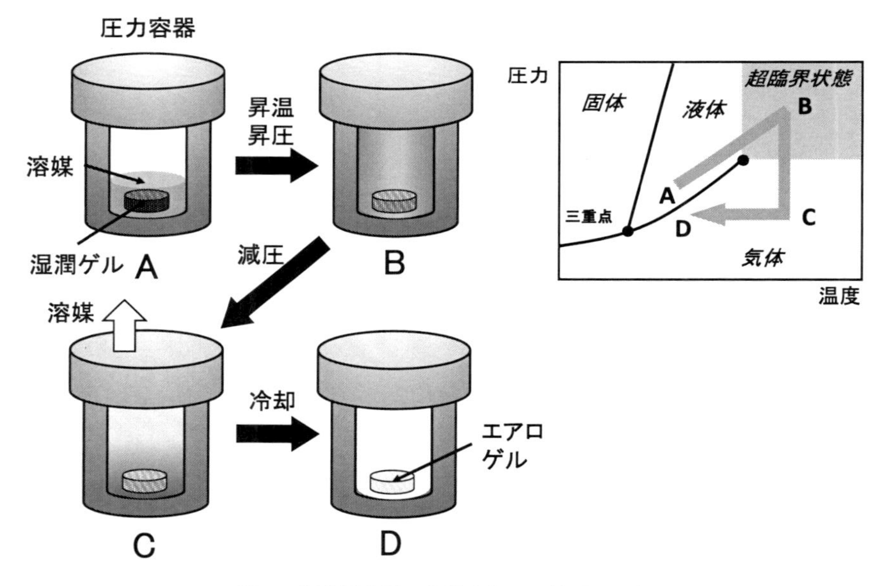

図4　超臨界乾燥の操作と相図（単成分系）

のA)，これを昇温することにより昇圧させて超臨界状態とする（B)。続いて温度を維持しつつ内部の溶媒を徐々に抜いて気相条件となるよう減圧し（C)，常圧とした後に冷却する（D）ことで乾燥ゲル体を得る。溶媒を添加するのは，圧力容器の内部をその溶媒の臨界密度以上の条件にするためである。溶媒が不足し臨界密度に至らない場合は，液面が下降してゲルが収縮してしまうことになる。

この方法は圧力容器とバルブと温度調整器があれば作製が可能であるため，かつては広く用いられた。溶媒としてはエタノール等のアルコール類が一般的であるが，基本的にはどのような溶媒でも同様の原理で使用可能である。制約となるのはゲルの成分と超臨界状態の溶媒の相互作用である。例えば水を内部に含む含水ゲルを上記の方法で超臨界乾燥しようとすれば，臨界点（323℃，23 MPa）以上の水にゲルがさらされることとなり，多くの物質は溶解または分解してしまう。含水ゲルについてはアルコールや他の臨界点の穏やかな溶媒に置換してから乾燥することができるが，低密度な湿潤ゲル体の場合，溶媒交換の際にゲルから溶媒を排出して縮む現象（シネレシス，離漿）が見られたり，ゲルのひび割れが生じたりすることも多い。

また，アルコール等可燃性の有機溶媒を高温で用いることから，安全性には問題がある。1984年スウェーデンで3000 Lのアルコール超臨界のプラントからメタノール蒸気が漏れ，爆発事故を起こした実例もある[9]。

4．2　二成分系の超臨界乾燥

1980年代半ばより二酸化炭素（CO_2）を用いた二成分系の均一相を利用する超臨界乾燥法[10]が使用され，現在の主流となっている。CO_2は臨界温度が31℃であり熱変性しやすい材料にも適用できること，不燃性で安全性が高く，比較的安価であることが大きな利点である。

ゲルの内部に含まれる溶媒がエタノールの場合について，典型的な操作と相図[11]との関係を図5に示す。乾燥防止のための溶媒と湿潤ゲルを圧力容器に封入し（図5のA），CO_2を導入して昇圧昇温する（B）。この際，エタノール-CO_2系の均一相条件をA→B間で維持しつつ，組成によらずに均一相を維持できる条件（図5の相図でおよそ10 MPa以上が相当）にする。その後，温度，圧力一定のもとCO_2を流通させて容器内およびゲル内のエタノールを抽出し，内部がCO_2のみとなる条件（C）に移行する。次に温度を維持したまま，CO_2が超臨界状態から気相条件に遷移するよう減圧する（C→D）ことで界面の形成を避けて大気圧に戻す。その後冷却してエアロゲルを得る。

ここではエタノールの例を示しているが，CO_2と均一相を形成する溶媒であれば原理的には種類を問わず同様の手法で乾燥が可能である。アセトン-CO_2系の例などが報告されている[12]。またCO_2以外のガス種の利用も考えられる。実際には均一相条件が実用的な温度，圧力の範疇に入っているかが制約となる。

また，乾燥対象の湿潤ゲルに含まれる副成分や不純物，乾燥の過程で進行する反応生成物など，圧力容器内には溶媒以外の成分が存在する場合が多く，臨界条件や均一相条件，さらに生成物の性質に影響を及ぼすことがある。例えばシリカの場合水が含まれる場合が多いが，水はCO_2との相溶性に乏しく，乾燥時に残存してゲルの収縮等の原因となりうるため，事前に溶媒交換で十分除去しておくことが必要になる。この溶媒交換の過程は，有機溶媒を多用すること，および処理時間を要することから，商業的にはコスト高の原因になっている。

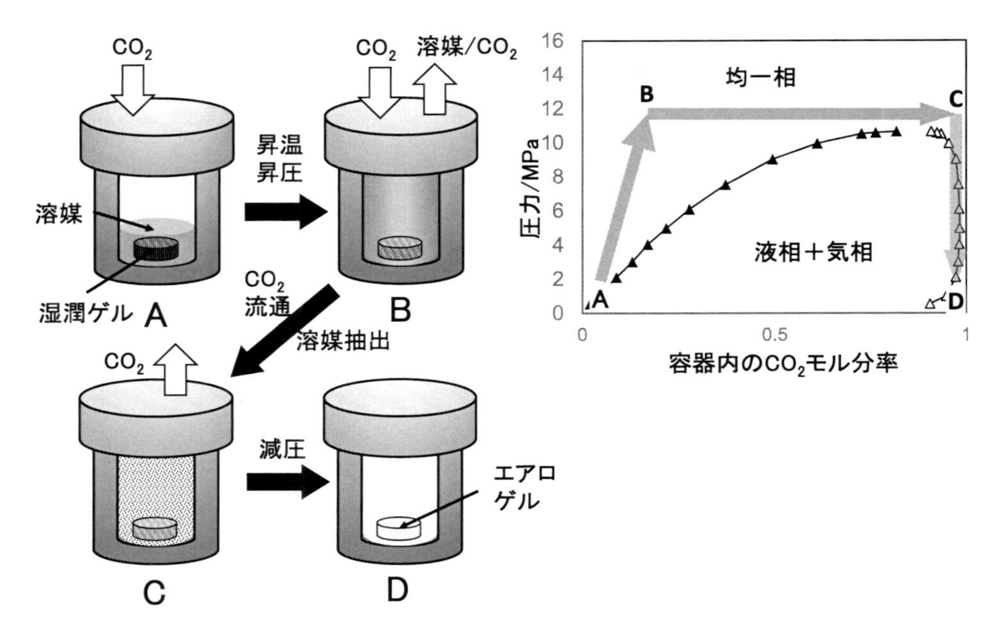

図5　超臨界乾燥の操作と相図（二成分系）

相図中のエタノール-CO_2 の臨界軌跡（333.4 K における液相組成（▲）と気相組成（△）は文献11による）

5　装置の例と作製の実際

5. 1　実験室レベル

図6に CO_2 を利用した実験室レベルでの乾燥装置の例を示す。重要な装置は圧力を検知して自動的にバルブの開度を調整する機構を持つ自動背圧調整弁である。CO_2 を流通させてアルコール等を抽出する際には圧力を一定に保つ必要がある。抽出中に流体の組成，密度が代わるため，開度で流通を調整するタイプのバルブや圧力調整弁では逐次調整が必要になり，実践的ではない。

超臨界乾燥のプロセスでは，ゲルの内外で超臨界状態，もしくは均一相の密度に大きな差が生じると，界面が無くとも密度差に起因する応力が生じて，ゲルの収縮やひび割れが生じることがある。ゲルが緻密な場合，CO_2 による溶媒の抽出速度が大きすぎる場合，減圧速度が速すぎる場合などに起こりやすい。減圧については，前述の自動圧力調整弁で減圧速度のプログラムが可能な仕様のものを用いると十分遅い速度で減圧を行うことができる。

なお，CO_2 の高圧送液ポンプは高圧ガス保安法の製造施設となるため，各県への届け出が必要になる。単成分系の超臨界乾燥は必要な機器が少なくより簡便にできるが，同じく高圧ガス保安法の対象になることが多く，有機溶媒を用いる場合には引火にも注意する必要がある。実験を検討される場合には十分留意されたい。

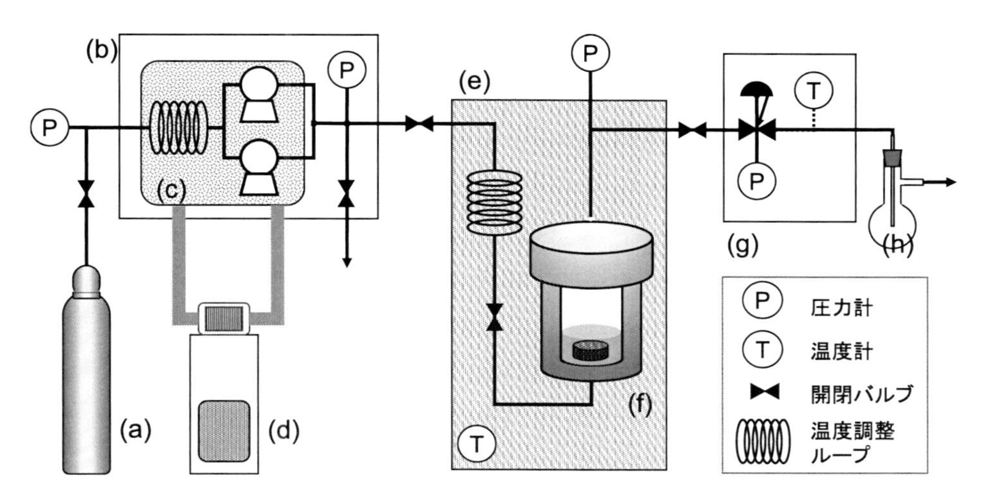

図 6　実験室レベルの超臨界乾燥装置の例

(a) 液化炭酸ガスボンベ, (b) CO_2 送液用ポンプ, (c) 冷却ヘッド, (d) 循環冷却水槽, (e) 恒温槽, (f) 圧力容器, (g) 自動背圧調整弁, (h) 気液分離装置

5. 2　実用レベル

超臨界乾燥の実用プロセスとしてはもっぱらアルコール（エタノール，イソプロパノール）と CO_2 の二成分系による超臨界乾燥が用いられる。実用プロセスではコストの点から CO_2 の回収と再利用は必須であり，アルコールと CO_2 の分離器，および CO_2 の再凝集と送液のための設備が必要となる。図 7 に実用レベルの超臨界乾燥プラントの設計例[13]を示す。300 mm 角の板状試料を作成できる内径 500 mm，容積 200 L の乾燥容器で，エタノール含有シリカ湿潤ゲルを 353 K，15 MPa の条件で超臨界乾燥するプロセスを想定している。このようなプロセスは技術

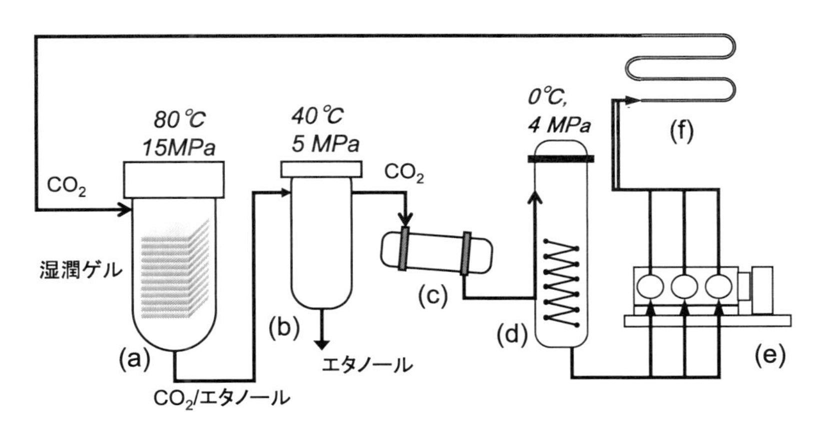

図 7　実用レベルの超臨界乾燥プラントの設計例

(a) 抽出層 Φ500×1000 mm (200 L), (b) 分離槽 Φ400×1800 mm, (c) CO_2 凝縮器, (d) CO_2 循環槽 Φ430×1800 mm, (e) CO_2 循環ポンプ, (f) CO_2 加熱器

的には完成されており，国外では常設の実用プラントが稼働している。

超臨界乾燥プラントのイニシャルコストや電力消費の問題は他の高圧プロセスと共通する点が多い。エアロゲル製造固有の課題として，抽出の終点の見極めがある。ゲル内部からCO_2で溶媒を抽出する過程において，ゲル内部の溶媒拡散が律速になる段階（乾燥理論における減率乾燥）になるとCO_2の流通量に比して溶媒の抽出量は乾燥の進行と共に低下する。すなわちCO_2の使用量から考えると非常に効率の悪い過程となり，製造コストにも大きく影響する。実際の材料の製造においては，求める材料の物性や特質に及ぼす影響を考慮して，どこまでの乾燥が必要なのか，という点を見極めることが重要になる。

6　エアロゲルと超臨界乾燥に関する最近の動向

6. 1　超臨界乾燥を用いないシリカエアロゲルの作製法

高圧を用いる超臨界乾燥のプロセスは，設備のイニシャルコストが高いこと，高圧を使うことによる安全性の問題および保安のコストが高いことが本質的な問題としてつきまとう。そのため，高圧を用いないで低密度の湿潤ゲルを収縮せずに乾燥するための技術が1990年代から多く検討されてきた。

代表的な技術はゲルの表面に嵩高い疎水基を修飾し，相互の反発によって収縮を抑制する方法[14]である。超臨界乾燥より高い密度のゲルにはなるが，小粒子やフィルムなどサイズが小さく，断熱性能などが妥協できる用途であればコスト面で有利となる。これと亜臨界領域をもちいた乾燥の組み合わせで作製した製品が既に上市されている[15]。

さらにシリカエアロゲルについては，超臨界乾燥での作製に匹敵する低密度のゲルの製造技術が進展した[16]。これは骨格に有機基を導入してある程度の柔軟性を持たせ，乾燥時の収縮応力に抵抗できるようにするとともに乾燥時の溶媒を工夫するなどの手法による。現在ベンチャー企業により実用化も進められている[17]。常圧乾燥によるシリカエアロゲルの開発は世界的に見ても大きなトレンドとなっている。

一方，常圧乾燥によって作製したシリカエアロゲルも，実用面から見れば機械的性質に大差がないこと，原料などが高価になること，溶媒交換と乾燥の過程に時間を要すること，等の問題がある。シリカエアロゲルのサプライヤー間でも実用プロセスとしての超臨界乾燥と常圧乾燥に対する評価は拮抗している。技術的な完成度，原理的に骨格の柔軟性を必要とせず適用範囲が広いこと，高い環境調和性などの利点から，今後も超臨界乾燥プロセスの利用は一定のニーズを保つものと考えられる。

6. 2　ナノファイバー系エアロゲル

柔軟性と光透過性の両立を目指し，セルロースやキトサンなどバイオポリマーのナノファイバーを骨格としたエアロゲルの作製が報告されている[18, 19]。これらのエアロゲルの作製ではCO_2

による超臨界乾燥法が利用されている。ナノファイバーの絡み合い構造による湿潤ゲルの乾燥においては，乾燥過程での相転移など，シリカ等のエアロゲルとは異なる挙動が想定され，これらに対応した技術開発が今後求められるものと思われる。

7　おわりに

本稿ではエアロゲルの作製法としての超臨界乾燥について，原理や具体的な手順を中心に紹介した。断熱，防音，制振等の分野で，超低密度の材料のニーズが増大しており，超臨界乾燥法が開発上有用なツールとして求められる機会も増えると思われる。超臨界乾燥の技術を様々な材料系に適用していく上では，圧力容器の中で何が起きているか，ということを，特に相平衡の観点から理解することが大切ということを改めて強調しておきたい。

文　　献

1）S. S. Kistler, *Nature*, **127**, 741（1931）
2）a）J. Fricke（ed.）, "Aerogels", Springer-Verlag, Berlin（1986）b）*J. Non-Cryst. Solids*, **145**, 1（1992）, c）*J. Non-Cryst. Solids*, **186**, 1（1995）d）*J. Non-Cryst. Solids*, **225**, 1（1998）. e）*J. Non-Cryst. Solids*, **285**, 1（2001）, f）*J. Non-Cryst. Solids*, **350**, 1（2004）
以上は International Symposium on Aerogels のプロシーディングである。
3）M. A. Aegerter, N. Leventis and M. M. Koebel（ed.）, "Aerogels Handbook", Springer Science + Busisiness Media（2011）
4）エアロゲルの情報サイト　http://www.aerogel.org/
5）a）Aspen Aerogels 社 Web ページ http://www.aerogel.com/, b）Cabot 社 Web ページ http://www.cabotcorp.com/solutions/products-plus/aerogel など
6）カーボンエアロゲルに関する Web 記事　http://www.aerogel.org/?p=71
7）新エネルギー・産業技術総合開発機構，"エアロゲルの技術動向・市場動向調査成果報告書"（2013）
8）J. Zarzycki *et. al.*, *J. Mat. Sci.* **17**, 3371（1982）
9）a）J. Fricke, *Sci. Am.* **68** 92（1988）b）http://www.aerogel.org/?p=824
10）a）P. H. Tewari *et. al.*, *Mater. Lett.*, **3**, 363（1985）b）滝嶌繁樹 , 超臨界流体のすべて基礎編第5章3節2, p.273, テクノシステム（2002）
11）K. Suzuki *et. al*, *J. Chem. Eng. Data*, **35**, 63（1999）
12）A. E. Gash *et. al.*, *J. Non-Cryst. Solids*, **285**, 22（2001）
13）依田智ほか，成形加工，**24**, 154（2012）
14）S. S. Prakash *et. al.*, *Nature*, **374**, 439（1995）

15） a）http://www.aerogel.org/?p=1433, b）Cabot 社 技術資料
http://www.colloidaldispersions.com/resources/presentations/Nanogels.pdf,
16） a）K. Kanamori *et. al.*, *Adv. Mater.*, **19**, 1589（2007）b）金森主祥ほか，化学と工業，**70**, 107（2017）
17） ティエムファクトリー（株）https://www.tiem.jp/
18） Y. Kobayashi, *et. al. Angew. Chem. Int. Ed.*, **53**, 10394（2014）
19） S. Takeshita *et. al.*, *Chem. Mater.*, **27**, 7569（2015）

第2章　発泡体

依田　智*

1　はじめに

ポリマーの発泡体はポリマーのマトリックス中に気泡（セル）が分散した構造を持つ材料であり，緩衝材，断熱材，電気絶縁材，反射材，吸音材，ろ過材などに広く利用されている。

高圧のガスをポリマーに溶解させてから発泡させる作製法が広く用いられており，超臨界流体技術との関連も深い。本稿では高圧ガスによる熱可塑性ポリマーの発泡について概要を述べる。詳細については他の参考図書[1~3]や総説[4,5]を参考にされたい。

2　ポリマー発泡体とは

ポリマーの発泡体は母材と比較して軽量で低密度，高比表面積であり，衝撃吸収性，剛性，柔軟性などの機械的性質，断熱性などの熱的性質，誘電率，絶縁性などの電気的性質，遮光性，光反射性などの光学的性質，吸音，防音などの音特性，ガスや液体の吸収性や透過性などの性質が異なる。これらの性質は（a）ポリマーの種類，（b）ポリマーに含まれる気体の種類に加え，（c）発泡体の密度（もとのポリマー密度を基準とした“発泡倍率”も多用される），（d）気泡密度（単位体積当たりの気泡数），（e）平均の気泡径，（f）気泡径の分布，（g）独立気泡と連通気泡の割合，（h）気泡の形状，（i）マトリックス内での気泡の局在（スキン相などの存在も含めて）などの発泡構造に大きく依存する。図1に構造を決める要素の例を示した。目的に応じた発泡体の機能を得るためには，これらの発泡構造を形成させるプロセスの制御が極めて重要になる。

3　どのような原理で材料を作製するのか

3.1　概要

熱可塑性ポリマーの発泡体の作製には大きく分けて化学的手法と物理的手法がある。化学的発泡では，熱や化学反応によりガスを発生する発泡剤を用い，ポリマーマトリックス内部で気体を発生させて発泡構造を得る。一方物理発泡では，ポリマーに高圧で発泡ガスを溶解させた後，圧

＊　Satoshi Yoda　（国研）産業技術総合研究所　化学プロセス研究部門　階層的構造材料プロセスグループ　グループ長

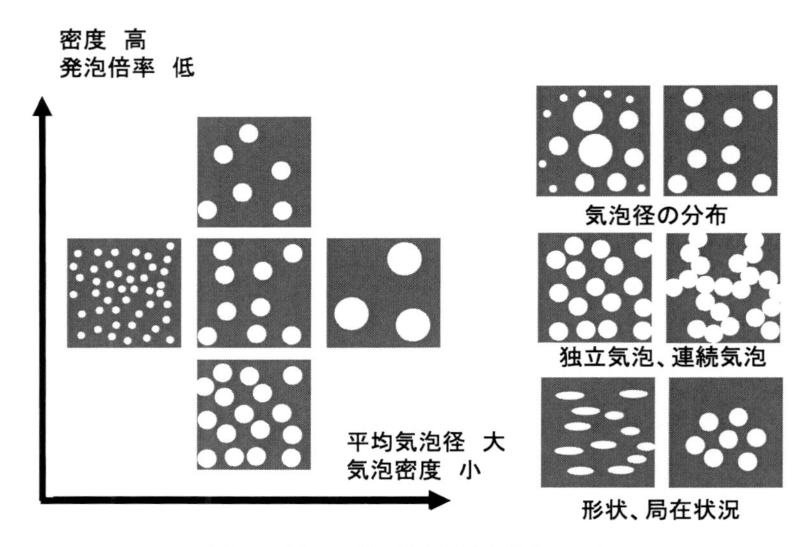

図1 ポリマー発泡体の構造を決める要素

力や温度の制御によって発泡ガスの溶解度を下げて過飽和状態を生じさせ，ポリマーからの相分離を誘起してマトリックス内に気泡を生じさせる。この過程は炭酸飲料を開封し，ガスが抜ける前に冷凍したときの状況に例えられる[6)]。

この発泡の過程の概要を図2に示した。気泡構造は（1）発泡ガスのポリマーへの溶解，（2）圧力または温度変化による気泡の発生，（3）気泡の成長（合一含む），（4）気泡の成長停止（固定化），の過程を経て形成される。これらの過程では温度，圧力に依存してポリマーへの発泡ガスの溶解度，ポリマーと発泡ガスの相分離状況，およびポリマーのレオロジー特性の変化を伴う。

実際の発泡プロセスは，（a）固体状態のポリマーにガスを溶解させ，ポリマーのガラス転移温度（T_g）以上の温度で発泡させ，T_g 以下の温度に冷却して気泡の成長を止める方法（バッチ発泡）と，（b）溶融状態のポリマーにガスを加圧溶解させて流し，ダイなどから圧力開放することによって減圧して発泡させる方法（連続発泡）に大別される。詳細は後述する。

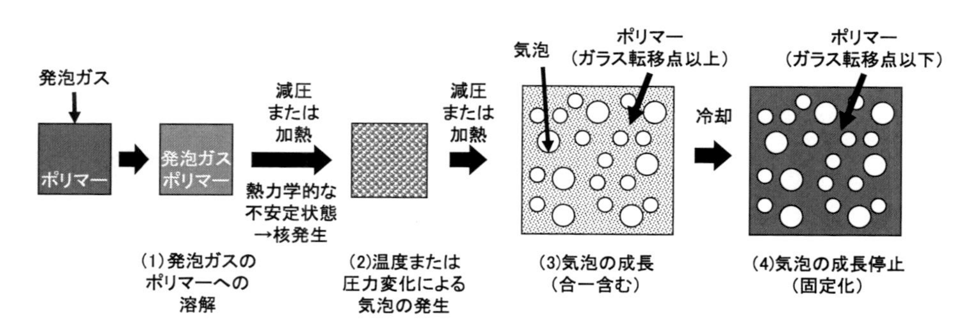

図2 物理発泡によるポリマー発泡体の作製法（模式図）

3. 2　発泡ガスの溶解

固体，あるいは溶融状態のポリマーに高圧のガスを接触させることで，ポリマーの内部に発泡ガスを溶解させる。発泡ガスの溶解量が多いと，発泡倍率の高い低密度の発泡体を作りやすく，また後述のように発泡を微細化する上で有利な点が多くなる。特に連続発泡においては平衡時の溶解量だけでなく，溶解の速度も重要になる。

発泡ガスの溶解量はポリマー種，ガス種と温度，圧力に依存する。図3にポリスチレンへの各種ガスの溶解量を示した[7]。ガスの溶解量は圧力とともに増大し，溶解度の小さい領域ではヘンリーの法則に従うことが多い。ポリマーへのガス溶解度は発泡プロセスや装置の設計上重要な情報であり，二酸化炭素（CO_2）を中心として，データの蓄積が進んでいる。溶解度についての情報は既報総説が出ているので参照されたい[4,8]。

発泡ガスがポリマーに溶解すると，ポリマーのレオロジー特性が変化する。CO_2 については，粘度の低下[9~11]，融点およびガラス転移温度の低下[12~14]，結晶化速度[15,16]の増大などが報告されている。これらの影響は多くの熱可塑性ポリマーに見られるが，定量的に予測することは現状難しく，実際の発泡挙動や，連続発泡の場合は混錬トルク等のデータを見つつプロセスを調整していくことになる。

3. 3　気泡核発生

ポリマーにガスを溶解させた後，減圧，もしくは加熱により発泡を開始する。発泡核は加熱または減圧によって引き起こされる発泡ガスの過飽和状態および熱力学的な不安定性によって形成する。Colton らは均一な球状の発泡について，古典的な核発生理論に基づく気泡核の発生率を式（1）のように表している[17]。

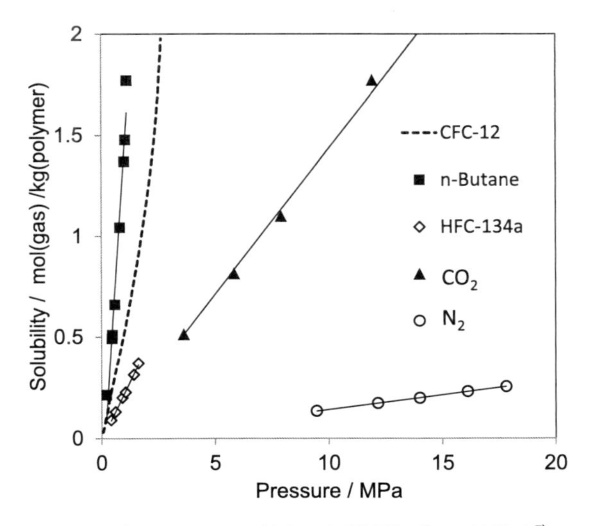

図3　ポリスチレンに対する各種発泡ガスの溶解度[7]

$$N_{hom}=C_0 \cdot f_0 \cdot exp\left(-\frac{\Delta G_{hom}}{kT}\right) \tag{1}$$

$$\Delta G_{hom}=\frac{16\pi\gamma^3}{3(Ps-P_0)} \tag{2}$$

ここで N_{hom} は気泡核発生率，C_0 は気体分子の密度，f_0 は頻度因子，k はボルツマン定数，T は発泡温度，ΔG_{hom} は核形成の活性化エネルギーである。ΔG_{hom} は式（2）であらわされ，γ は界面エネルギー，Ps はガスの飽和圧力，P_0 は雰囲気圧力，である。製造プロセスにおいては気体分子の密度（溶解度）C_0，発泡時の温度 T，発泡前後の圧力差（$Ps-P_0$）がパラメーターとなる。気泡核の発生速度は，気泡数，気泡密度，気泡の大きさと密接に関係し，発泡ポリマーの発泡構造を決定する最も重要な要因となる。溶解度が高く，圧力差が大きいと，発泡核の数，すなわち気泡数が増え，微細な発泡に有利な条件となる。

3. 4　気泡の成長と停止

気泡核の発生後，ポリマーからの発泡ガスの相分離が進行し，気泡が成長してポリマー全体の体積が増大する。その後，一般的には冷却によってポリマーを固化させ，気泡の成長を止めて全体を安定化させる。

気泡の成長と停止の過程においてはポリマーの粘弾性の変化が大きく影響する。熱可塑性ポリマーの温度と粘度の変化を図 4 に模式的に示す。温度の上昇に伴い，ポリマーは剛性の高いガラス状領域から，弾性率が急激に変化し流動する粘弾性領域，柔らかいゴム状領域，溶融状態へと変化する。気泡の成長と停止を制御するためにはガラス転移温度 T_g の上下でポリマーの温度を制御する必要がある。

また，ポリマーの粘弾性は前述のように発泡ガスの溶解度にも依存するため，発泡ガスが抜けるにしたがって可塑性，流動性は減少する。さらにポリマーのレオロジー特性はプロセス条件の変更に対して追随性が悪く，平衡まで経時的に変化が続く。高圧条件下で発泡ガスを溶解したポリマーのレオロジー特性の評価は実験に手間がかかることもあり，物性データとしての蓄積は十分でない。

このように減圧から気泡成長，停止に至るまでのプロセスにおける粘弾性の挙動は複雑でプロセス設計上の隘路となっているため，様々なモデル化やシミュレーションが試みられている。

4　超臨界流体のどのような性質を利用するのか

物理発泡は，一般に化学発泡では得にくい，高い発泡倍率と微細な気泡径が必要な場合に多用される。高い発泡倍率を得るためには，ポリマーにできるだけ発泡ガスを多く溶解させることが

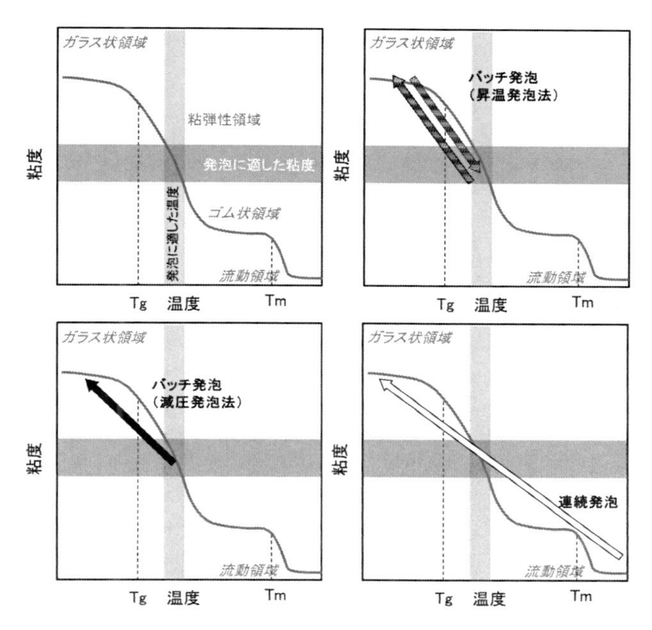

図４　ポリマーの温度と粘度および発泡プロセスの模式図

前提で，図３のように高い圧力であれば有利となる。また，一定のガス量で微細な発泡を得るためには，前述の式（1）（2）の通り，発泡前後の圧力差を出来るだけ大きく取ることが必要である。

ポリマーの発泡ガスとしては，かつてはクロロフルオロカーボンなどフロン系のガスが多く使われ，地球温暖化の問題から炭化水素系に移行し，近年は環境調和性に優れた二酸化炭素（CO_2）や窒素（N_2）を使うプロセスが使われるようになっている。これらのガスは数多くのポリマーに溶解するものの，図３の例のようにフロン系や炭化水素に比べると溶解度が小さく，同量のガスを溶解させるためには高い圧力を必要とする。CO_2 や N_2 を高い圧力で利用する物理発泡のプロセスは“超臨界発泡”と呼ばれることが多い。この“超臨界発泡”は 10 μm 以下の微細発泡体（マイクロセルラー）を作製するプロセスとして使用され，広く知られるようになった。

“超臨界発泡”という言葉と裏腹に，実際に発泡ガスが超臨界状態であるか否かは，発泡プロセスにはほとんど影響していないと思われる。前述の通り，ポリマーへのガスの溶解度はヘンリー則に従い，臨界圧力の前後で特異的な変化は見られない。ポリマーに溶解したガスは超臨界状態ではなく，溶解前の発泡ガスが超臨界流体であることの優位性は明確でない（溶解速度で優位性がある可能性はあるが，発泡プロセス全体からみて有意義な時間短縮にはならない）。CO_2 は超臨界流体利用技術の代表例として普及しているため，ポリマーの発泡プロセスにおいても利用しやすい利点はあると思われるものの，ポリマー発泡体の構造や機能設計の観点からは特段優れている発泡ガスとは言いがたい。“超臨界発泡”という言葉にとらわれず，高圧技術としての本質を見極めて開発を進める必要がある。

5　発泡の実際

5. 1　バッチ発泡

バッチ発泡は，T_g 以下でガスを溶解した固体状態のポリマーを加熱して T_g 以上の転移領域（粘弾性領域）にすることで発泡させる方法（昇温発泡法）と，T_g 以上の条件で発泡ガスの溶解を行い，減圧によって発泡させ，T_g 以下の温度で気泡の成長を止める（減圧発泡法）の二つに大別できる。図 4 中にプロセスの差異を模式的に示した。

ここでは，実験室レベルで CO_2 によるバッチ発泡を行う方法について説明する。装置の模式図を図 5 に示す。小型の圧力容器と CO_2 を導入するための加圧システム，および加熱と冷却のための装置が基本となる。

昇温発泡法では，高圧で CO_2 を導入後，いったん減圧する。この減圧した状態でポリマーに溶解しているガスで発泡を行うことになる。試料を高温のオーブン等に入れ，温度を上げて発泡させた後，冷却して気泡の成長を止める。小型の圧力容器を用い，高圧ガス供給系から切り離して，容器ごと加熱，冷却する方法こともよく行われる。言うまでもないことであるが，内部に発泡ガスが残った状態の容器を急加熱するのは大変危険である。

昇温発泡法はガスの含浸と気泡の発生，成長，停止のプロセスを個別に取り扱うことができるという利点がある。一方，含浸温度が低いとはいえ，減圧後に溶存しているガスの量は高圧での

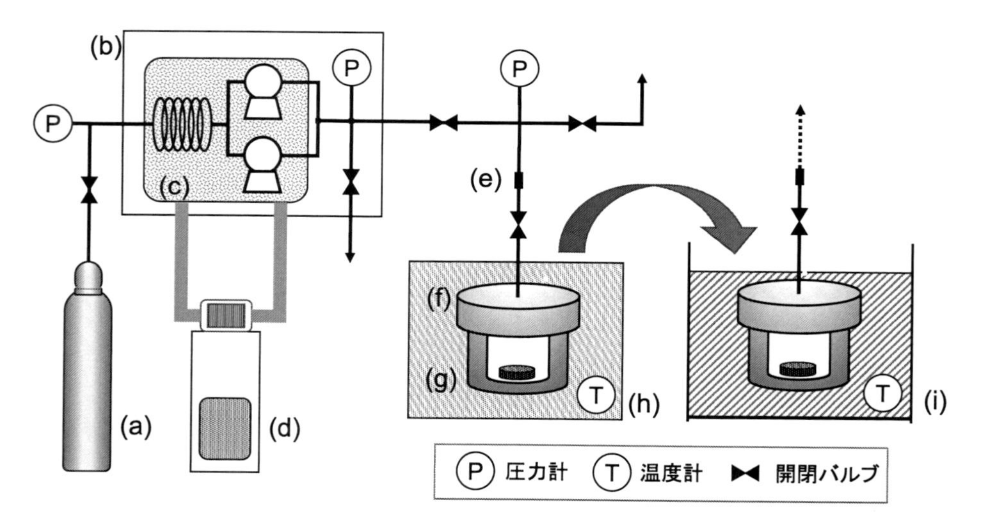

図 5　実験室レベルのバッチ発泡装置の例

(a) 液化炭酸ガスボンベ，(b) CO_2 送液用ポンプ，(c) 冷却ヘッド，(d) 循環冷却水槽，(e) 継手
(f) 圧力容器，(g) ポリマー試料，(h) 恒温槽，(i) 冷却水槽（減圧発泡）またはオイルバス（加熱発泡）

含浸と比べれば少なく，高倍率の発泡は一般に難しい。また，昇温時の試料内の温度分布により不均一な気泡が出来ることも多い。

減圧発泡法では，高圧かつ T_g 以上の条件で CO_2 を導入後，バルブ等を解放することで，減圧を行う。冷却は容器ごと冷却する手法，発泡直後に容器内部に冷却ガスを流す手法が行われる。昇温発泡法より高圧での CO_2 溶解が可能であるため，ガスの溶解量を大きく取ることができる点，また圧力差を大きくとることができる点で優れる。実際の操作においては，減圧の際，断熱膨張により容器内の温度が下がり，その後容器の熱容量に応じて内部の温度が再度上昇することが多い。このため試料温度が変化し，構造や再現性に影響したりすることがある。どちらかというと熱容量の小さな小型の試料，容器での実験に向いた方法であり，大きな容器で高い再現性を得るためには相応の工夫が必要となる。

なお，このバッチ発泡での実用化の例としては，古河電工によるポリエチレンテレフタラートのマイクロセルラーの作製が代表的である[18]。

5. 2　連続発泡

発泡ガスを含む溶融ポリマーを金型に押し込んで成形する射出成形，連続的に押し出して発泡させる押出成形，溶融したポリマーをパイプ状に成形後他のガスで膨らませるブロー成形等により実際の製品が多種生産されている。実験室レベルでの押出成形装置の模式図を図６に示す。押出機内でポリマーを溶融してスクリューの回転で送りながら，高圧 CO_2 を供給して混合し，所定の温度，圧力としたのち成形金具（ダイ）より押し出して減圧することにより連続的に発泡させる。CO_2 はマスフローコントローラーにより，ポリマーに対しての重量比で導入量が一定となるよう制御する。押出機はポリマーに CO_2 が溶解した後の粘度調整や，溶融温度と発泡に最適な温度との差を調整するため，ブロック毎の温度調整が可能になっている。溶融ポリマーは一般に熱伝導が悪く粘性も高いため，スクリュー内で温度分布や CO_2 の溶解ムラが生じ，吐出されたポリマーの均質性や吐出の安定性に影響する。溶融ポリマーの状態を出来るだけ均質とするため，ポリマーの溶融と CO_2 との混合を行う二軸の押出機と，温度調整を行う単軸の押出機を連結して（タンデム）用いることが多く行われる。ダイから吐出された後の発泡体の温度管理も構造制御と再現性の確保のために重要であり，水槽などに落とし込んで急冷する手法が多用される。

6　おわりに

本稿では発泡ガスを用いてポリマー発泡体を作成するプロセスについて，主に高圧技術の観点から概説した。発泡核形成から気泡の成長，停止を経て発泡構造を形成する過程は，上記のような複雑なレオロジー挙動があることに加えて，実際の試料内，装置内では温度，圧力，ガスの溶解度にも分布が生じ，発泡プロセスの設計，モデル化やシミュレーションを難しくしている。多

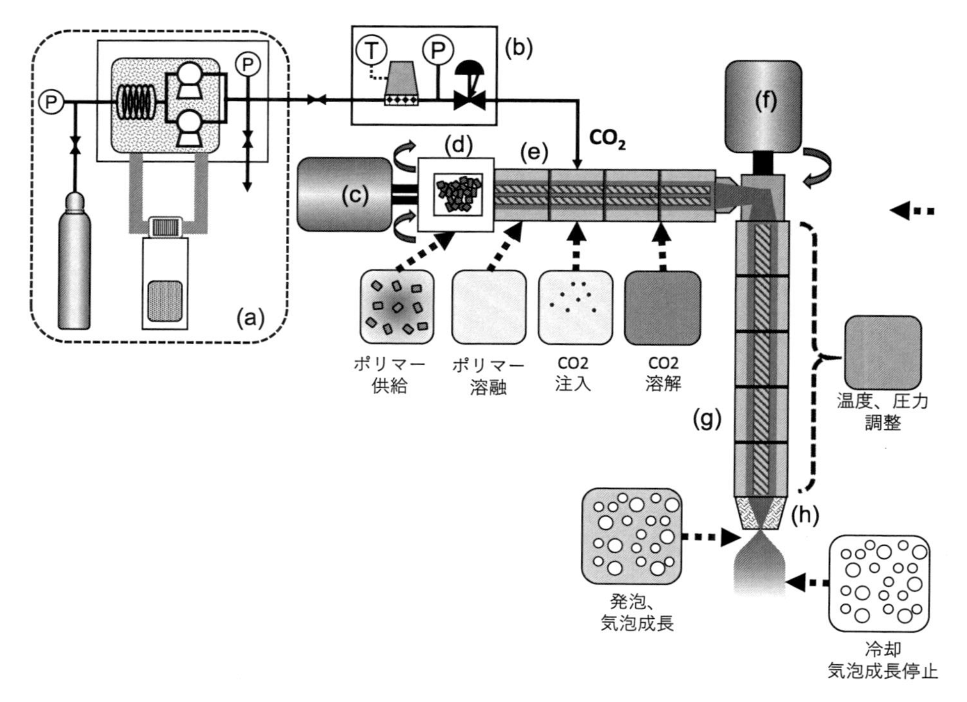

図6　実験室レベルの押出発泡装置の例

(a) 高圧 CO_2 供給システム，(b) マスフローコントローラー，(c) 二軸押出機用モーター，
(d) ホッパー，(e) 二軸押出機，(f) 単軸押出機用モーター，(g) 単軸押出機，(h) ダイ

くの現場では試行錯誤を重ねて最適化を行っているのが現実であろう。マンパワーと手数をかける技術開発に頼っていては競争力を失うことは自明である。情報科学の手法等を取り入れた効率的な発泡プロセス開発手法の確立が今後必要となると思われる。

文　　献

1) 新保實，プラスチックの粘弾性特性とその利用，共立出版 (2013)
2) 秋元英郎 (監修)，プラスチック発泡技術の最新動向，シーエムシー出版 (2015)
3) 大嶋正裕，超臨界流体とナノテクノロジー，3.4.1.，超臨界二酸化炭素と発泡成形，p.211 シーエムシー出版 (2004)
4) S. P. Nalawade *et. al.*, *Prog. Polym. Sci.* **31**, 19 (2006)
5) M. Sauceau *et. al.*, *Prog. Polym. Sci.* **36**, 749 (2011)
6) 新保實，プラスチックの粘弾性特性とその利用，p.198，共立出版 (2013)
7) 依田智，プラスチック発泡技術の最新動向，p.93，シーエムシー出版 (2015)

8) D. L. Tomasko, *et. al.*, *Ind. Eng. Chem. Res.*, **42**, 6431 (2003)
9) L. M. Park, *et. al.*, *Polym. Eng. Sci.*, **39**, 99 (1999)
10) C. Kwag, *et. al.*, *J. Polym. Sci. Part B: Polym. Phys.*, **37**, 2771 (1999)
11) S. Areerat *et. al.*, *Polym. Eng. Sci.* **43**, 479 (2003)
12) R. G. Wissinger *et. al.*, *J. Polym. Sci. Part B*: *Polym. Phys.*, **25**, 2497 (1985)
13) Y. P. Handa, *et. al.*, *J. Polym. Sci. Part B*: *Polym. Phys.*, **38**, 716 (2000)
14) Z. Zhang, *et. al.*, *J. Polym. Sci. Part B*: *Polym. Phys.*, **36**, 972 (1998)
15) M. Takeda *et. al.*, *Polym. Eng. Sci.*, **43**, 479 (2003)
16) M. Takeda *et. al.*, *Polym. Eng. Sci.*, **44**, 186 (2004)
17) J. S. Colton and N. P. Suh, *Polym. Eng. Sci.*, **27**, 485 (1987)
18) 株本昭ら，古川電工時報，**106**, 37 (2000)

第3章　製膜・埋め込み

百瀬　健*

1　はじめに

製膜技術は，製膜物質を気化あるいは溶解させ，基板表面に供給し堆積する物理的手法と，有機金属化合物等の原料物質を基板表面において反応させることにより形成する化学的手法に大別できる。超臨界流体を利用した物理的手法には，有機分子などを溶解した超臨界流体を大気圧下に置かれた基板に吹き付けることにより過飽和析出を促す超臨界溶体急速膨張法（Rapid Expansion of Supercritical Solution：RESS）等[1, 2]があり，有機エレクトロニクス等への応用を目指し検討が進んでいる。一方，超臨界流体を利用した化学的手法は，溶媒である超臨界流体が反応に関与する手法と，超臨界流体を純粋に反応場として活用する手法にさらに分類できる。前者では超臨界水を用いた水熱合成法による金属酸化物薄膜の形成など[3]が，後者では超臨界二酸化炭素（$scCO_2$）を用いた超臨界流体薄膜堆積法（Supercritical Fluid Deposition：SCFD）による無機薄膜の形成[4~6]や有機分子の重合反応を利用した表面修飾[7~9]，$scCO_2$ と超臨界水のエマルジョンを利用した電界めっき・無電界めっきによる金属膜の形成[10, 11]などが知られている。本稿では，SCFD に関し，現状と今後の展望を紹介する。他の手法に関しては，各章および参考文献を参照されたい。

2　SCFD の特徴

SCFD は $scCO_2$ を反応場とし，原料である有機金属化合物を溶解させた後，加熱した基板表面に供給し還元反応あるいは酸化反応を用いて金属/金属酸化物薄膜を形成する手法である。2000 年前後に Watkins らや Kondoh らによって提案された比較的新しい技術である[4~6]。これまでに，Cu をはじめ，Ag，Au，Pd，Ru，Ni，Co などの金属材料[12~19]，SiO_2，TiO_2，$SrRuO_3$（SRO），$Bi_4Ti_3O_{12}$（BIT）などの酸化物材料[20~28]，CdS などの半導体材料など[29, 30]，多くの材料系における報告がなされている。既報の材料は Erkey らの総説によくまとめられている[31, 32]。有機金属化合物を原料とした薄膜形成プロセスとしては気相を利用した化学気相堆積法（Chemical Vapor Deposition：CVD）が知られている。これに対し SCFD は，反応場である超臨界流体の気体的性質に加えて，液体的性質の恩恵を受けることができる。そのため，気体に近い高い拡散性・浸透性により微細な構造の内部にまで反応物質を浸透させることが可能であ

＊　Takeshi Momose　東京大学　大学院工学研究科　講師

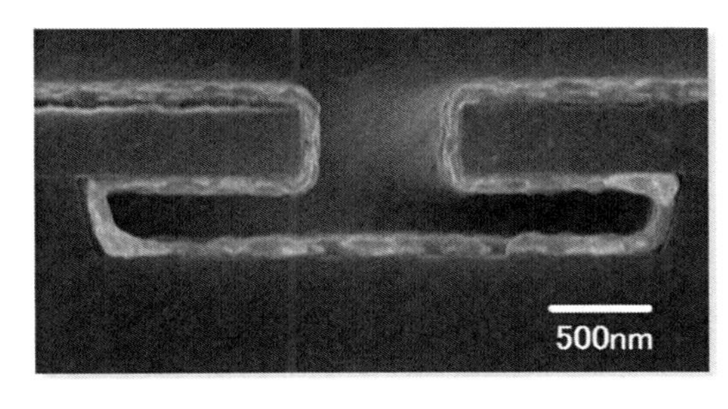

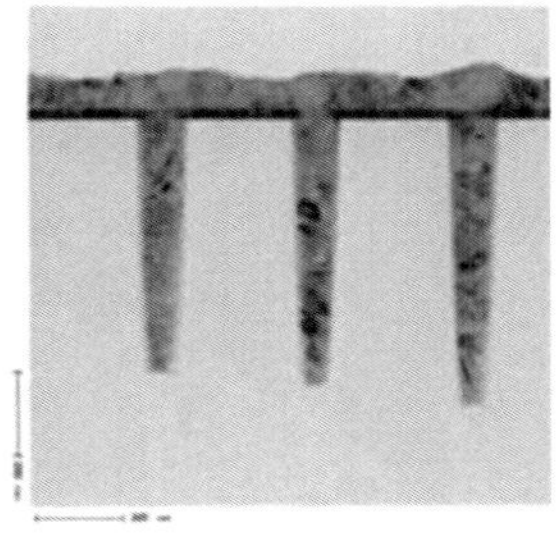

図1　Si基板表面に形成したナノスケールホールパターンへのSCFDによるCuの均一製膜およびボイドレス埋め込み[45, 46]

る一方，優れた溶媒能により高原料濃度下において製膜を行うことが可能である[33]。高い溶媒能はCVDなどの気相反応系では蒸気圧が低いため使用できなかった種々の原料の使用を可能にし，ケミストリの自由度による製膜速度や埋め込み性などの特性向上が期待できる[34~36]。また，溶媒効果による反応促進あるいはプロセス低温化も期待でき[37~39]，100℃以下の低温での薄膜形成も報告されている[40~42]。このように，反応場である超臨界流体の特異な性質を活用したSCFDは様々な分野への応用が期待され，3次元キャパシタ，ピラニゲージ，インターポーザなどのSCFDを活用したデバイス作製も進められている[43, 44]。各種の際立った特性の中でも従来技術に比べて極めて高い段差被覆性を示すことが最大の特徴であり，図1に示すように，アスペクト比（溝や孔の縦横比）が100を超える深遠な3次元構造やオーバーハング構造に対する均一薄膜[45]，ボイドレス埋め込みが達成されている[46]。この点が本技術の要であり，本稿は，SCFDによる金属膜堆積における高段差被覆性の発現メカニズムと更なる向上方針に注力する。

3　金属膜形成における高い段差被覆性

CVDは気相のもつ高い拡散性を利用し3次元構造深部への原料供給を可能にし，良好な段差被覆性が得られることが知られている。SCFDが用いる超臨界流体は相応の拡散係数を有するが，気相に比べ数桁低く[33]，高い段差被覆性は拡散係数だけでなく反応速度論に起因する。$Cu(tmhd)_2$（bis-tetramethyl-heptanedionato-copper）を原料に，H_2を還元剤としたCu-SCFDの製膜速度の原料濃度依存性を図2に示す[47]。Langmuir-Hinshelwood型（LH型）の非線形反応を示唆しており，製膜速度は低濃度域では原料濃度に1次に比例し，高濃度域では依存しない（近似的に0次）。LH型反応機構は，高濃度の原料供給により基板表面に原料が吸着飽和することにより現れるが，SCFDは超臨界流体の溶媒能により原料の高濃度供給が可能であることに由来する。その濃度は，原料を気化し供給するCVDに比べると，1000倍程度高い[33]。なお，LH型反応機構は他のCu原料やCu以外の製膜材料に関しても報告されており，本技術に一般的な傾向と言える[48~51]。ここで，反応次数と段差被覆性について考える。3次元構

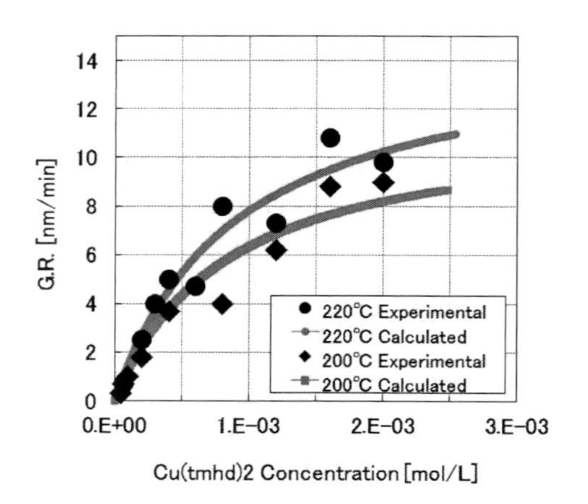

図2　Cu-SCFD 製膜速度の原料濃度依存性

ドット：実験結果，線：Langmuir-Hinshelwood 型反応式によるフィッティング結果[47)]

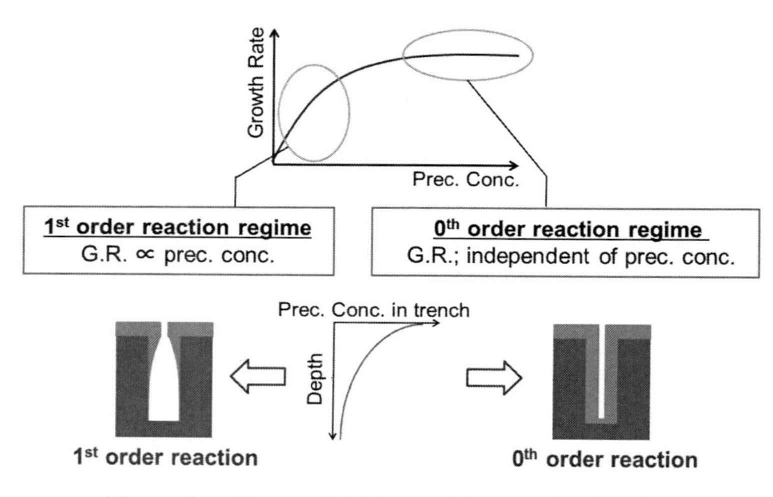

図3　0 次反応と 1 次反応を用いた際のトレンチ内膜厚分布

造内部では開口部から深部への拡散による原料輸送と側壁面での反応による原料消費が同時に起こっており，必然的に開口部から深部に向けて濃度分布が生じる[52)]。このとき，1 次反応では原料濃度の低下に比例し製膜速度が低下するのに対し，LH 型では原料濃度がある程度低下しても 0 次反応が維持される限りは製膜速度が変化しないため製膜速度は構造内で均一である。但し，原料濃度が極度に低下すれば，原料が吸着飽和できず，0 次から 1 次へと移行し，製膜速度分布が生じる。以上，SCFD による金属膜形成における高い段差被覆性は，超臨界流体が気体に近い拡散性を示すことに加え，液体に近い溶解能がもたらす LH 型反応機構を利用できることに起因する。

続いて，SCFD のもつ段差被覆性を定量的に評価する。3 次元構造内では拡散による原料輸送

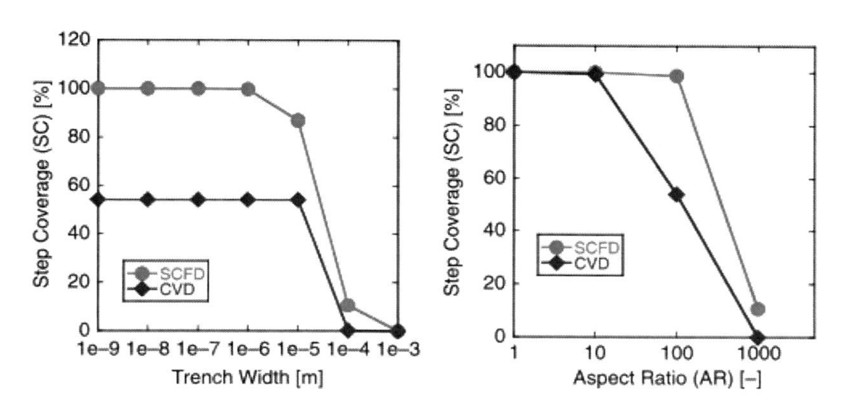

図４　有限要素法シミュレーションにより求めたSCFDおよびCVDによるトレンチへのステップカバレッジ

左）アスペクト比を100に固定し，開口幅を1 nm～1 mmまで変更した場合，右）開口幅を1 μmとし，深さを1～1000 μmまで変更した場合[33)]

と製膜による原料消費が同時に進行しており，表面反応速度式と拡散係数が分かれば，原料に関して物質収支を解くことにより構造内の原料濃度分布を算出し，表面反応速度式を用いて膜厚分布を予想することが可能である[52)]。図４は，有限要素法シミュレーションにより得られたCu-SCFDおよびCu-CVDの様々なサイズのトレンチに対するステップカバレッジ（最深部の膜厚/開口部の膜厚）である[33)]。SCFDに関する速度情報は実験的に求め[33)]，CVDに関しては文献から引用した[53)]。なお，反応器内にはH_2や反応副生成物も共存するが，H_2は原料の100倍以上供給しており一定と見なすことができ，反応副生成物は製膜の逆反応によるCu膜のエッチングが起きることが知られているが[54)]，一般的な濃度範囲では影響が小さことを確認している。SCFDはいかなる寸法においてもCVDより高いステップカバレッジを示している。また，開口幅1 μmのトレンチでは，アスペクト比が100以上の構造に対しても均一な膜形成が可能である。SCFDは開口幅が小さいほど，ステップカバレッジが向上する傾向が見えており，SCFDとCVDの得意領域は模式的に図５にまとめることができる。

4　SCFDによる金属膜形成における段差被覆性の向上指針

デバイス作製の多くを常圧・減圧プロセスが占める中で法規制等の制約もある高圧プロセスであるSCFDが採用されるためには，最大の特徴である段差被覆性の最大化が鍵となる。本節では，SCFDによる金属膜形成における段差非被覆性の向上指針について議論する。1次反応を利用していたCVDでは，段差被覆性は表面反応速度定数と拡散係数の比率（k_s/D）の関数であることが知られており[52)]，段差被覆性の向上指針はk_sの低減およびDの増大であり，プロセスの低温化や低圧化によって対処されてきた。但し，k_sの低減により製膜速度も低下する弊害が生じるため，リアクタ内の装填ウェハ枚数を増やすなどにより量産性を確保してきた。なお，

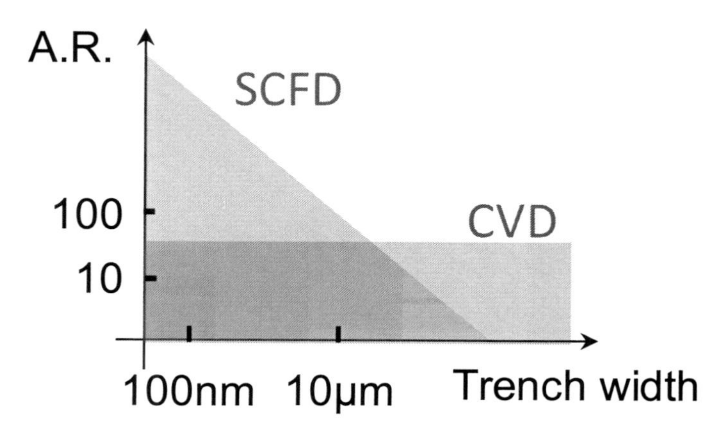

図5　SCFDとCVDの適用範囲

CVDでは，k_s は実験的に得ることができ，D はChapman-Enskogの式等により推算できることから，定量的な条件設計が可能である。他方，SCFDにおいても，k_s を低減し，D を増加させる方針は有効であるが，高段差被覆性の主たる要因はLH型反応機構の0次反応の活用であるため，原料の更なる高濃度供給により深部でも0次反応を維持できれば段差被覆性の向上が見込める。SCFDにおける原料濃度の上限は原料である有機金属化合物の溶解度で決まる。このことは，従来の反応工学に基づく議論に加え，溶解度という基礎物性の重要性を示唆している。以下では，有機金属化合物の溶解度に関する研究を紹介した後に段差被覆性を再度議論することとする。scCO_2 における有機金属化合物の溶解度は年々充実してきており，ほとんどの場合にMendez-Santiago-Teja式やChrastil式などの経験式により整理できることが知られている[55]。このとき，溶解度はscCO_2 密度に正の相関があるため，単純に圧力を上昇させることにより溶解度の向上が可能であり，反応器の耐圧が許す範囲で検討すべきである。加えて，SCFDによる金属膜堆積は還元剤に H_2 を使用しているため，CO_2 単一系ではなく，CO_2/H_2 混合系における溶解挙動を基に原料濃度の更なる向上を検討すべきである。しかし，CO_2/H_2 混合系における有機金属化合物の溶解度データは報告されていない。なお，H_2 以外の還元剤も検討されたが，現時点では H_2 に勝る物質は見つかっていない[34, 35]。そこで，我々は CO_2/H_2 混合系におけるCu(tmhd)$_2$ の溶解度を測定した。混合流体を調製する際の混合に伴う体積変化は考慮していないが，H_2 のモル分率は CO_2 に対し 10^{-2} オーダーであり影響は小さい。全圧を15 MPaに固定し，H_2 分圧を増加させた際の溶解度を図6に示す[56]。H_2 濃度の増加に伴い溶解度が低下していることが見て取れる。この実験では，H_2 分圧の増加と共に溶解を担う CO_2 分圧は低下するが，CO_2 分圧を固定し H_2 分圧を変化させた実験からも同様の結果が得られており，H_2 が本質的に原料の溶解を阻害することは明らかである。つまり，原料溶解度と H_2 濃度はトレードオフの関係にあると言える。上記を踏まえて，段差被覆性に話を戻す。H_2 濃度を増加させた場合，溶解度の低下により，開口部における原料濃度が低下する。さらに，還元剤の増加により製膜速

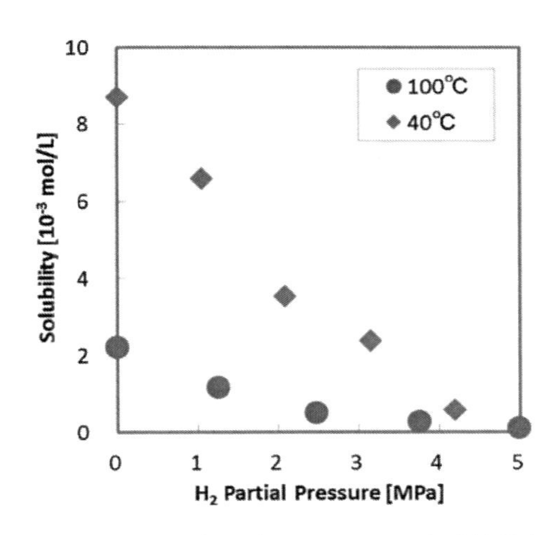

図６　40，100℃のおける Cu(tmhd)$_2$ の $scCO_2/H_2$ 混合流体中への溶解度[58)]

度が向上し，側壁での原料消費が増えるため，３次元構造深部に原料が届きにくくなる。両者はいずれもが深部における原料濃度の低下に作用しており，深部において反応が０次から１次に移行しやすく，段差被覆性が低下する結果となる。反対に，H_2 濃度を減少させた場合，製膜速度が低下することに加え，溶解度が上昇するために，段差被覆性を向上させることが期待でき，実際に実験的に確認できている。なお，H_2 を含まない場合には，基板表面での製膜は起きず，原料が流体中において熱分解し，基板表面に付着するのみである[57)]。このことは，内壁面積を変化させても原料の消費速度が変化しないことから明らかになっている[58)]。また，本系では，異種下地表面での初期核発生を経た後に膜が堆積してゆくが，低すぎる H_2 濃度は初期核発生密度の低下につながり，膜の平坦性が損なわれるため注意が必要である[46)]。上記では，拡散係数については触れなかったが，H_2 濃度の低下は拡散係数の低下につながっている可能性が高く，段差被覆性にはマイナスに働いていると思われる。但し，H_2 のモル分率は 10^{-2} オーダーあり，その影響は大きくないと予想している。いずれにせよ，SCFD の典型的なプロセス温度である 150-300℃の $scCO_2$ における拡散係数の報告例はなく，まして高温かつ混合流体における拡散係数は全くの未解明であり，今後の検討課題である。

ここまでは，H_2 濃度を軸に溶解度を通じて段差被覆性について議論した。以下では，その他の可能性に言及する。超臨界流体では添加剤を加えることにより，エントレーナ効果（溶解促進効果）やソルベント効果（反応促進効果）が得られることが知られている[37)]。エントレーナ効果による溶解度の向上も段差被覆性の有効な方向性であり，今後の検討が待たれる。プロセス温度に関しても重要なパラメータであり，同一圧力での低温化は $scCO_2$ 密度の上昇，ひいては溶解度の向上が期待できるが，前述の初期核発生には 180℃程度の温度が必要であることは経験的にわかっており，更なる低温化は難しい状況である[59)]。

以上，SCFD における金属膜堆積における段差被覆性の向上指針に関して議論した。従来技術と同様に，表面反応速度定数および拡散係数は重要な因子であるが，0 次反応を活用するSCFD では原料溶解度の寄与が大きく，原料溶解度の H_2 濃度濃度依存性に加え，エントレーナ効果にも期待できる。但し，紹介した原料溶解度データは SCFD の典型的なプロセス温度である 150-300℃ではなく，100℃以下のデータからの推論であることから，方針の策定には有効であるが，定量的な条件設計さらにはリアクタ設計には至っていない。反応の進行する高温環境での測定には測定時間の短縮などの工夫が必要と思われる。また，溶解度を主軸とする方針で問題ないと思われるが，本稿では大きく取り上げなかった拡散係数も段差被覆性に寄与しており，定量的な評価が必要である。拡散係数は，従来は 100℃以下の低温で測定が行われてきており，高温かつ H_2 添加条件下での測定には困難が予想されるが，今後の動向に注目したい。近年，我々はトレンチ内の膜厚分布から拡散係数を評価する方法を提案しており，本技術の活用も選択肢の一つである[60)]。溶解度および拡散係数のいずれに関しても，有効数字数桁の高精度データは貴重であるが，一切データのない現況を考えると，1 桁の精度でも様々な条件を網羅した体系的な情報が大局を見るうえでは重要であると思われる。

5　SCFD による金属材料の埋め込み

デバイス作製時には，均一な膜形成だけでなく，3 次元構造への材料の充填が求められることも多く，本節では埋め込みについて議論する。高段差被覆性を活かし，3 次元構造表面に均一に膜を形成した後も製膜を続ければ，埋め込みが期待できる。しかし，製膜が進むと，堆積した膜により残存空間のアスペクト比が急増すると共に開口幅が減少することとなり，初期段階では膜が均一に形成されたとしても，徐々に開口部が閉塞してゆくのが一般的である。1 次反応を利用した場合には，図 5 に示す通り，開口幅が減少しても段差被覆性は変化しないことから，閉塞してしまうことは想像に難くない。一方，LH 型を利用した SCFD による金属膜堆積では，同じく図 5 に示した通り，スケールが小さいほど高い段差被覆性を示すため，埋め込みの最終段階に近づいても均一な膜形成が期待でき，本質的に埋め込みに適していると言える。実際，トレンチ側壁に Cu を製膜し構造を狭窄化したが，アスペクト比が 300 に達しても均一に Cu 膜を堆積できていた[44)]。このように，残存空間が限りなくゼロに近づくまで，均一な製膜が維持できることは本技術の特徴である。

続いて，埋め込みの最終段階を考える。上記の理由により均一に膜を形成できたとしても，堆積した膜は多少の凹凸を含んでいるため，埋め込みの最終局面では両側壁に堆積した膜の凸部同士が癒着し，3 次元構造中央にシームと呼ばれる埋め残しが数珠状に生じてしまうはずである。しかしながら，SCFD では図 1 に示すようにボイドレスの埋め込みが達成できており，またカーボンナノチューブ（CNT）の内部空間に対して Pd や Cu などの埋め込みが報告されるなど，段差被覆性の高さだけでは埋め込み挙動を説明できず，ボトムアップフィルなど何らかの未解明の埋め込み機構が働いているものと思われる。ホールパターンへの Cu 製膜における膜厚分布観察では，残存空隙直径が 50 nm 以下となるまでは膜が均一に形成されていたことから[61]，何らかの埋め込み機構はナノスケール構造における特異な現象と思われる。本件に関しては更なる検討が必要であるが，いずれにせよ，均一成長と本機構とが相まって，SCFD の類まれな埋め込み性が実現できているものと思われる。

6　今後の展望

SCFD は，発案当初からその高い段差被覆性，埋め込み性に注目が集まり，様々な材料の製膜が報告された。また，SCFD を活用したデバイス作製もなされており，キラーアプリケーションの探索が継続して行われている。本稿では，SCFD における金属膜堆積に関する研究動向，特に最大の特徴である段差被覆性に注力し紹介した。基本的な反応速度論や埋め込みメカニズムが分かってきており，更なる段差被覆性の向上に向けた議論が可能な段階に入ってきている。従来技術と同様に，表面反応速度定数および拡散係数は重要な因子であるが，LH 型反応機構を活用する SCFD では原料溶解度の寄与が大きい。段差被覆性の更なる向上指針が徐々に見えてきており，プロセス条件下での溶解度や速度定数が定量的に評価できれば，定量的かつ体系的なプロセス設計が可能になると期待している。今後も，デバイス実証による応用展開と反応工学に基づくプロセス高度化・成熟化の2本柱に変更はないが，SCFD の発案からある程度の時間が経過し，知見の積み重なってきたこのタイミングだからこそ，基礎物性の重要度が増している。

紙面の都合で紹介することはできなかったが，SCFD による酸化膜形成に関しても検討が進んでおり，アスペクト比 100 程度のトレンチに均一に TiO_2 膜が形成できている。但し，反応機構は金属膜形成とは異なり，段差被覆性の向上指針なども異なっているため，別途報告することとしたい。

文　　献

1）J. J. Shin, *et al.*, *Ind. Eng. Chem. Res.*, **38**, 3655（1999）
2）T. Fujii, *et al.*, *Appl. Phys. Express*, **8**, 035504（2015）
3）K. Kajiyoshi, *et al.*, *J. Am. Ceram. Soc.*, **74**, 369（1991）
4）J. J. Watkins, *et al.*, *Chem. Mater.*, **11**, 213（1999）
5）J. M. Blackburn, *et al.*, *Science*, **294**, 141（2001）
6）E. Kondoh and H. Kato, *Microelect. Eng.*, **64**, 495（2002）
7）J. J. Watkins and T. J. McCarthy, *Macromolecules*, **27**, 4845（1994）
8）T. Hoshi, *et al.*, *J. Supercrit. Fluids*, **44**, 391（2008）
9）T. Saito, *et al.*, *Jpn. J. Appl. Phys.*, **49**, 116503（2010）

10) H. Yoshida, *et al.*, *Chem. Lett.*, **11**, 1086 (2002)
11) H. Uchiyama, *et al.*, *J. Electrochem.* **154**, E91 (2007)
12) J. M. Blackburn, *et al.*, *Chem. Mater.*, **12**, 2625 (2000)
13) E. Kondoh, *Jpn. J. Appl. Phys.*, **43**, 3928 (2004)
14) A. Cabanas, *et al.*, *Chem. Mater.*, **16**, 2028 (2004)
15) E. Kondoh, *Jpn. J. Appl. Phys.*, **44**, 5799 (2005)
16) B. Zhao, *et al.*, *Jpn. J. Appl. Phys.*, **45**, L1296 (2006)
17) A. O'Neil and J. J. Watkins, *Chem. Mater.*, **18**, 5652 (2006)
18) M. Rasadujjaman, *et al.*, *Jpn. J. Appl. Phys.*, **53**, 05GA07 (2014)
19) M. Haruki, *et al.*, *J. Supercrit. Fluids*, **107**, 189 (2016)
20) A. O'Neil and J. J. Watkins, *Chem. Mater.*, **19**, 5460 (2007)
21) T. Gougousi and Z. Chen, *Thin Solid Films*, **516**, 6197 (2008)
22) Q. Peng, *et al.*, *This Solid Films*, **516**, 4997 (2008)
23) J. H. Lee, *et al.*, *Electrochem. Solid-state Lett.*, **12**, D45 (2009)
24) H. B. R. Lee, *et al.*, *J. Electrochem. Soc.*, **159**, D46 (2012)
25) K. Jung, *et al.*, *J. Supercrit. Fluids*, **79**, 244 (2013)
26) Q. L. Trequesser, *et al.*, *J. Supercrit. Fluids*, **66**, 328 (2012)
27) H. Uchida, *et al.*, *J. Cer. Soc. Jpn.*, **124**, 18 (2016)
28) Y. Zhao, *et al.*, *ECS J. Solid State Sci. Technol.*, **6**, P483 (2017)
29) J. Yang, *et al.*, *Adv. Mater.*, **21**, 4115 (2009)
30) T. Tomai, *et al.*, *J. Supercrit. Fluids*, **120**, 448 (2017)
31) Erkey review: C. Erkey, *J. Supercrit. Fluids*, **47**, 517 (2009)
32) S. E. Bozbag and C. Erkey, *J. Supercrit. Fluids*, **96**, 298 (2015)
33) T. Momose, *et al.*, *Jpn. J. Appl. Phys.*, **49**, 05FF01 (2010)
34) A. Cabanas, *et al.*, *Microelect. Eng.*, **64**, 53 (2002)
35) T. Momose, *et al.*, *Jpn. J. Appl. Phys.*, **44**, L1199 (2005)
36) M. Rasadujjaman, *et al.*, *Microelect. Eng.*, **137**, 32 (2015)
37) R. M'Hamdi, *et al.*, *J. Supercrit. Fluids*, **4**, 55 (1991)
38) A. Cabanas, *et al.*, *Chem. Mater.*, **15**, 2910 (2003)
39) T. Momose, *et al.*, *Thin Solid Films*, **517**, 674 (2008)
40) D. P. Long, *et al.*, *Adv. Mater.*, **12**, 913 (2000)
41) H. Ohde, *et al.*, *Chem Mater.*, **16**, 4028 (2004)
42) E. T. Hunde and J. J. Watkins, *Chem. Mater.*, **16**, 498 (2004)
43) T. Momose, *et al.*, *Proc. IEEE 24th International Conference on Micro Electro Mechanical System*, p1309
44) M. Kubota, *et al.*, *Proc. IEEE 25th International Conference on Micro Electro Mechanical System* (*MEMS*), p204
45) T. uejima, *et al.*, *ECS J. Electrochem. Soc.*, **160**, D3290 (2013)
46) T. Momose, *et al.*, *Appl. Phys. Express*, **1**, 097002 (2008)
47) T. Momose, *et al.*, *J. Chem. Eng. Jpn.*, **47**, 737 (2014)

48) Y. Zong and J. J. Watkins, *Chem. Mater.*, **17**, 560 (2005)
49) E. Kondoh and J. Fukuda, *J. Supercrit. Fluids*, **44**, 466 (2008)
50) M. Matsubara, *et al.*, *J. Electrochem. Soc.*, **156**, H443 (2009)
51) C. F. Karanikas and J. J. Watkins, *Microelect. Eng.*, **87**, 566 (2010)
52) L. S. Hong, *et al.*, *Thin Solid Films*, **365**, 176 (2000)
53) A. kobayashi, *et al.*, *Jpn. J. Appl. Phys.*, **37**, 6358 (1998)
54) C. A. Bessel, *et al.*, *J. Am. Chem. Soc.*, **125**, 4980 (2003)
55) N. G. Smart, *et al.*, *Talanta*, **44**, 137 (1997)
56) T. Momose, *et al.*, *J. Supercrit. Fluids*, **105**, 193 (2015)
57) R. Garriga, *et al.*, *J. Supercrit. Fluids*, **20**, 55 (2001)
58) S. Marre, *et al.*, *Nanotechnology*, **17**, 4594 (2006)
59) T. Momose, *et al.*, *Jpn. J. Appl. Phys.*, **47**, 885 (2008)
60) Y. Zhao, *et al.*, *J. Supercrit. Fluids*, **120**, 209 (2017)
61) X. R. Ye, *et al.*, *Adv. Mater.*, **15**, 316 (2003)

第4章　粉体の調製技術

内田博久*

1　はじめに

従来の溶媒に代わる特異な溶媒機能を有する超臨界流体，特に超臨界二酸化炭素を新しい粉体調製場として利用する材料創製技術に関する研究開発が精力的に実施されている。材料調製場としての超臨界二酸化炭素の特徴を表1に示す。溶解能力や極性の面では，一般的な有機溶媒（例えば*n*-ヘキサンなどの直鎖アルカン）と同等の溶媒特性を有し，かつ温度および圧力により溶媒特性の精密な制御や大幅な変化が可能となる。また，高い拡散性と低い粘性を有し，さらに表面張力が無いため液体や固体内への溶解・混合・浸透も容易となる[1~5]。これらの溶媒特性を積極的に利用することにより，ボトムアップ型だけでなくトップダウン型の材料創製にも適した新しいマテリアルデザイン場として超臨界二酸化炭素は大きく期待できる。さらに，減圧操作のみで粒子と溶媒（超臨界二酸化炭素）の分離が可能となるため，多くの工程からなる従来の複雑な粉体調製プロセスを，結晶化工程のみに簡略化された新しい製造プロセスに変換させることが可能となる工業的な利点も有する。

ここでは，超臨界二酸化炭素を用いた粉体調製に関して紹介する。超臨界二酸化炭素を利用した粉体調製技術は，図1に示すように多くの技術が提案されている[6]が，世界的に精力的に研究が実施されているのは超臨界二酸化炭素を良溶媒または霧化媒体として用いる「超臨界溶体急速

表1　材料調製場としての超臨界二酸化炭素の特異的な溶媒特性

◆液体に近い高い密度 ⟶ 固体を溶解，液体との混和・相溶性が高い。
◆一般的な非極性有機溶媒（例えば*n*-ヘキサンなどの直鎖アルカン）と同等の溶媒特性（溶解能力と極性）を有する。
◆温度・圧力の変化により，結晶化成分や液体溶媒の溶解度，つまり核発生・成長の推進力である「過飽和度」を精密に制御可能であり，臨界点近傍では大きく変化させることも可能となる。
◆高い熱移動速度 ⟶ 溶質の溶解速度・結晶化速度の向上
◆高い物質移動速度 ⟶ 溶質の溶解速度・結晶化速度の向上
◆表面張力が無い ⟶ マイクロ・ナノ空間への高い浸透性
超臨界二酸化炭素の晶析溶媒利用 → 溶媒除去に伴う凝集防止
◆二酸化炭素（溶媒）-溶質間の相互作用を，圧力変化のみにより迅速（瞬時）に調整（変化）可能 ⟶ 急激な素子（分子）化が可能
◆減圧操作・超臨界抽出操作のみにより溶媒と溶質の完全分離が可能 ⟶ ダウンストリームプロセスの簡略化・残留溶媒問題の解消
◆生体調和型溶媒・環境調和型溶媒 ⟶ グリーンテクノロジー

＊　Hirohisa Uchida　金沢大学　理工研究域　自然システム学系　教授

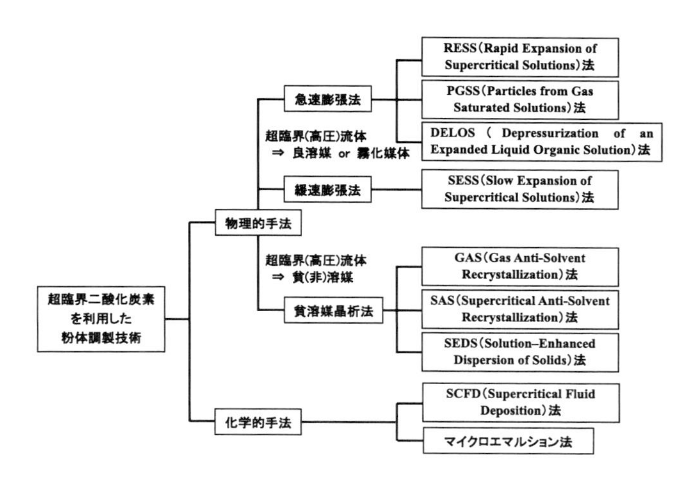

図１　超臨界二酸化炭素を利用した粉体調製技術

膨張法」と「ガス飽和溶体急速膨張法」，ならびに貧溶媒（あるいは非溶媒）として用いる「超臨界貧溶媒晶析法」である。ここでは，これらの技術について我々の研究成果を中心に解説する。

2　超臨界溶体急速膨張法

超臨界二酸化炭素に溶質を溶解させ，微細ノズルを通して大気圧近くまで急激に膨張・低密度化すると，膨張に伴い溶質の溶解度が大きく低下する。この溶解度差（過飽和度）が推進力となって固体の核発生・結晶成長が起こり，微粒子が得られる。これが，超臨界溶体急速膨張（Rapid Expansion of Supercritical Solutions：RESS）法の原理である。一般に，短時間で大きな過飽和度が付与された場合は結晶成長よりも核発生が優先的に起こるため，粒径の小さな粒子を得ることが可能となる。つまり，RESS 法では非常に高い過飽和度が短時間で形成されるため，ナノからミクロンサイズの微粒子の製造が可能となる。

図２に RESS 法の装置の概略図を示す。装置は主として，超臨界二酸化炭素供給部，溶質溶解部，粒子生成部および粒子回収部から構成される。RESS 法による微粒子創製は，主に溶質溶解部と粒子生成部の間の過飽和度，粒子生成部内の液体の相状態，膨張ノズル内の流体力学的効果（剪断力など），溶体の噴射流量（流速），噴射距離，粒子回収部温度に支配される。そのため，溶質溶解部や粒子生成部の温度・圧力，膨張ノズルの内径・長さ・形態，噴射距離，粒子回収部温度の調整により，得られる粒子の粒径・晶癖・結晶構造を変化させることができる。

我々は，RESS 法による薬物（*RS*-(±)-イブプロフェン，テオフィリンおよびカフェイン）のナノ粒子創製の成功の報告，ならびに粒子設計技術（粒径・晶癖・結晶構造の制御）の提案を行っている[7~9]。例として，RESS 法により得られた薬物（テオフィリン）の微粒化前と微粒化

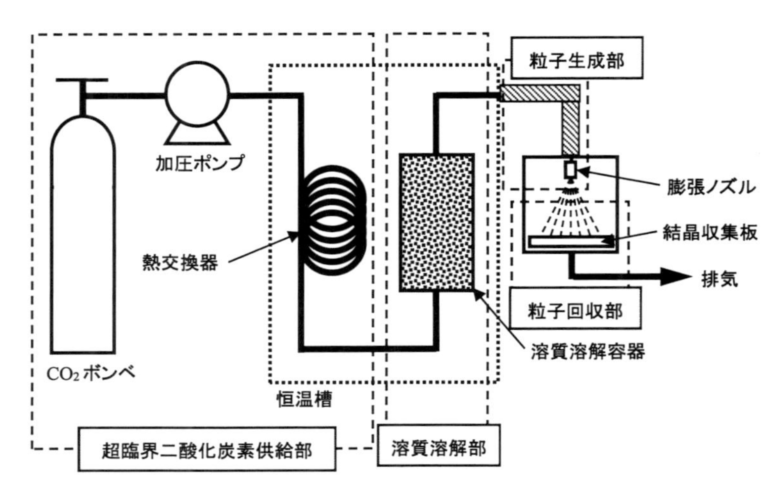

図2　RESS 法の概念図

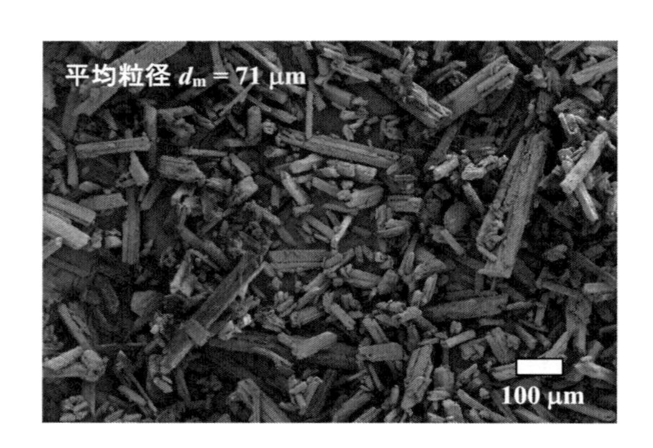

図3　テオフィリン微粒子の SEM 写真（上：微粒化前，下：RESS 法により微粒化後）
（温度 313.2 K，圧力 22.0 MPa，膨張ノズル径 50 μm）

後の SEM 写真を図３に示す[9]。得られた微粒子は，微粒化前の柱状（成長形）から球状（平衡形）にモルフォロジーが変化し，平均粒径 256 nm 程度（原料の約 1/273）で非常に狭い粒径分布を有する。

RESS 法は原理や装置が簡単であり低コストで操作可能であるが，超臨界二酸化炭素に不溶もしくは難溶な物質には適用不可という大きな問題を有している。この場合，超臨界二酸化炭素への溶質の溶解性向上を目的とした液体共溶媒（エントレーナ）の添加が有効であるが，装置や操作の複雑さ，および微粒子と共溶媒の分離工程の必要性が問題となる。RESS-SC（Rapid Expansion of Supercritical Solutions with a Solid Cosolvent）法[10, 11]はこれらの問題の解決を図った方法であり，超臨界二酸化炭素＋溶質の混合系に共溶媒として高揮発性の固体溶質を溶解させた３成分系の溶体を膨張ノズルから噴射して微粒子創製を試みる手法である（図４参照）。我々は，L-メントールおよびバニリンを固体共溶媒として用いた RESS-SC 法によるテオフィリンのナノ粒子創製の成功，ならびに RESS-SC 法による微粒子創製機構の解明について報告した[11]。図３と４を比較すると，バニリンを用いた RESS-SC 法は RESS 法の 1/3 以下の大きさの微粒子創製が可能であることがわかる。これは，固体共溶媒粒子がテオフィリン粒子周囲に配置し，テオフィリン粒子の成長を阻害する成長阻害効果によるものであると考えられる。

RESS 法や RESS-SC 法では，微粒子の回収などのハンドリング技術，つまり微粒子の完全回収や回収時に起こる凝集の防止・低減化が問題となる。RESAS（または RESSAS）（Rapid Expansion from Supercritical to Aqueous Solution）法[12, 13]や RESOLV（Rapid Expansion of a Supercritical Solution into a Liquid Solvent）法[14]は，RESS 法や RESS-SC 法の粒子回収部を改良した手法である。これらの方法では，溶質が不溶の液体溶媒や溶液内に溶体を直接噴射して微粒子を析出させる。このとき，微粒子の完全回収および分散剤（界面活性剤）の使用による

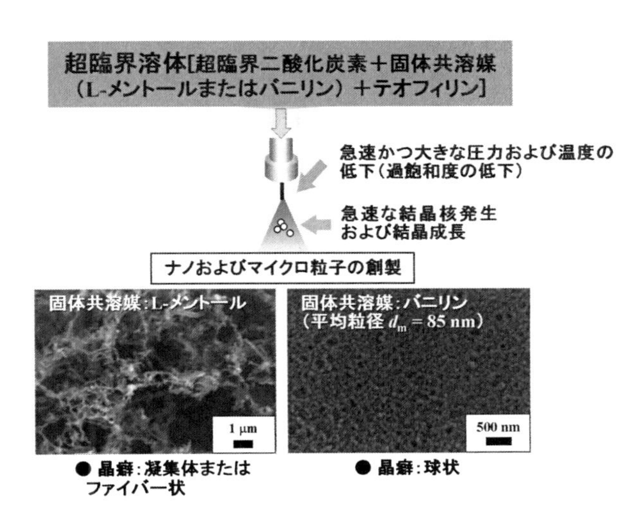

図４　RESS-SC 法の概念図と RESS-SC 法により創製されたテオフィリン微粒子の SEM 写真
（温度 313.2 K，圧力 22.0 MPa，膨張ノズル径 50 μm）

凝集の防止が可能となるだけでなく，核発生後の結晶成長が抑制されるため RESS 法よりも小粒径の微粒子が得られる。また，超臨界二酸化炭素に反応物 A を溶解させ，これを膨張ノズルから反応物 B が溶解している溶液へ噴射し反応晶析を行わせることで微粒子を創製することができる。これらの手法では，微粒子の懸濁液が直接得られるため製造工程の簡略化も可能となる。

3 超臨界貧溶媒晶析法

液相系で用いられる沈殿法のなかで，溶質が不溶な溶媒（貧溶媒あるいは非溶媒）を溶液に加えることにより相平衡を変化させ，結晶化を誘発させる手法は貧溶媒晶析法としてよく知られている。貧溶媒として通常は液体溶媒が用いられるが，亜臨界あるいは超臨界二酸化炭素を利用する方法が提案されている。超臨界二酸化炭素を用いた貧溶媒晶析法は，液体溶媒を貧溶媒として用いる従来の貧溶媒晶析法と比較して，圧力変化のみにより貧溶媒である超臨界二酸化炭素を完全に除去できること，液体溶媒を超臨界二酸化炭素抽出により取り除くことができるため製造工程の簡略化が可能であることや，超臨界二酸化炭素と溶液の混合方法により得られる粒径・晶癖・結晶構造の調節が可能であるなどの多くの利点を有する。超臨界二酸化炭素は液体溶媒と比較して溶液中での拡散速度が大きいため，溶液への高い溶解速度により短時間で相転移が起こる。そのため，溶液を用いた手法よりも粒径の小さな微粒子の製造が可能となる。

超臨界二酸化炭素を利用した貧溶媒晶析法は，超臨界二酸化炭素と溶液の混合方法の違いにより，a）溶液に対して一定量の超臨界二酸化炭素を導入する回分式である GAS（Gas Anti-Solvent Recrystallization）法[15]，b）超臨界二酸化炭素に対して連続的に溶液を導入する半回分式である SAS（Supercritical Antisolvent Recrystallization）法[16~18]，c）超臨界二酸化炭素と溶液を同時に導入する連続式である SAS 法[19]および SEDS（Solution-Enhanced Dispersion of Solids）法[20,21]の 3 つに大別される。最も研究報告例が多いのは，連続操作が可能であり実用化の可能性が高い SAS 法であることから，ここでは SAS 法について紹介する。

SAS 法は，溶質を液体溶媒（良溶媒）に溶解させた溶液に，貧溶媒として超臨界二酸化炭素を添加し結晶を生成する方法である。この原理を用いたものとしては，Bleich ら[16]により提案された ASES（Aerosol Solvent Extraction System）法や Dixon ら[17,18]により提案された PCA（Precipitation with Compressed Fluid Antisolvent）法がある。これらの手法は原理的にほぼ同じであり，超臨界二酸化炭素相が結晶化を誘発する貧溶媒相であることから，総称として SAS 法と呼ばれる。SAS 法における結晶化の推進力は，貧溶媒と良溶媒が相互溶解し，溶質に対する良溶媒の溶解力が低下するために生じる溶解度差（過飽和度）である。また，結晶の核化速度は，超臨界二酸化炭素による良溶媒の抽出速度（溶液中での超臨界二酸化炭素の物質移動速度）に大きく依存し，これにより得られる粒子の粒径が異なる。つまり，SAS 法で微細粒子を得るには，超臨界二酸化炭素と溶液の良好かつ迅速な混合・溶解が必要となる。そのため，超臨界二酸化炭素と溶液を同時に導入する連続操作を同心円管内で行う（超臨界二酸化炭素が流通している円管の上部からキャピラリー管を用いて溶液を噴霧する）ことにより，超臨界二酸化炭素と溶液の混合・溶解の向上を指向したSAS-CTAR（Supercritical Precipitation in the Concentric Tube Antisolvent Reactor）法[22]やSAS-CTAR法の混合部の円管を短くして結晶成長を防止するASAIS（Atomization of Supercritical Antisolvent Induced Suspensions）法[23]が，大きさが非常に小さくかつ粒径分布が狭い微粒子を創製可能な手法として提案されている。

我々は，超臨界二酸化炭素と溶液のより一層の良好かつ迅速な混合・溶解を狙って，図5に示すような晶析器にマイクロデバイスを用いた新たなSAS-MD（SAS using Micro Device）法による薬物の微粒子創製技術を提案した[24,25]。本技術では，超臨界二酸化炭素の高密度かつ低粘性の特性により，マイクロデバイス内の流動状態を乱流にすることができ，超臨界二酸化炭素と溶液の良好かつ迅速な混合・溶解が実現可能である。例えば，マイクロデバイス（体積：約 1×10^{-10} m^3）を用いたSAS-MD法による薬物（テオフィリン）の微粒子創製では，従来のSAS法（晶析器体積：約 5×10^{-4} m^3）[26~28]よりも粒径が約1/20以下の板状（成長形）粒子創製の成功（図6参照），ならびに微粒子創製に対する乱流効果の有用性を明らかにした。本手法は，流通式でありデバイスのナンバリングアップにより多量の微粒子創製が可能となるため，工業化に適した手法である。

超臨界貧溶媒晶析法の応用技術として，溶質を溶解させた有機溶媒相が水の中の分散相になっているoil-in-water（o/w）型エマルションに対して超臨界二酸化炭素を導入し，超臨界二酸化炭素により有機溶媒を抽出することで溶質を析出させて溶質の懸濁水溶液を得るSFEE（Supercritical Fluid Extraction of Emulsions）法が提案されている[29,30]。

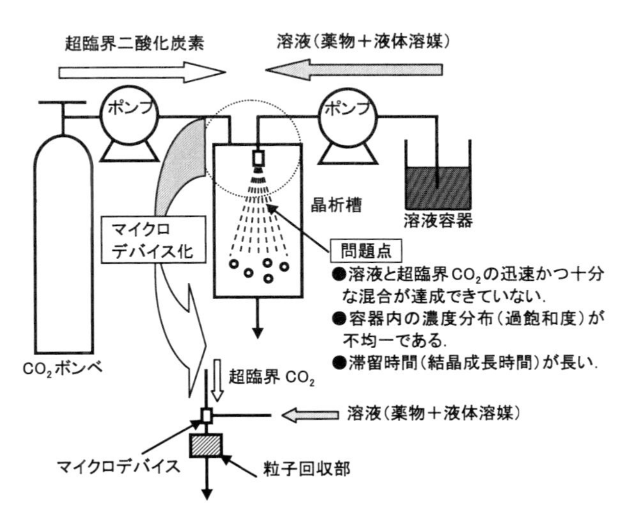

図5　従来のSAS法とマイクロデバイスを利用したSAS法の概念図

図6　SAS-MD法により得られたテオフィリン粒子
［溶液濃度5.0 g/L（溶媒：エタノール：ジクロロメタン＝1：1（体積比）），温度318.2 K，圧力10.0 MPa，溶液流量3.0 mL/min，二酸化炭素流量3.9 L/min（超臨界状態下），Re＝11200］

4　ガス飽和溶体急速膨張法

Weidnerら[31,32]により提案されたガス飽和溶体急速膨張（Particles from Gas Saturated Solutions：PGSS）法の基本原理はRESS法と同様であるが，PGSS法は膨張させる流体が超臨界二酸化炭素と融液（または溶液）を混合・溶解した高圧溶体（高圧膨張液体）である。この溶体を微細ノズルから大気圧近くまで急激に膨張させると，ジュール・トムソン効果により温度低下が生じ，同時に圧力降下も起こるため，相状態が液体（溶体）から気体（二酸化炭素）＋固体に変化し微粒子創製が可能となる。特に，溶液が超臨界二酸化炭素に溶解した（または超臨界二酸化炭素中に溶液が分散（エマルション化）した）溶体が高圧から急激に大気圧まで減圧されると，溶液中の超臨界二酸化炭素の急激な膨張に伴う物理的な破裂効果により非常に微細な液滴が生成可能となり，この液滴の迅速な乾燥により微細な材料創製が可能となる。Sieversら[33,34]は，この原理を利用してCAN-BD（Carbon Dioxide-Assisted Nebulization with a Bubble Dryer）法を提案している。この方法は，体積の小さなT字形混合器に溶液と超臨界二酸化炭素を供給し，両者を混合させた後にキャピラリー管を通して高温の不活性ガス（乾燥窒素もしくは乾燥空気）中に噴霧することにより微粒子を得る手法である。これにより，粒径が非常に小さくかつ分布の狭い微粒子を得ることが可能となる。さらに，従来の噴霧乾燥法と比較して，用いる液体溶媒の量を大幅に減少させることができる。この手法では，溶液濃度，溶液と超臨界二酸化炭素の混合方式や混合状態などが微粒子創製に大きな影響を与える。そこで，Reverchon[35]は溶液と超臨界二酸化炭素が十分に混和するように混合器の後に飽和器を設置し，その流体をキャピラリー管を通して噴霧するSAA（Supercritical Assisted Atomization）法を提案している。この手法により，粒径が小さくかつ粒径分布の狭い微粒子の製造が可能である。またRodriguesら[36,37]は，微細な液滴の調製のためにSEDS法で用いられたような同軸の円管を組み合わせた二流体ノズル内で溶液と超臨界二酸化炭素を混合するSEA（Supercritical Fluid Enhanced

Atomization）法を提案している。SEA 法では，溶液と超臨界二酸化炭素の流量比を調整することにより，CAN–BD 法や SAA 法で必要となる高温の乾燥窒素による乾燥工程が不要になる利点がある。

我々は CAN–BD 法と SAA 法のハイブリッド技術，つまり従来の噴霧乾燥法と PGSS 法を組み合わせたガス飽和溶体噴霧乾燥（PGSS with Spray Drying：PGSS–SD）法を考案した[38, 39]。本法は，図 7 に示すように溶質を溶解した溶液と超臨界二酸化炭素を体積の小さな混合器内で混合・調製した膨張溶液を微細ノズルから小液滴として高温場に噴霧し，急速に液体溶媒を蒸発させることにより粒子を創製する方法である。本法は従来の噴霧乾燥法より非常に小さな小液滴を噴霧することが可能であり，乾燥工程における熱量の削減，乾燥容器の縮小化や小粒径粒子の創製などが期待できる。図 8 に PGSS–SD 法で創製された薬物（テオフィリン）の微粒

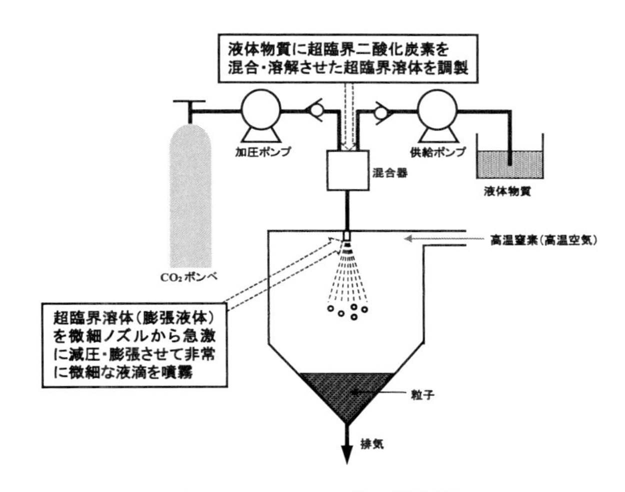

図 7　PGSS–SD 法の概念図

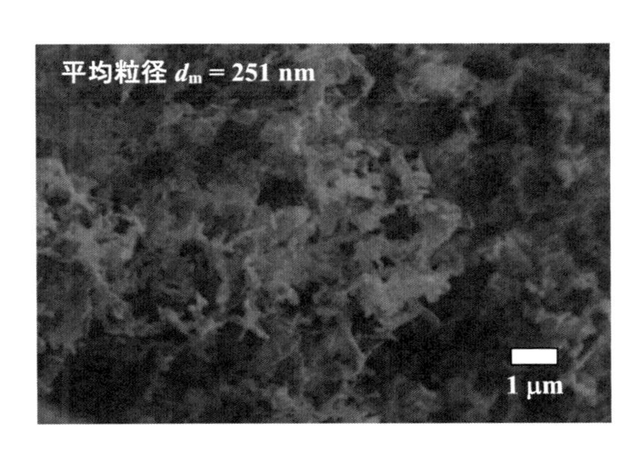

図 8　PGSS–SD 法により得られたテオフィリン粒子
［溶液濃度 10.0 g/L（溶媒：エタノール：ジクロロメタン＝1：1（体積比）），温度 308.2 K，圧力 10.0 MPa，溶液流量 5.0 mL/min，二酸化炭素流量 19 L/min（超臨界状態下），Re＝4099］

子を示す。これより，PGSS-SD法により得られたテオフィリン粒子は一次粒子の平均粒径が約240〜300 nmの板状・柱状粒子からなる凝集晶であり，図3に示す原薬を約1/300に微粒化可能である。さらに，RESS法（図3）およびSAS-MD法（図6）により得られた微粒子と比較すると，本法で得られた粒子の平均粒径はRESS法によるものと同等であることがわかる。また，結晶形態はSAS法と同様な板状・柱状（成長形）粒子であり，球状（平衡形）粒子が得られるRESS法とは異なる。つまり，PGSS法は成長形のナノ粒子創製が可能であるという特徴を有する。

PGSS法の改良法として，液体物質を吸収した含液粉体創製法である濃縮粉体製造（Concentrated Powder Form：CPF）法が提案されている[40]。CPF法では，不活性ガスを用いて噴射された微細な固体担体に対して，超臨界二酸化炭素を液体物質に飽和溶解させた溶体（膨張液体）をノズルから急激に減圧・膨張させて調製した非常に微細な液滴を，固体担体に噴霧することで液体物質を媒介した固体担体の含液凝集体を作成する手法である。

PGSS法やCPF法は，適用可能な物質の多様さ（汎用性の高さ），原理・装置の簡単さによる装置導入・運転コストの利点などから実用化が強く期待されている技術であり，ドイツではパイロットプラントによる実証試験が行われている[41]。

5　おわりに

超臨界二酸化炭素を利用した粉体調製技術は，現時点では花王（株）のファンデーション製造[42]以外に実用化された例は少ないが，ナノテクノロジー，MEMS（Micro Electro Mechanical Systems）分野やバイオテクノロジーといった先端技術を支える技術としてより一層の発展および広範囲な分野への応用が予想される。この際，これらの技術はそれぞれ一長一短があり全ての系に適用できる手法はないため，対象物質の物理化学的性質や必要とされる微粒子の特性（粒径・晶癖・結晶構造）に応じて適切に選択することが重要である。

超臨界二酸化炭素を利用した粉体調製技術に関する研究は，「実用化を目指した既存の手法の操作特性の解明やアプリケーションの拡大」ならびに「新規技術の提案」に分かれている。超臨界二酸化炭素を利用した粉体調製技術の実用化展開促進には，これまでの研究成果を整理・再検討し，問題点を抽出・明確化することにより，「基礎研究レベル」から工業化を念頭に置いた「応用研究（汎用性の強化，ならびに生産性・品質・コストなどの検討）」へのステージアップが必要となる。特に，本技術の実用化のブレイクスルーは，「微粒子のハンドリング技術」および「連続プロセス」の確立である。例えば，SAS法やPGSS法（それらの改良法を含む）などは連続プロセスが可能な粉体調製技術として期待される。超臨界二酸化炭素を利用した粉体調製プロセスの実用化には，画期的な新規装置開発を含めた高圧プロセス技術の発展が必要不可欠であり，今後の研究推進には化学・材料分野だけでなく機械工学分野（装置メーカー）との連携が必要となる。また，超臨界二酸化炭素の特性を活かした新しい材料プロセッシングには，これまでの定常・平衡状態を利用した溶媒としての利用だけではなく，非定常・非平衡・微細空間利用という観点からの媒体としての利用が必要である。

文　　献

1）内田博久，分離技術，**39**，260（2009）
2）内田博久，分離技術，**39**，334（2009）
3）内田博久，分離技術，**40**，46（2010）
4）内田博久，分離技術，**40**，129（2010）
5）内田博久，分離技術，**41**，149（2011）
6）内田博久，躍進する超臨界流体技術―新しいプロセスの原理とその実用化―，p.91，コロナ社（2014）
7）内田博久，粉体工学会誌，**48**，641（2011）
8）K. Watanabe *et al.*, Proc. 10th Int. Conf. on Separation Sci. & Technol.（ICSST 14）, FP-20, Nara, Japan（2014）
9）坂部淳一，博士論文（東京工業大学）（2015）
10）R. Thakur & R. B. Gupta, *Ind. Eng. Chem. Res.*, **44**, 7380（2005）
11）H. Uchida *et al.*, *J. Supercrit. Fluids*, **105**, 128（2015）
12）T. J. Young *et al.*, *Biotechnol. Prog.*, **16**, 402（2000）
13）M. Türk, *Chem. Ing. Tech.*, **75**, 792（2003）
14）M. J. Meziani & Y.-P. Sun, *J. Am. Chem. Soc.*, **125**, 8015（2003）
15）P. M. Gallagher *et al.*, "Supercritical Fluid Science and Technology", ACS Symp. Series 406, K. P. Johnston & J. M. L. Penninger（Eds.）, p.334, American Chemical Society（1989）
16）J. Bleich *et al.*, *Int. J. Pharm.*, **97**, 111（1993）
17）D. J. Dixon *et al.*, *AIChE J.*, **39**, 127（1993）
18）D. J. Dixon & K. P. Johnston, *J. App. Polym. Sci.*, **50**, 1929（1993）
19）S. Mawson *et al.*, *J. App. Polym. Sci.*, **64**, 2105（1997）
20）M. Hanna & P. York, PCT International Publication No. WO 95/01221（1995）
21）S. Palakodaty *et al.*, *Pharm. Res.*, **15**, 1835（1998）
22）O. Boutin *et al.*, *J. Supercrit. Fluids*, **40**, 443（2007）
23）M. A. Rodrigues *et al.*, Proc. 12th Euro. Meet. Supercrit. Fluids, Graz, CO73（2010）
24）T. Hirota & H. Uchida, Proc. 10th Int. Conf. on Separation Sci. & Technol.（ICSST 14）, FP-18, Nara, Japan（2014）
25）H. Uchida *et al.*, Abstracts of the 15th European Meeting on Supercritical Fluids, No. KNOWLEDGE I-V12, Essen, Germany（2015）
26）P. Subra *et al.*, *J. Supercrit. Fluids*, **35**, 95（2005）

27) E. Franceschi *et al.*, *J. Supercrit. Fluids*, **44**, 8 (2008)
28) C. Roy *et al.*, *J. Supercrit. Fluids*, **57**, 267 (2011)
29) P. Chattopadhyay *et al.*, *J. Pharm. Sci.*, **95**, 667 (2006)
30) B. Y. Shekunov *et al.*, *Pharm. Res.*, **23**, 196 (2006)
31) E. Weidner *et al.*, Proc. 3rd Int. Symp. Supercrit. Fluids, Strasbourg, France, p.229 (1994)
32) E. Weidner *et al.*, PCT International Publication No. WO 95/21688 (1995)
33) R. E. Sievers *et al.*, U.S. Patent 5301664 (1994)
34) R. E. Sievers *et al.*, *Pure Appl. Chem.*, **73**, 1299 (2001)
35) E. Reverchon, *Ind. Eng. Chem. Res.*, **41**, 2405 (2002)
36) M. A. Rodrigues *et al.*, *J. Supercrit. Fluids*, **48**, 253 (2009)
37) L. Padrela *et al.*, *Euro. J. Pharm. Sci.*, **38**, 9 (2009)
38) 渡邉航平，内田博久，化学工学会第 47 回秋季大会講演要旨集，B107 (2015)
39) K. Watanabe & H. Uchida, Abstracts of the 15th European Meeting on Supercritical Fluids, No.KNOWLEDGE I-P01, Essen, Germany (2016)
40) B. Weinreich *et al.*, PCT International Publication No. WO99/17868 (1999)
41) E. Weidner, *J. Supercrit. Fluids*, **47**, 556 (2009)
42) 大崎和友，最近の化学工学 58 超臨界流体技術の実用化最前線，化学工学会編，p.37，化学工業社 (2007)

第5章　微粒子分散溶液

下山裕介[*]

有機ポリマーや脂質等の微粒子分散溶液は，製薬，食品，化粧品といった広域な産業への応用が期待される。特に，難水溶性の薬物成分や脂質ナノ粒子分散溶液は，経口投与や眼科投与への薬物輸送システムへの利用が注目されている。薬物輸送システムでは，薬物成分の溶解速度の制御や生体利用能の向上を念頭にした，分散溶液中の脂質ナノ粒子のサイズや表面特性の設計指針の確立が必要となる。さらには，薬物輸送システムの人体への使用を考慮した残余溶媒の低減も重要課題として挙げられる。

微粒子分散溶液の製造において，超臨界二酸化炭素の高い溶解性と拡散性を利用することで，従来の微粒子分散溶液の製造技術で懸念されていた，分散溶液中の微粒子の熱的・化学的安定性，微粒子サイズの制御性を考慮した製造プロセスの構築が期待される。また，二酸化炭素は常温常圧下において気体状態となるため，溶媒の分離操作が簡便であり，製造工程を簡略化できることも考えられる。さらには，微粒子分散溶液を製造する媒体として二酸化炭素を使用するため，薬物輸送システムを設計する際の残留溶媒を大幅に低減することが期待できる。ここでは，超臨界二酸化炭素を利用した微粒子分散溶液の製造技術について，分散溶液が生成される原理，製造プロセスにおける操作因子の影響，さらには製造された微粒子分散溶液の評価・特徴について述べる。

1　超臨界二酸化炭素を利用した微粒子分散溶液の製造技術

超臨界二酸化炭素を利用した微粒子分散溶液の製造技術として，超臨界エマルション抽出法（SFEE：Supercritical Fluid Extraction of Emulsion）と，溶液への超臨界溶体急速膨張法（RESOLV：Rapid Expansion of Supercritical Solution into Liquid Solvents）が挙げられる。表1に，微粒子分散溶液の製造における超臨界二酸化炭素の特性と，従来法と比較した利点を示す。

超臨界エマルション抽出法では，O/W（Oil/Water）エマルション中の油滴成分を抽出する技術であり，あらかじめ油滴に有機ポリマー，薬物成分，脂質を溶解させることで，超臨界二酸化炭素による油滴成分の抽出後に，有機ポリマー，薬物成分，脂質の微粒子分散溶液が製造される。ここでは，超臨界二酸化炭素への油滴成分の溶解性と，エマルションから超臨界二酸化炭素

＊　Yusuke Shimoyama　東京工業大学　物質理工学院　応用化学系　准教授

表1　微粒子分散溶液の製造における SFEE 法と RESOV 法

	超臨界流体の特性	従来法と比較した利点
SFEE 法	✓ O/W エマルション中の油滴成分の超臨界流体への溶解性 ✓ 油滴成分の抽出における拡散性	✓ 製造時間の短縮 ✓ 連続プロセスの構築 ✓ 微粒子サイズの均一化 ✓ 残留溶媒の低減化
RESOLV 法	✓ 溶質成分の超臨界流体への溶解性 ✓ 減圧操作による簡便な溶媒の分離	✓ 連続プロセスの構築 ✓ 残留溶媒の低減化

へ油滴成分を抽出する拡散性といった特性が利用される。このような超臨界二酸化炭素の特性を利用することで，熱操作や有機溶媒を使用する技術と比較し，分散溶液中の微粒子サイズの均一化，製造時間の短縮，分散溶液中の残留溶媒の低減が期待できる。

溶液への超臨界溶体急速膨張法では，薬物成分等の溶質を超臨界二酸化炭素へ溶解させ，溶質成分が溶解した高圧二酸化炭素を，界面活性剤を溶解させた水溶液へ噴射することで，微粒子分散溶液が製造される。ここでは，超臨界二酸化炭素への溶質成分の溶解性が利用される。溶液への超臨界溶体急速膨張法では，溶質成分を含む二酸化炭素を噴射することで分散溶液を製造するため，連続製造プロセスの構築が期待できる。また，大気圧下への噴射過程における減圧操作では，二酸化炭素は気体状態となるため，簡便な分離操作による微粒子分散溶液中の残留溶媒の低減化も考えらえる。

2　超臨界エマルション抽出法による微粒子分散溶液の製造

分散溶液中の微粒子となる薬物成分，ポリマーもしくは脂質は，あらかじめ酢酸エチル等の有機溶媒に溶解させ，超臨界エマルション抽出に用いられる O/W エマルションが調製される。ここで，O/W エマルション中に分散する油滴サイズは，超臨界エマルション抽出後に得られる分散溶液中の微粒子サイズに影響することが考えられる。そのため，超臨界エマルション抽出法を利用した微粒子分散溶液の製造では，抽出を行う前に O/W エマルションを調製する際の，油滴成分と水の重量比，界面活性剤の種類，撹拌速度といった操作因子と油滴サイズとの関係を把握することも重要となる。

超臨界エマルション抽出法は，超臨界二酸化炭素相と O/W エマルションを接触させ，O/W エマルション中の油滴成分を，超臨界二酸化炭素相へ抽出する技術である。あらかじめ，O/W エマルション中の油滴に，薬物成分やポリマーを溶解させ，超臨界エマルション抽出により，エマルション中の油滴を抽出することで，最終的に水溶液中において，薬物成分やポリマーが析出し微粒子が生成され，分散溶液が作製される。超臨界エマルション抽出法を用いた分散溶液の製造では，図1，2に示す回分操作と連続操作[1]に大別される。

図1に示す回分操作による超臨界エマルション抽出法では，O/W エマルションを円筒型の高圧容器に導入しておく。エマルションを導入した高圧容器へ，超臨界状態となった二酸化炭素が

供給される。高圧容器内において，超臨界二酸化炭素とO/Wエマルションが接触することで，エマルション中の油滴成分が，超臨界二酸化炭素相へ抽出される。一定時間の抽出操作後に，高圧容器内は減圧され，油滴成分が抽出された分散溶液が取り出される。この回分操作による超臨界エマルション抽出法では，微粒子分散溶液を製造する際の操作が簡便であることが利点として考えられるが，処理量が少ないことが問題点として挙げられる。また，高圧容器内のデッドスペースに充填物を導入することで，超臨界二酸化炭素とエマルションとを効率良く接触させる工夫が施される場合がある。Chattopadhyayら[1)]は，油滴成分にethyl acetate，界面活性剤としてpolyvinlyalcohol（PVA）を用いたO/Wエマルションを調整し，回分操作による超臨界エマルション抽出を利用しポリマー／薬物の複合体微粒子を含む分散溶液を作製している。ここで

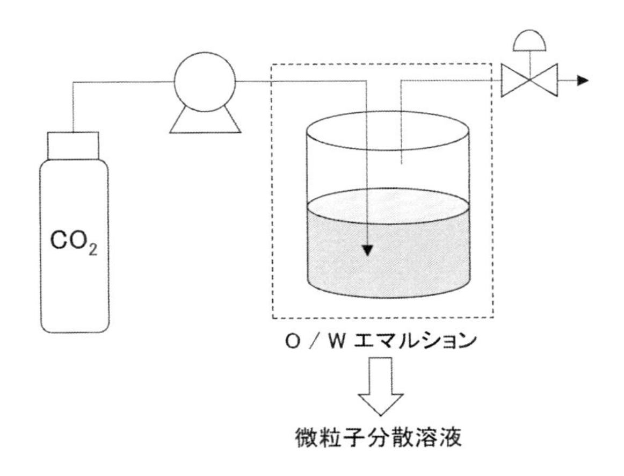

図１　回分操作によるSFEEプロセス

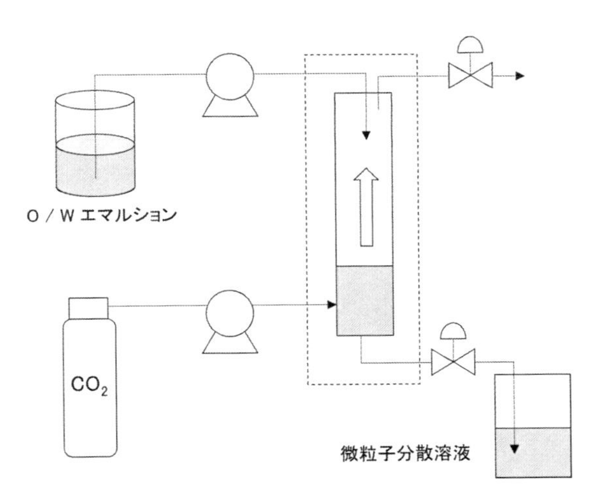

図２　連続操作によるSFEEプロセス

は，ポリマーとしてPoly（lactic/glycolic）acid（PLGA），Eudragit RSを，薬物として Indomethacin，ketoprofenを用いている。エマルション抽出を行う高圧容器には，容積25 mLの円筒型のステンレス製容器を用いており，超臨界二酸化炭素とO/Wエマルションの接触効率を増大させるために，高圧容器内のデッドスペースには，ガラスウールを充填させている。超臨界エマルション抽出では，容積25 mLの高圧容器内に，O/Wエマルションを5-10 mL導入している。また，高圧容器内では，底部に設置されたステンレス製配管より，流量1-5 g min^{-1}の超臨界二酸化炭素がO/Wエマルションへ供給されている。温度45℃，圧力8.0 MPaにおいて，回分操作による超臨界エマルション抽出を利用することで，45-90分間の操作により，O/Wエマルション中のethyl acetate濃度を，50 ppm程度まで低下させることを確認している。

図2に示す連続操作による超臨界エマルション抽出法では，塔型の抽出カラムが用いられ，超臨界二酸化炭素とエマルションを抽出カラム内において向流に接触させることで，エマルション抽出を行う。ここでは，抽出カラムの底部より超臨界二酸化炭素を，頂部よりエマルションを供給し，抽出後に生成される微粒子分散溶液は，抽出カラムの底部より流出され連続的に取り出すことが可能となる。Chattopadhyayら[1)]のグループは，上述の回分操作によるエマルション抽出と同様に，油滴成分にethyl acetate，界面活性剤にPVAを用いたO/Wエマルションにより，超臨界エマルション抽出によるPLGA，Eudragit/indomethacin，ketoprofenの複合体微粒子を含む分散溶液を作製している。超臨界エマルション抽出には，高さ1.5 m，容積4 Lの抽出カラムを用いており，回分操作と比較して大量の分散溶液の製造を図っている。抽出カラムの底部に設置されたステンレス製配管より，流量200 g min^{-1}の超臨界二酸化炭素を供給し，抽出カラムの頂部に設置された150 μm径のノズルよりO/Wエマルションを，20 mL min^{-1}の流量で噴射している。抽出カラム内部には，超臨界二酸化炭素とO/Wエマルションの接触効率を向上させるために，スタティックミキサーを設置している。超臨界エマルション抽出後に生成されるポリマー／薬物複合体の微粒子分散溶液は，抽出カラムの底部より流出し，ニードルバルブにより減圧することで回収している。

難水溶性薬物であるcholesterol acetate（CA），griseofulvin（GF），megestrol acetate（MA）のナノ粒子分散溶液について，超臨界エマルション抽出を利用した製造プロセスも報告されている[2)]。ここでは，O/Wエマルションを調製する際に，油滴成分としてethyl acetate，toluene，dichloromethaneを，界面活性剤としてPVA，pluronics，lecithin，Span 80，Tween 80が用いられている。薬物成分は，O/Wエマルションを調製する際に油滴成分へ，1，5 wt.%で溶解させている。界面活性剤が溶解した水溶液に，薬物成分を溶解させた有機溶媒を10-30 wt.%で溶解させ，15-18 kpsiの高圧ホモジナイザーにより，O/Wエマルションを作製している。作製したO/Wエマルションにおける油滴径は，200，1000 nmであることが確認されている。ここで調整したO/Wエマルションを用いて，超臨界エマルション抽出を行うことで，CA，GF，MAのナノ粒子分散溶液を製造している。超臨界エマルション抽出には，高さ1.5 m，容積4 Lの抽出カラムが用られており，図2の連続操作と同様に，抽出カラムの底部に設置されたステンレス製配管より，超臨界二酸化炭素を供給し，抽出カラムの頂部に設置されたノズルよりO/Wエマルションを噴射している。超臨界二酸化炭素の流量は10-30 g min^{-1}，O/Wエマルションの流量は，20 ml min^{-1}であり，超臨界エマルション抽出は35℃，8.0 MPaの条件で行われている。超臨界二酸化炭素の流量が30 g min^{-1}のエマルション抽出において，CA分散溶液中の有機溶媒濃度は，9 ppmまで低減されている。また，超臨界抽出により製造されたGF，MA分散溶液では，個数基準の平均粒子径が，それぞれ69-178，224-784 nmであることが確認されている。

超臨界エマルション抽出による微粒子分散溶液の製造では，エマルションからの油滴成分の抽出速度を促進することで，製造プロセスの効率化が期待できる。エマルションから超臨界二酸化炭素相への油滴成分の抽出を促進させることを目的とし，図3に示すように，マイクロ流路内での超臨界二酸化炭素相／エマルションの気液スラグ流を利用した連続製造プロセスも提案されている[3]。気液スラグ流では，超臨界二酸化炭素相とエマルションとの接触面積が増大することで，エマルションからの油滴成分の抽出が促進される。図3に示す気液スラグ流を利用した超臨界エマルション抽出では，油滴成分としてethyl acetateを，界面活性剤としてPVAを用いたO/Wエマルションにより，微粒子分散溶液を作製している。ここでは，径500 μmの透明なpolyphenylsoulfone製のマイクロ流路を用いており，エマルション抽出における超臨界二酸化炭素相とエマルションが形成する気液スラグ流の長さを測定することが可能となっている。超臨界エマルション抽出は，温度37℃，圧力8.5，12.0 MPaの条件下で行われている。マイクロ流路の流路径と，測定されたスラグ長さより，超臨界二酸化炭素相とエマルションとの接触面積を算出し，超臨界エマルション抽出によるethyl acetateの抽出効率との関連性について検討している。一般的に，気液スラグ流においては，気相（超臨界二酸化炭素相）と液相（エマルション）間の接触面積が増大するに伴い，液相からの抽出効率も増大することが考えられる。しかしながら，図3における気液スラグ流を利用した超臨界エマルション抽出では，気液相間の接触

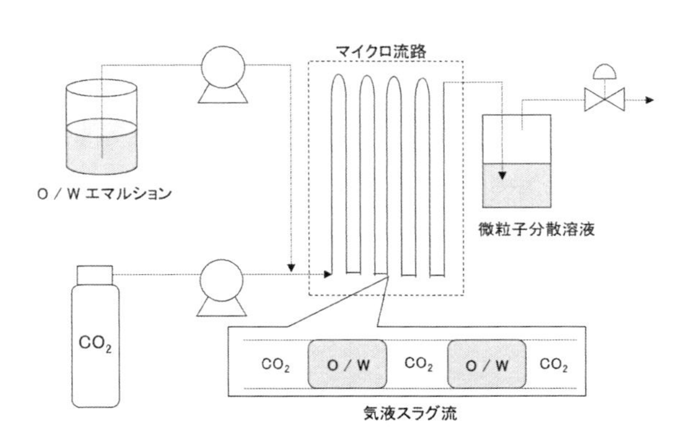

図3　気液スラグ流を利用したSFEEプロセス

面積を10倍以上に変化させたにも関わらず，ethyl acetateの抽出効率は，ほとんど変化しないことが確認されている[3)]。ここで，超臨界エマルション抽出におけるエマルションからの油滴成分の抽出機構について考える。図4に示すように，エマルション中の油滴成分は，油滴内から水溶液相への物質移動（Ⅰ）と，水溶液相から超臨界二酸化炭素相への物質移動（Ⅱ）といった2段階の物質移動を経て，超臨界二酸化炭素相へ抽出される。マイクロ流路内の気液スラグ流において，超臨界二酸化炭素相とエマルションとの間の接触面積を増大することは，図4における物質移動（Ⅱ）を促進することが考えられる。以上より，気液スラグ流を利用した超臨界エマルション抽出においては，油滴成分の抽出において，図4における油滴内から水溶液相への物質移動（Ⅰ）が支配的であることが考えられる。また，気液スラグ流において，超臨界二酸化炭素がエマルションと接触した場合，二酸化炭素がエマルション中へ溶解する。Murakamiらの研究[3)]では，O/Wエマルションの界面活性剤に，高い疎水性を有するPVAを用いた超臨界エマルション抽出も行っている。その結果，高い疎水性を有するPVAによるO/Wエマルションを用いた超臨界エマルション抽出では，油滴成分であるethyl acetateの抽出効率が100%近くに達することが確認されている。これらの結果より，超臨界エマルション抽出において，以下の抽出機構が示唆される。(1) 気液スラグ流において，超臨界二酸化炭素がエマルションと接触する場合，エマルション中へ二酸化炭素が溶解する。(2) エマルション中に溶解した二酸化炭素は，油滴表面に存在する界面活性剤（PVA）に到達する。(3) 油滴表面に到達した二酸化炭素は油滴内部へ浸透し，油滴は二酸化炭素の浸透により膨潤する。(4) 油滴成分の膨潤により，油滴内部の有機溶媒成分（ethyl acetate）が水溶液相へ移動する。超臨界二酸化炭素とエマルションとの気液スラグ流において，エマルション中の油滴が二酸化炭素により膨潤する挙動は，可視的にも観察されている[4)]。このような抽出機構より，O/Wエマルションの界面活性剤に，疎

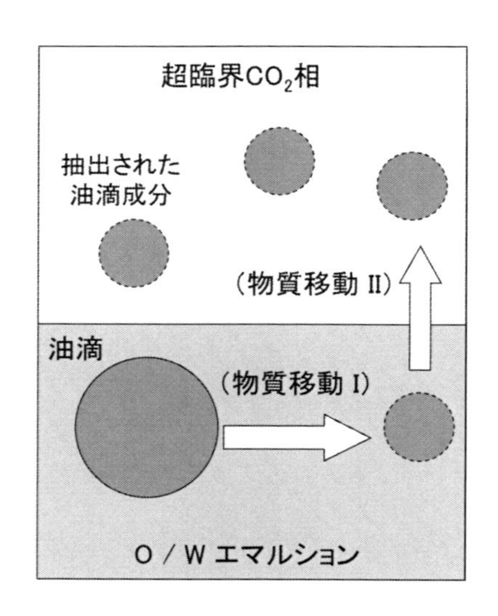

図4　SFEEにおける抽出機構

水性の高いPVAを用いることで，（3）における二酸化炭素による油滴の膨潤が促進され，（4）の油滴成分の水溶液相への物質移動（図４の物質移動（Ⅰ））が促進され，超臨界エマルション抽出における ethyl acetate の抽出効率が増大したことが考えられる。このような気液スラグ流を利用した超臨界エマルション抽出により，10-20 nm の粒子径を有するPVA分散溶液が作製されている。また，気液スラグ流を利用した超臨界エマルション抽出は，ibuprofen のナノ粒子分散溶液の製造にも適用されている[5]。製造された分散溶液中には，平均粒径 231 nm の ibuprofen ナノ粒子が，水に対する飽和溶解度の140倍程度の含有量で存在することが確認されている。さらに，気液スラグ流を利用した超臨界エマルション抽出の後に，ibuprofen 分散溶液を，水への二酸化炭素の溶解を利用した chitosan 水溶液へ導入することで，正帯電した ibuprofen ナノ粒子を含む分散溶液の製造も可能としている。

表２に，超臨界エマルション抽出法を利用した微粒子分散溶液の製造に関する研究例を示す。

表２　SFEE法による微粒分散水溶液の製造プロセス

微粒子成分	界面活性剤	油滴成分	抽出条件	操作手法
indomethachin，ketoprofen/PLGA，Eudragit RS 複合体[1]	PVA	ethyl acetate	45℃ 8 MPa	塔型容器 ／連続操作
cholesterol acetate[2] griseofulvin[2] megestrol[2]	PVA Pluronic F68, F128 Span 80 Tween 80	ethyl acetate	35，80℃ 8，20 MPa	回分操作 塔型容器 ／連続操作
PLGA[6]	PVA	ethyl acetate	45℃ 8 MPa	連続操作
ketoprofen/PLGA 複合体[7]	PVA	ethyl acetate	45℃ 8 MPa	連続操作
BSA/PLGA/PLA 複合体[8]	PVA Tween 80	ethyl acetate	38℃ 8 MPa	抽出カラム ／連続操作
insulin/PLGA 複合体[9]	PVA	ethyl acetate	38℃ 8 MPa	抽出充填カラム ／連続操作
β-carotene[10] lycopene[10]	OSA	dicholomethane	50℃ 7-13 MPa	連続操作
stearic acid[11]	Tween 80 Epikuron 200	benzyl alcohol	45℃ 8 MPa	連続操作
quercetin[12]	Pluronic L64 soy bean lecithin	ethyl acetate	40℃ 11 MPa	$SCCO_2$ 循環操作
oleoresin[13]	Hi-Cap 100 modified starch	ethyl acetate	40℃ 9-11 MPa	抽出カラム ／連続操作
Liposome (Soy PC)[14]	Liposome (Soy PC)	ethanol/water	38℃ 12 MPa	抽出充填カラム ／連続操作
PVA[3]	PVA	ethyl acetate	37℃ 8.5，12 MPa	気液スラグ流 ／連続操作
ibuprofen/PVA/chitosan[5]	PVA	ethyl acetate	37℃ 10 MPa	気液スラグ流 ／連続操作

このように，超臨界エマルション抽出法を利用した微粒子分散溶液の製造プロセスは，多種の薬物，ポリマー，脂質等のナノ粒子へと適用されており，広域な産業分野への展開が期待される。今後は，超臨界エマルション抽出における抽出機構の解明に向けた基礎研究と，操作因子と微粒子分散溶液の特性（粒子径，含有量，粒子表面電位，薬物放出速度等）との関連性を把握する応用研究との融合により，産業分野における実用化を図ることが重要となる。

3　水溶液への超臨界溶体急速膨張による微粒子分散溶液の製造

超臨界二酸化炭素に対して高い溶解性を示す溶質成分について，超臨界溶体急速膨張法を利用することで，微粒子分散溶液が製造される。この手法は，RESOLV（Rapid Expansion of Supercritical Solution into Liquid Solvent）法と称されている。図５にRESOLVによる微粒子分散溶液の製造プロセスの概略図を示す。RESOLVプロセスでは，二酸化炭素の加圧部，溶質溶解部，微粒子生成部から構成される。二酸化炭素の加圧部では，ボンベから供給される二酸化炭素を冷却し，液体状態にした後にポンプにより加圧する。加圧された二酸化炭素は，高圧容器の上流部に設置された予熱コイルを通過することで加熱され，超臨界状態となる。溶質溶解部となる高圧容器内には，分散溶液中の微粒子を生成する溶質成分をあらかじめ導入しておき，超臨界状態となった二酸化炭素が通過することで，溶質成分が超臨界二酸化炭素中へ溶解する。溶質成分を溶解した高圧状態の超臨界二酸化炭素（超臨界溶体）を，微粒子生成部に設置されたノズルより水溶液中に噴射させる。超臨界溶体を噴射する水溶液中には，生成した微粒子の安定化のために，界面活性剤を溶解させておく。

コレステロールの吸収抑制剤として利用されるphytosterolの微粒子分散溶液を，RESOLV法により作製する研究が報告されている[15]。ここでは，微粒子分散溶液中の安定化剤として，sodium lauryl sulfate（SLS），Tween 80，Poloxamer，polyethylene glycol-15-hydroxystearate（Solutol HS15）の４種の界面活性剤が用いられている。超臨界二酸化炭素へphytosterolを溶解させる溶質溶解部は50℃，20 MPaに，phytosterolが溶解した超臨界溶体

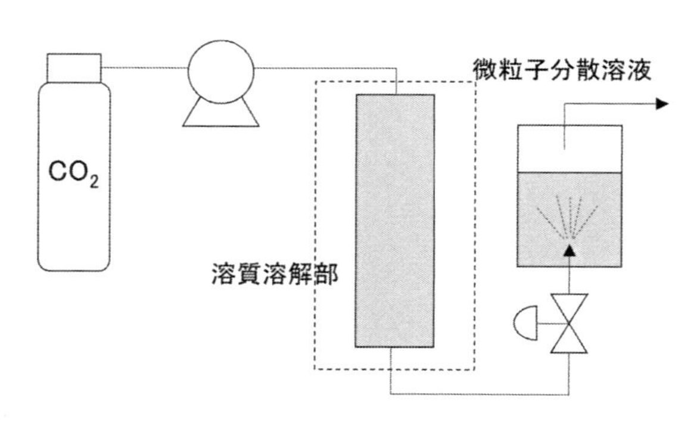

図５　RESOLVプロセスによる微粒子分散溶液の製造

を噴射する水溶液は40℃に設定されている。さらに，超臨界溶体を噴射するノズルでは，高圧状態から大気圧へ減圧されることによる急激な温度低下が想定される。そのため，ノズル内における phytosterol の析出を防ぐために，ノズルは125℃に加熱されている。ノズルは，内径50 μm，長さ50 μm の形状のものを使用している。超臨界溶体が噴射される微粒子回収容器は容積60 cm^3 であり，界面活性剤を溶解させた水溶液50 cm^3 を入れており，微粒子回収容器の底部に設置されたノズルより，超臨界溶体を噴射している。界面活性剤に Tween 80 を用いた場合，phytosterol の微粒子回収率は95%に達し，粒径12-22 nm と160-360 nm のサイズ分布を有する分散溶液が作製されている。また，作製した phytosterol 分散溶液の経時変化による安定性も評価している。Tween 80 を1.0 wt.%添加した場合，6時間後には分散溶液中の微粒子径が増大しているのに対し，5.01.0 wt.%添加した場合には，12時間後に微粒子径が小さくなることが報告されている。難水溶性薬物である fenofibrate について，RESOLV プロセスによる微粒子分散溶液の作製においては，ノズル形状，回収溶液中の界面活性剤種と粒子径との関連性について述べられている[16]。ノズルの内径が127 μm から762 μm へ増大する場合，分散溶液中の fenofibrate 粒子径が0.99 μm から2.28 μm へ増大している。また，回収溶液中に溶解させる界面活性剤として，Tween 80，SDS，Pluronic F68，hydroxypropyl methyl cellulose を用いた場合，Pluronic F68 が最も小さな微粒子を生成している。

RESOLV 法を利用した Fluirorinated tetrraphynlyporphyrin の微粒子分散溶液の製造においては，微粒子を粉体として回収する RESS 法との比較を行っている[17]。RESOLV プロセスにおいて界面活性剤として Pluronic F68 も用いた場合，RESS プロセスによりも，粒径が小さい微粒子が生成している。さらに，RESOLV プロセスにおいて，界面活性剤として sodium dodecyl fulfate（SDS）を使用した場合，分散溶液中にロッド状の微粒子が生成するのに対して，Pluronic F68 も用いた場合には，球状の微粒子が生成しており，界面活性剤種と分散溶液中の微粒子形状との関係についても議論されている。Essel らが報告している RESOLV プロセスを利用した cyclo-1,3,5-trimethylene 2,4,6-trinitramine の微粒子分散溶液の製造においても，安定剤として polyvinlypyrrolidone もしくは polyethylenimine を用いた場合，RESS プロセスよりも，粒径が小さい微粒子が生成されることを報告している[18]。

金属ナノ粒子の分散溶液の製造においても，RESOLV 法は利用されている[19~21]。超臨界流体として methanol や ammonia が用いられており，金属塩を溶解させた超臨界溶体を $NaBH_4$ 等の還元剤が溶解した極性溶媒中に噴射することで，微粒子を生成している。また，超臨界二酸化炭素を利用した RESOLV プロセスによる Ag ナノ粒子分散溶液の製造プロセスでは，AgNO3 を溶解した水溶液と，界面活性剤として perfluoropolyether-NH4 を用い，W（water)/$SCCO_2$（supercritical CO_2）エマルションを調製している[22]。ここで調製した W/$SCCO_2$ エマルションを，50 μm 径のノズルより，$NaBH_4$ が溶解したエタノール溶液中に噴射することで Ag ナノ粒子分散溶液を製造している。エタノール溶液中には，Ag ナノ粒子の安定化剤として poly（*N*-vinyl-2-pyrrolidone）が添加されている。

このようにRESOLV法を利用した微粒子分散溶液の製造では，有機化合物粒子から金属ナノ粒子といった幅広い適用が期待できる一方，超臨界流体に対する溶質成分や金属塩の溶解度により，利用可能な成分が制限されることが考えられる。そのため，RESOLVプロセスを開発，設計する際には，超臨界流体に対する溶解度の知見を蓄積する必要があり，溶解度に基づいた粒子設計の指針を構築することが今後期待される。

文　　献

1） P. Chattopadhya *et al.*, *J. Pharm. Sci.*, **95**, 667（2006）
2） B. Y. Shekunov *et al.*, *Pharm. Res.*, **23**, 196（2006）
3） Y. Murakami, Y. Shimoyama, *J. Supercrit. Fluids*, **118**, 178（2016）
4） S. K. Luther *et al.*, *J. Supercrit. Fluids*, **84**, 121（2013）
5） Y. Murakami, Y. Shimoyama, *J. Supercrit. Fluids*, **128**, 121（2017）
6） J. Kluge *et al.*, *J. Supercrit. Fluids*, **50**, 327（2009）
7） J. Kluge *et al.*, *J. Supercrit. Fluids*, **50**, 336（2009）
8） R. Champardelli *et al.*, *Procedia Eng.*, **42**, 239（2012）
9） N. Falco *et al.*, *Ind. Eng. Chem. Res.*, **51**, 8616（2012）
10） D. T. Santos *et al.*, *J. Supercrit. Fluids*, **61**, 167（2012）
11） R. Campardelli *et al.*, *J. Supercrit. Fluids*, **82**, 34（2013）
12） G. Lévai, *et al.*, *J. Supercrit. Fluids*, **100**, 34（2015）
13） A. C. de Aguiar, *et al.*, *J. Supercrit. Fluids*, **112**, 37（2016）
14） I. E. Santo *et al.*, *J. Pharm. Sci.*, **104**, 3842（2015）
15） M. Türuk, R. Lietzow, *AAPS Pharm. Sci. Tech.*, **5**, 56（2004）
16） S. V. Dalvi *et al.*, *Powder Tech.*, **236**, 75（2013）
17） A. Sane, M. C. Thies, *J. Phys. Chem. B*, **109**, 19688（2005）
18） J. T. Essel *et al.*, *Propellants Explos. Pyrotech.*, **37**, 699（2012）
19） Y. P. Sun *et al.*, *Chem. Mater.*, **11**, 7（1999）
20） Y. P. Sun *et al.*, *J. Phys. Chem. B*, **103**, 77（1999）
21） Y. P. Sun *et al.*, *Ind. Eng. Chem. Res.*, **39**, 4663（2000）
22） Y. P. Sun *et al.*, *Langmiur*, **17**, 5707（2001）

超臨界流体を用いる合成と加工

2017年10月27日　第1刷発行

編　　集　化学工学会　超臨界流体部会　(T1060)
発 行 者　辻　賢司
発 行 所　株式会社シーエムシー出版
東京都千代田区神田錦町1－17－1
電話03(3293)7066
大阪市中央区内平野町1－3－12
電話06(4794)8234
http://www.cmcbooks.co.jp/
制作担当　伊藤雅英／山本悠之介

〔印刷　日本ハイコム株式会社〕

ISBN978-4-7813-1268-2 C3043 ¥76000E